国家科学技术学术著作
出版基金资助出版

"十四五"时期
国家重点出版物出版专项规划项目

智能无人系统研究丛书（第一辑）

集群弹药智能组群
理论与方法

SWARMING THEORY AND METHOD OF
INTELLIGENT AMMUNITIONS

李杰　李娟　刘畅　李兵 ◎ 著

北京理工大学出版社
BEIJING INSTITUTE OF TECHNOLOGY PRESS

版权专有 侵权必究

图书在版编目（CIP）数据

集群弹药智能组群理论与方法 / 李杰等著． －－ 北京：北京理工大学出版社，2023.4
ISBN 978－7－5763－2369－6

Ⅰ．①集… Ⅱ．①李… Ⅲ．①智能技术－应用－弹药－研究 Ⅳ．①E932

中国国家版本馆 CIP 数据核字（2023）第 086151 号

责任编辑：张鑫星　　**文案编辑**：张鑫星
责任校对：周瑞红　　**责任印制**：李志强

出版发行 / 北京理工大学出版社有限责任公司
社　　址 / 北京市丰台区四合庄路 6 号
邮　　编 / 100070
电　　话 / （010）68944439（学术售后服务热线）
网　　址 / http://www.bitpress.com.cn

版 印 次 / 2023 年 4 月第 1 版第 1 次印刷
印　　刷 / 三河市华骏印务包装有限公司
开　　本 / 710 mm × 1000 mm　1/16
印　　张 / 19.5
彩　　插 / 8
字　　数 / 356 千字
定　　价 / 98.00 元

图书出现印装质量问题，请拨打售后服务热线，负责调换

前　言

随着人工智能浪潮的爆发、相关科技应用成果在各领域不断落地以及信息技术与武器系统的深度结合，众多军事强国将智能技术作为"改变游戏规则"的颠覆性技术。美俄均将智能装备作为军事装备现代化的优先领域，作为机械化军团的有益补充，列装智能无人装备投入战场应用。武器装备依托智能运算平台进行分析和推理，在战场实施自主作战和人机协同作战，解放人力进行创造性的战场管理和战术规划。作为作战单元的打击终端，集群弹药是以智能化无人控制技术和网络信息系统为支撑的集群式智能装备，是未来战场不可或缺的一部分，其作战形式主要包括对地低空突防侦察打击、对空反无人集群、对海大型目标饱和攻击等。它不仅仅是弹药数量的单纯增加，而是从作战核心到配套战法"由里及外"的技术创新，可以实现以小取胜、以量取胜、以高效协同取胜，可使表面看似杂乱的战场整齐划一，形成生物集群效应一般的作战攻势。集群弹药采取将兵力要素进行"分布式"化的作战构想，更容易融入新技术和新战术，指挥构架更灵活，对手的意图辨识难度更大，执行效率更高，行动领域更广泛，从而能够综合提高在复杂环境下完成各类作战任务的能力。"分布式作战"是 OODA 优势思想的继承和演绎，一方面，通过分布式机动制造机会，打击敌关键薄弱环节，充分运用智能装备的反应速度夺取主动权，控制作战节奏，使敌仓促应战；另一方面，通过变化无常的作战行动，使敌无法轻易找到己方的行动规律，能够在联合作战空间实现"平台分布、效果聚合"的多途径作战。

然而，智能集群弹药的发展目前尚处在作战概念、理论建模、基础技术储备阶段，尚未形成有效的理论和成熟的技术指导该类武器装备的设计与研制。

大规模智能集群智能弹药的研制继承了常规弹药、制导弹药、灵巧弹药等特点，开展此类武器装备的基础理论研究，有助于我军抢占先机、发挥先发优势，同时也可以提早研究针对类似装备的应对方法。

本书内容主要聚焦于集群弹药智能组群的方法及相关应用，在部分章节列举了相关案例展开讨论。本书的内容涵盖了受自然大规模生物集群启发得到的人工集群系统概述，集群弹药的数学模型及涌现机理，混合式体系架构，仿生组群原理及关键技术，集群弹药的博弈、制导与控制之间的关系，集群弹药的效能评估及验证手段等多项内容。

本书共 7 章。其中，第 1 章从集群智能的概念入手，结合弹药在战场上的任务使命，逐步明确集群弹药的概念，以及与经典马尔可夫决策过程和多智能体理论的关联。第 2 章基于集群弹药的定义和特征，构建集群弹药自底而上的自组织数学模型，分析其涌现机理，将集群研究和弹药特性之间进行映射，辅助研究人员设计集群弹药平台、集群决策算法、协同控制算法。第 3 章介绍慎思式集群作战任务驱动体系架构、反应式个体行为规则驱动体系架构以及二者构成的混合式体系架构，并结合具体案例给出数学模型和决策方法。第 4 章重点介绍基于视觉的仿生组群方法，给出在不依赖通信的前提下实现智能弹药集群的协作的可行方案。第 5 章探索博弈理论对集群弹药的适用性，探索多约束条件下的协同制导律设计，探索在保证单体弹药制导精度基础上制导成本的降低。第 6 章从开发/研制集群弹药角度出发，面向给定任务需求，介绍集群弹药的效能评估体系及方法。第 7 章针对现有集群仿真系统精度低的难题，介绍了高细粒度硬件在回路仿真系统，并针对具体案例描述该仿真系统的使用情况。

本书在撰写过程中获得了多位专家、学者的指导，在此感谢北京理工大学马宝华教授，陆军研究院沈晓军研究员、游宁研究员，航天科工三院程进研究员、关震宇研究员，北京理工大学杨东晓副研究员、杨宇副研究员、杨亚超、熊婧、王子泉、徐骁、王振北、康淼波对本书的贡献以及宝贵意见。本书的部分研究工作获得了自然科学基金项目（62373053，62103048）的支持。

由于本书涉及内容广泛，著者水平有限，书中难免会出现疏漏和不当之处，敬请读者批评指正。

著　者

目 录

第1章 集群智能概述 ··· 001
1.1 集群智能的起源及特征 ··· 002
1.2 自然界大规模生物集群的启示 ·· 003
1.3 集群行为的关键因素 ·· 005
1.4 集群行为与马尔可夫决策过程 ·· 007
    1.4.1 马尔可夫决策过程 ·· 008
    1.4.2 部分可观察马尔可夫决策过程 ·· 010
    1.4.3 分布式部分可观测马尔可夫决策过程 ··· 011
    1.4.4 集群中的马尔可夫决策过程 ··· 012
1.5 集群智能与多智能体理论 ·· 013
    1.5.1 智能体的定义与理解 ·· 014
    1.5.2 慎思型智能体和反应型智能体 ·· 014
    1.5.3 多智能体间的协商 ··· 016
    1.5.4 多智能体间的通信 ··· 018
1.6 集群智能与决策、优化、学习的关系 ··· 019
参考文献 ··· 021

第 2 章　集群弹药的数学模型及涌现机理 … 023

2.1　弹药与集群智能的联系 … 024
2.1.1　集群弹药简述 … 024
2.1.2　弹药与集群的映射关系 … 025
2.1.3　集群弹药影响因素 … 027
2.1.4　集群弹药的分类 … 030

2.2　集群弹药的数学模型 … 031
2.2.1　自底而上自组织模型 … 033
2.2.2　集群弹药数学模型 … 037

2.3　集群弹药模型的理解 … 042
2.3.1　自组织特性 … 042
2.3.2　涌现特性 … 045

2.4　以毁伤为驱动的参数学习 … 047
2.4.1　以毁伤为基础的价值函数设计 … 047
2.4.2　数据采集与算法训练 … 048

参考文献 … 050

第 3 章　集群弹药混合式体系架构 … 053

3.1　慎思式集群作战任务驱动范式 … 054
3.1.1　复杂环境预先任务分配 … 055
3.1.2　多目标确定性武器-目标分配问题 … 061
3.1.3　多目标不确定武器-目标分配问题 … 078
3.1.4　复杂环境实时任务分配 … 087

3.2　反应式个体行为规则驱动范式 … 106
3.2.1　自组织行为演化流程 … 108
3.2.2　个体行为规则 … 108
3.2.3　行为原型 … 111
3.2.4　基于启发式算法的多规则组合优化方法 … 111
3.2.5　试验验证 … 112

参考文献 … 133

第 4 章　仿生组群原理及关键技术 … 141

4.1　概述 … 143

目录

4.2 视觉驱动的集群协作模型 …………………………………………… 145
    4.2.1 视觉输入层 ……………………………………………………… 146
    4.2.2 视觉信息层 ……………………………………………………… 148
    4.2.3 行为规则层 ……………………………………………………… 150
    4.2.4 动作输出层 ……………………………………………………… 151
4.3 任务导向的表型优化 …………………………………………………… 151
    4.3.1 编码与交叉变异 ………………………………………………… 152
    4.3.2 解码与选择 ……………………………………………………… 154
4.4 数值试验与结果分析 …………………………………………………… 155
    4.4.1 算例构建 ………………………………………………………… 155
    4.4.2 对比参数设置 …………………………………………………… 156
    4.4.3 弹药集群性能指标 ……………………………………………… 157
    4.4.4 试验结果与分析 ………………………………………………… 158
4.5 小结 …………………………………………………………………… 169
参考文献 …………………………………………………………………… 170

第5章 集群弹药的博弈、制导与控制 ……………………………………… 177
5.1 博弈和集群弹药的关系 ………………………………………………… 178
    5.1.1 三方微分博弈决策模型 ………………………………………… 180
    5.1.2 微分博弈控制的最优性分析 …………………………………… 182
    5.1.3 基于双重拍卖的 TAD 匹配方法 ……………………………… 183
5.2 集群协同末制导 ………………………………………………………… 185
    5.2.1 弹着角约束下的制导 …………………………………………… 185
    5.2.2 时间约束下的末制导 …………………………………………… 188
    5.2.3 初步仿真验证 …………………………………………………… 192
    5.2.4 小结 ……………………………………………………………… 200
5.3 低成本末制导技术 ……………………………………………………… 200
    5.3.1 捷联制导回路系统模块化设计 ………………………………… 201
    5.3.2 成像反馈回路设计 ……………………………………………… 204
    5.3.3 智能弹药纵向制导系统设计 …………………………………… 209
    5.3.4 智能弹药横向制导系统设计 …………………………………… 214
    5.3.5 小结 ……………………………………………………………… 221
5.4 本章小结 ………………………………………………………………… 221
参考文献 …………………………………………………………………… 221

第6章 集群弹药效能评估方法 ····· 225

6.1 智能集群弹药评价体系的构建 ····· 226
6.1.1 集群弹药能力评估指标体系构建 ····· 227
6.1.2 集群弹药能力评估系统搭建 ····· 229
6.1.3 集群弹药能力评估测试流程建立 ····· 233
6.1.4 常见评估方法 ····· 234

6.2 集群弹药应用场景探究 ····· 238
6.2.1 集群弹药协同作战有效性分析 ····· 240
6.2.2 影响集群弹药协同作战能力的核心要素探究 ····· 244
6.2.3 小结 ····· 247

参考文献 ····· 247

第7章 集群弹药验证手段 ····· 249

7.1 硬件在回路仿真系统 ····· 251
7.1.1 仿真系统设计要点 ····· 252
7.1.2 基于数字孪生技术的集群建模 ····· 258
7.1.3 系统功能设计与实现 ····· 269

7.2 弹载决策与控制软件的设计 ····· 280
7.2.1 分布式决策框架的构建 ····· 280
7.2.2 信息交互方法 ····· 282
7.2.3 集群信息的获取 ····· 284

7.3 基于视场投影模型的仿生集群 ····· 285
7.3.1 视场投影模型 ····· 285
7.3.2 基于行为规则的集群控制方法 ····· 286
7.3.3 行为规则权重与集群弹药任务的映射关系 ····· 288

7.4 风场扰动环境下的编队保持技术 ····· 291
7.4.1 风场扰动环境下的协同控制问题建模 ····· 292
7.4.2 编队保持控制方法 ····· 294

7.5 控制—人机交互系统的设计 ····· 296

7.6 本章小结 ····· 298

参考文献 ····· 299

第 1 章

集群智能概述

随着智能弹药、巡飞弹药在战场上的作用越来越凸显，集群弹药的研究已经逐步展开。然而研究人员首先面临的问题就是：什么是大规模智能集群弹药，影响其作战效能的核心技术是什么？本章将从集群智能概念入手，结合弹药在战场上的任务使命，逐步明确集群弹药的概念。

1.1 集群智能的起源及特征

群体智能是 Swarm Intelligence（SI）的直译，集群智能的来源可追溯至对生物集群的研究以及仿生学的发展史。该词最早出现在医疗机器人的设计中，用于描述一群只有极低智能机器人形成的治疗效果[1,2]。在他们的研究中，个体在一维或二维环境下通过与最近邻域的个体进行交互来实现自组织集群行为。Eric Bonabeau、Marco Dorigo 和 Guy Theraulaz 等学者[3]尝试将"集群智能"的定义扩展到受社会性昆虫群落以及其他动物社会性集体行为启发的算法设计与分布式问题求解等领域。本书则希望沿用这一术语来描述集群弹药内部个体之间的交互过程。

与"单体智能"不同，集群智能描述的是一个动态变化的过程，是由集群数量引起的由量变到质变的过程，很难用精确语言及数学公式表达，却能在自然中切实地感受到。例如，一只行军蚁并不起眼，然而成千上万的行军蚁可以捕获体型是自己几倍甚至几十倍的猎物；蜂群则依靠数量众多的个体通过采蜜、筑巢、喂食、守卫等基础行为延续整个群体的生存，同时构建出令建筑师都惊叹的蜂巢。这种由量变到质变的例子在更小尺度的科学研究中也普遍存在，例如水分子的运动以及之间距离的改变可以使水以三种状态存在，且呈现出截然不同的物理性质；万有引力随着质量的变化，既可以小到忽略不计，也可以大到影响星球的运行。

由于汉语的特殊性和复杂性，在这里需要对"集群智能"和"智能集群"加以区分。在本书中，集群智能强调的是多个个体组成集群之后所体现出的智能；而智能集群则强调的是多个智能个体组成的集群。这里需要解释两点：①在集群智能中，个体智能程度可能较低，但展现出的集群交互程度相对很高；②在智能集群中，个体智能程度较高而展现出的集群交互程度相对较低。当然，集群智能这一概念更像是一个感性的认识，并没有严格的数学定义，就像"智能"本身无法被描述和定义一样。

对于集群智能的研究，其基本原则是通过观察去研究变化背后隐藏的机理、模仿个体的能力、推演已经发生的现象，进而建立模型，通过数值仿真还原过程，建立合适的人工代理体来完成既定任务和目标，最终将模型应用到实际工程问题中。这一过程和常规的技术发展过程无二，只不过涵盖了更多的内容。从学科角度讲，集群智能不仅是理工类，也可以看作是经济、社科、医学等领域的延伸；从技术角度讲，其涵盖了人工智能、控制、信息处理、微电子等绝大多数领域；从平台角度讲，军用和民用领域均对飞行器、车、船、弹的集群使用产生浓厚的兴趣。任何一个研究涵盖的领域越广，越能够说明这一研究的重要性，同样也说明了该研究的复杂性。

1.2 自然界大规模生物集群的启示

在描述集群智能（SI）的过程中最常提到的例子就是地面上的蚁群、天上的蜂群以及水中的鱼群。蚁群作为最广泛的例子，可以充分说明集群智能的典型特征[4-6]。即便如此，集群智能的概念仍然非常广泛，下面让我们通过一些从观察中得到的结果来对这一概念进行理解。

（1）蚁群觅食寻找最短路径：无论如何变换环境，四处搜索食物的蚂蚁群落总能在食物和巢穴之间找到最短的搬运路径，这一结果是令观测者惊讶的。通过进一步的研究发现，觅食的蚂蚁仅仅通过在路径上留下信息素，并以概率的形式按照信息素浓度高的路径移动便很快完成了最短路径的寻找。基于这一现象已经研究出了蚁群优化算法（Ant Colony Optimization，ACO），其基本原理是利用信息素对个体的搜索概率进行修正，从而使得优秀的结果得到不断的加强[7-9]。这种优化方法利用了多个"个体"进行优秀结果的搜索，并可以很快进入收敛；但其缺陷在于容易陷入局部最优。这里暂不论蚁群优化算法的效果如何，其利用集群进行优化的思维方法对集群智能的研究做出了重要贡献。

（2）蚁群合作搬运：一只觅食的蚂蚁在发现一个庞大的食物后，首先会从多方位（绕着食物边缘）进行多种动作（拉、拽、举）的尝试，希望依靠自己的力量拖动食物；当各种尝试失败后，便会回到洞穴招募同伴，两只蚂蚁同样会进行多次尝试去移动食物，如果继续失败则招募活动会持续进行。这种尝试通常会根据食物的质量和蚁群的规模有一个阈值；当募集到的蚂蚁数量足够搬运物体后，蚁群会移动食物向巢穴的方向前进。进一步，当蚁群合作搬运食物的过程中遇到障碍物时，蚁群会通过集体转向绕开障碍物并重新回到正确的方向；最终，蚁群能够将庞大的食物运送回巢穴。在这一过程中，个体仅通过抬举食物时感受到的压力完成与相邻蚂蚁的快速交流，经过不断地随机尝试，蚁群会最终稳定下来并形成统一的力量。

（3）蚁群的建筑艺术：蚁群的建筑过程则是集群智能的另一种体现方式。在这一过程中，似乎并没有发现明确的指挥者参与，但是每个参与建筑的蚂蚁能够有序地将建筑原料放置到其应该在的位置。另一个类似的、典型的例子是蜂巢的形成过程。通过长期的观察和研究表明，产生这种现象的原因可能仅仅和建筑原料的单位密度相关。蚂蚁携带原料并感知周围原料密度，当原料密度处在某一区间内时，蚂蚁选择放置原料。而所述的原材料密度区间，可以理解为"建筑图纸"，可能和基因与遗传相关。

上述三个例子均体现出了自然界生物集群智能的特点，蜂群、鱼群这类智能程度不高的生物群体都类似，总结这些行为可以得到以下结论：

（1）个体的行为规则是涌现集群智能行为的充分非必要条件。规则是集群智能的直接表现形式，可以是经过训练得到的经验，其顺利的运转将保证集群智能的体现。规则的实现方式可以是分布式的也可以是集中式的，这取决于环境对信息交互的情况。

（2）个体间信息交互是涌现集群智能行为的必要非充分条件。观察表明，没有个体信息交互的生物群体是无法展现集群智能的。信息交互可以粗略分为直接交互和间接交互。不过，无论是哪类个体信息交互并不能保证集群具有智能行为，因为还要涉及集群规则。

（3）集群智能往往与集群的数量存在直接关联。这种直接的关联包含了两层含义：当集群数量没有达到一定阈值时，群体表现不出智能；而当集群数量超过一定规模后，其群体智能程度可能会呈现下降趋势。

（4）集群智能行为是多个相对独立个体行为相互作用的结果。这种相互作用是广义的，包含了时间上的、空间上的、物理层面的、信息层面的多种相互作用。这些交互作用以个体的角度去观察是相互独立的，没有必然联系。

1.3 集群行为的关键因素

在我们了解集群智能的起源以及自然界中生物集群带来的启示之后,再进一步探究影响集群行为的关键因素:集群体系架构、个体能力和个体数量,以及它们之间的相互影响。

(1)**集群体系架构**,也可以称之为集群模型,是集群智能的载体。我们认为个体是集群智能的执行单元,而非载体,真正让集群具有智能行为的是集群体系架构。只有适当的集群体系架构才能让其中的个体行为产生集群智能的变化,这里的"适当"指的是规则、方法等内容与集群目标相适应。集群体系架构的确定往往又与环境、目标相关联,同样也可能是变化的。集中式架构是最常见的一类集群体系架构,其最大特点是集群中的个体决策过程受到某个核心节点决策的直接影响;与之对应的结构是分布式架构,它们二者之间的区别在于信息的传递方式。在集群智能中,和信息相关的一个重要因素是信息的传播范围,一种比较常见的分类方法就是局部信息和全局信息。进一步借用信息论的概念,信源、信宿和信道是信息三要素,在集群中这三个要素均有特殊的含义,且主要和集群特性相关。信源可以指来自决策个体的指令,信道是获取指令的方式,信宿则是接收指令的个体。不难看出,决定这三要素的是集群体系架构。集中式集群的信息源主要来自进行决策运算的个体(例如指控中心或集群内部核心节点);而分布式集群的信息则来源于每一个个体,这也使得集群决策更加复杂。由于找不到一个集中的信息处理和决策节点,个体往往只能接收到某些局部信息,因此个体间的协调过程更为复杂,而这正是研究集群行为智能涌现所关注的部分,这部分内容将在后面的集群建模部分进行详细介绍。

(2)**个体能力**,同样在集群中扮演着重要的角色。无论是信息的收集还是决策的执行都与个体能力密不可分,例如蚂蚁和蜜蜂,其个体能力的差异非常大,因此在执行决策时展示出不一样的效果。当我们所述的个体是人工智能体时,这种差别就更加明显,因为我们必须考虑不同个体的运动特点以及控制规律,例如地面无人车和空中无人机的运动能力甚至会影响到决策本身。个体能力同样也能影响信息收集、传递等过程。蜜蜂可以通过8字舞来传递信息,而蚂蚁可以通过触角的接触和释放信息素传递信息,这二者之间的效率和内容均有不少差别。同样,在人工智能系统中,个体能力会受到设备的影响:组网通信的设备能力有强有弱、获取环境信息的能力也有强有弱,这都将直接影响个体获取信息的质量,进而会对决策的结果甚至是方法产生影响;在执行层面,不同的个体能力对集群任务完成度也会影响集群最终的结果,例如,蚂蚁和蜜蜂搭建的巢穴在人类搭建的金字塔、长城面前便没那么令人惊异了。不过在这些例子中,一个有趣的共同点是,集群智能对个体能力能够产生放大效应,而且往往这种放大并不仅仅是量的增长,而是体现在质的变化方面,足以令人惊讶。

(3) **个体数量**。一般来讲,个体数量的增加对于完成集群任务来说最直接的影响就是提高任务完成效率。当然,这种对效率的提升也分不同的情况。最简单的例子就是针对工作量的简单分工,我们以蚁群需要搬运一个体型相对较大的猎物回巢穴为例,一只蚂蚁搬不动,会召集更多的蚂蚁来搬运,直到可以将猎物抬起。当情况稍微复杂一些,如果完成某项任务需要若干步骤完成,且步骤之间有逻辑顺序,那么单纯个体数量的增加并不能有效提高任务完成效率;或者说当集群规模增加到一定程度时,任务执行效率并不能得到显著提升。同样是蚁群搬运大型猎物,当蚂蚁们确定能够将猎物抬起后,它们将尝试着把它搬回巢穴,而在这个过程中最大的挑战就是蚁群需要搬运着巨大的猎物绕开障碍物。在这一过程中个体需要不断去感受由于前进状态带来的压力变化,并做出适当的反应。这里的压力变化有转向带来的、地形带来的,也有障碍物带来的。与抬起猎物相比,此时无论是任务目标还是判断条件都已经发生巨大的变化,而对于个体来说,评价准则也不再是搬猎物回巢。这一变化也就是我们想展示给读者并深入研究的,具体体现在两个不同的方面:一是集群目标需要较多数量个体来完成,而为了管理这些个体则需要提出更多的评价准则。如上文所说,在人工集群系统中,评价准则往往是以函数形式存在。二是随着个体数量的不断增加,优化函数的求解难度越来越大甚至是无解。此时,会不会存在一种其他的评价体系来帮助个体完成集群任务呢?这种评价体系的变化会不会意味着一种量变到质变的过程?

上述三个因素(集群体系架构、个体能力以及个体数量)之间的关系如图1-1所示。体系架构会让个体的行为趋于一致,而数量则是产生个体分化的主要原因。同样,有序、分工是体现集群智能的重要标志。

进一步引入集群智能中一个非常关键的概念:共识主动性[5]。共识主动性这一概念源自希腊语,描述的过程是:集群中个体之间通过对环境的修改以及对环境的感知完成信息交流。在这一过程中,环境是一种非常重要的媒介,而突出强调的是个体具有感知和修改环境的能力。需要说明的是,共识主动性是一类信息交互方式,与个体之间直接进行信息的交流相比,这种信

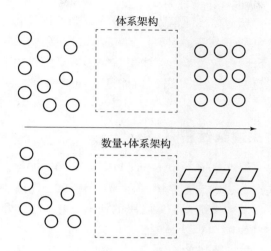

图 1-1　集群三要素（集群体系架构、个体能力以及个体数量）之间的关系示意
（图中不同形状表示具备不同能力的个体，
左边：无序状态；右上：有序状态；右下：有序且出现任务分工状态）

息交互的方式是间接的。这两种信息交互方式之间的区别非常微妙，尤其是在科技进步的今天，比如，通过电磁波进行信息交流，也可以看作对电磁环境的修改和感知，从而得到了信息，只不过这种"环境"是一种微观层面的。针对这类信息传递，本书还是会把它归于直接信息交互，即把电磁波理解为信息的载体而非环境。而共识主动性之所以能够使得个体之间产生交互的效果，其根本的缘由便是个体对环境的统一认知，这也是"共识"一词的主要意思。例如，蚂蚁在搭建巢穴的过程中通过感受环境中沙粒密度来决定自己是否要放下手中的沙粒，这种对环境的认知是依靠基因来完成的，可以理解为先验知识。

共识主动性这个概念将是本书希望展示给读者的重要概念，也是后续章节中要逐步构建集群模型的基本理念。这一理念在弹药方面是非常有用的，因为这大大提高了弹药个体的适应性，从而提高了集群弹药在复杂战场环境中的生存能力以及任务执行能力。

1.4　集群行为与马尔可夫决策过程

如前文所述，集群智能描述的是一种由量变到质变的变化过程。为了更好地理解这个过程，首先从数学建模入手。最符合这种和时间、状态相关描述的数学基础理论为马尔可夫决策过程。其基本原理是使用状态转移来描述动态过程，状态转移概率可以理解为策略，集群智能则可以想象成一种由多个策略组成的高级策略。这里所谓的"高级"可能是决策效率更高、决策效果更好或者适应性更强等。

1.4.1 马尔可夫决策过程

马尔可夫决策过程（Markov Decision Processes，MDP）是一类具有普遍共性的过程，这类共性是由俄国数学家马尔可夫于 1907 提出的马尔可夫性，也称无后效性。所谓无后效性是指：某阶段的状态一旦确定，则此后过程的演变不再受此前各状态的影响。也就是说，"未来与过去无关"，当前的状态是此前历史的一个完整总结，此前的历史只能通过当前的状态去影响过程未来的演变。具体地说，如果一个问题被划分为各个阶段之后，阶段 k 的状态只能通过状态转移方程去影响阶段 $k+1$ 的状态，与其他状态没有关系，特别是与未发生的状态没有关系，这就是无后效性。

马尔可夫性用来描述过程的规律类似数学中使用递推公式描述数列，其特点是递推式只用到了前面一项。描述规律的方式很多，把握"当前的状态是此前历史的一个完整总结"这一要点后，很多过程可以被转化描述为马尔可夫过程。当然，前提是可以做到当前状态完整总结历史过程这一点。从这个角度来说，马尔可夫过程是一个很实用的理论，我们可以忽略历史状态的影响，这意味着不需要不断地保存历史信息，一切规划都只要从当前状态出发即可。它所蕴含的思想是将个体有限的规划能力引导至更有价值的方向。

马尔可夫决策过程与马尔可夫过程的本质区别就是多了主体，即决策者的介入。MDP 是序贯决策的数学模型，用于在系统状态具有马尔可夫性质的环境中模拟智能体可实现的随机性策略与回报。MDP 的理论基础是马尔可夫链，因此也可被视为考虑了动作的马尔可夫模型。在人工智能领域中，对决策类问题的求解过程也可以称为规划。经典规划一般基于确定式的环境模式，这类方法在现实应用中有很大的局限性。面对现实中的规划问题，主体对环境特性的把握常常是不完整的，正是由于这种知识的缺失，造成了不确定性。

针对某个决策问题，从信息或者知识的角度区分出 3 个依次包含关系的集合，如图 1 - 2 所示。利用图 1 - 2 信息集合划分的方式，可以更清晰地理解不确定性，以及 MDP 与下面将要提到的可观察马尔可夫决策过程（Particularly - Observable MDP，POMDP）之间的区别。

第1章 集群智能概述

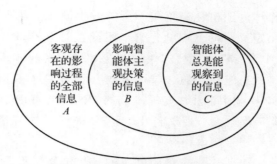

图1-2 决策问题的信息集合划分

信息集合 A：客观存在的影响过程的全部信息，是整个客观世界的世界状态中与问题所对应过程相关的因素。

信息集合 B：影响智能体主观决策的信息集合，可以理解为是个体主观上知道存在，并能够把握运用的一些信息集合。因为对于某些因素，即便个体知道应该与过程相关，但无法把握运用，这些信息也不会影响智能体决策。比如，一般都认为掷硬币，正反面的概率各 50%。事实上，风力、掷硬币的具体操作方式、抛出轨迹、用力情况、地面情况等都会影响结果；而这些因素通常无法把握运用，即使考虑进来，也难以改变决策。因此，这类个体知道存在却无法把握利用的信息，以及主观上根本不知道其存在而客观上却影响过程的因素，构成了 B 集合与 A 集合的差别。同时，也正是这些差别，造成了不确定性的存在。从另一个角度，只要 B 不是空集，基于应用的需求，就存在进行决策的意义。但对不确定性仍需进行刻画，于是便引入了统计意义上的概率。

信息集合 C：智能体总是能观察到的信息集合。现实中很多决策过程，对于 B 集合中的信息，智能体并不能总准确地观察到。比如踢足球的运动员，自己身后球员的位置是会影响决策的，但可能会观察不到；对足球的运动趋势会有球员自己的判断，但是不可能做到精准且会受到其他球员的干扰。

根据对上述信息集合的定义内容，首先有前提条件 $A \supseteq B \supseteq C$，进而可以对问题做下面的分类：

（1）当 $A = B = C$ 时是一个确定性问题。

（2）当 $A \supseteq B = C$ 时是一个 MDP 问题。

（3）当 $A \supseteq B \supseteq C$ 时是一个 POMDP 问题。

MDP 本身既可以处理确定性问题，也可处理不确定性问题。而 POMDP 在 MDP 模型上进行了一定扩展，引入了对观察不确定性的处理。从一定意义上也可以认为，MDP 是 POMDP 的一种极端的情况，即决策相关信息全部可观察。

MDP 是模拟个体的随机性策略与回报的数学模型，且所在环境的状态具有马尔可夫性。由定义可知，MDP 包含一组交互对象，即个体和环境。具体地，个体指 MDP 中进行机器学习的代理（也称之为智能体，或者 agent），可以感知外界环境的状态进行决策、对环境做出动作并通过环境的反馈调整决策。环境则是 MDP 模型中智能体能够影响的外部所有事物的集合，其状态会受智能体动作的影响而改变，且改变可以完全或部分地被智能体感知。环境在每次决策后可能会参与智能体获得奖励的计算。

从本质上讲，MDP 是一种离散时间下的随机控制过程。其中，单个智能体从环境中获得完整的状态信息，根据当前策略选取一个行动，该行动会促使智能体转移到下一个状态，从而完成一次决策。这样，MDP 可以定义为一个四元组 $M = <S, A, P, R>$，其中，S 表示该智能体可能经历的有限的状态空间；A 为该智能体可能执行的所有动作空间；P 表示状态转移概率函数矩阵，$p(s,a,s') \in [0,1]$ 表示在当前状态 $s \in S$ 下选取动作 $a \in A$ 后，使智能体由状态 s 转移到状态 $s' \in S$ 的概率；R 表示回报/奖赏函数矩阵，表现为状态–动作–状态的笛卡儿积 $(S \times A \times S \rightarrow R)$，$r(s,a,s')$ 表示在当前状态 s 下选取动作 a 后，使得智能体由状态 s 转移到状态 s' 后获得的即刻回报/奖赏函数。由以上四元组的描述可获得马尔可夫决策过程的特点，即具备马尔可夫性：当前状态 s 向下一步状态 s' 转移的概率和回报只取决于当前状态 s 和当前动作 a，与历史状态、历史动作无关。

1.4.2 部分可观察马尔可夫决策过程

常规马尔可夫决策模型要求环境的状态都是完全可观测的，因此也称为完全马尔可夫决策过程（Completely Observable Markov Decision Process，COMDP），而在现实生活中，智能体往往受限于观测范围、观测精度以及观测误差，不可能准确得到当前环境状态的所有信息，即智能体往往只能通过观测到的结果估计自身当前的状态。作为 COMDP 模型的一种扩展，在部分可观测马尔可夫决策理论模型中，无法直接观测到当前状态，即智能体只能观测到不完全、不准确的信息，造成这一问题的原因主要有两个方面：首先，由于智能体传感器仅能获得环境中有限距离、有限维度的信息，多个状态很难获得一致的观测结果；其次，传感器读取的数值中包含一定的噪声和误差。

鉴于以上两个特性，POMDP 用观测值来代替状态空间，并假设该观测值是具备概率分布特性的，因此还需要指定观测模型用来估计当前智能体的状态。相对于 MDP 决策问题，POMDP 问题要复杂得多，这是由于同样的观测结果可能代表着多个状态和动作映射，在状态不足时也很难区分历史序列上的观测值是否相关。

相对于 MDP 的四元组，POMDP 模型可概述为以下的六元组：$M = <S, A, P, R, \Omega, O>$。其中，状态空间 S、动作空间 A、状态转移概率函数矩阵 P 以及回报/奖赏函数矩阵 R 的定义与 MDP 模型中的定义一致。Ω 表示智能体当前从环境中获得的有限个观测；O 表示观测函数，即智能体从所处环境中观测信息的概率矩阵，是由状态–动作–观测 $(S \times A \times \Omega \to [0, 1])$ 笛卡儿积构成的概率矩阵。由于从环境中获取的观测中可能包含一定误差，观测信息具备一定的概率分布特性，因此用 $P(o, s, a)$ 表示智能体在状态 s 下执行动作 a，最终获得观测 o 的概率。

POMDP 模拟智能体决策过程是假设系统的变化由 MDP 过程所决定，但是智能体无法直接观察状态。相反，它必须要根据模型的全域与部分区域观察结果来推断状态分布。由于智能体不直接观察环境的状态，因此智能体必须在真实环境状态的不确定性下做出决策。然而，通过与环境交互并接收观察，智能体可以通过更新当前状态的概率分布来更新其对真实状态的信念。这种性质的结果是最佳行为，且通常可能包括信息收集行动，由于这些行为改善了智能体对当前状态的估计，从而使其能够在未来做出更好的决策。

将上述定义与马尔可夫决策过程的定义进行比较有助于理解相关内容。MDP 不包括观察集，因为智能体总是确切地知道环境的当前状态。通过将观察组设定为等于状态组并定义观察条件概率以确定性地选择对应于真实状态的观察，便可以将 MDP 重新表述为 POMDP。POMDP 模型考虑了问题中信息获取的局限性（即当前状态未必可以完全掌握），通过观测来描述传感器得到环境的局部反馈，并通过观测函数来描述状态观测的部分可观性和不确定性，这更加符合实际情况中传感器的状态，因此更加适合用来解决实际问题。在 MDP 过程中，主要问题是如何找到从状态到动作的映射关系，而 POMDP 过程中的核心问题是寻求从具备概率分布特性的观测到动作的映射。在 POMDP 中，通过智能体的观测间接地获得当前状态，为了获取更明确的状态信息，智能体不仅需要考虑当前的观测信息，同时也需要考虑过去的历史信息（包括过去的动作和观测），从而得到当前所处状态的一个概率分布。这个关于状态的概率分布也被称为信念状态。由于信念状态的概率分布是针对一个连续空间的，所以 POMDP 也可以看作连续状态空间的 MDP，其求解难度要比 MDP 大得多。

1.4.3　分布式部分可观测马尔可夫决策过程

近年来，在人工智能领域，研究者开始对多智能体经由分布式计算与合作达成共同目标的问题产生出越来越浓厚的兴趣。在这类问题中，智能体之间通常并不一定拥有良好的通信，或者没有充足的通信带宽使得集群内个体之间达到一种信息的完全共享，智能体不清楚其他合作者所观察到的信息。换句话说，在同一个环境中的不同智能体可能因为认知问题导致个体认为自身处于的状态（信念状态）是不同的。因而，相对于信息完全共享的或者集中式多智能合作问题，这种信息的不一致为决策增加了新的困难。

MDP 及 POMDP 模型中都认为决策的智能体只有一个，并把其他一切因素都归于客观环境。这些因素中一部分是确定性的知识，另一部分则是已归入统计概率的不确定性。当一个过程中包含多个智能体，同时决策并期望合作来解决一个问题时，上述模型是否适用的关键因素是其他智能体的策略是否能被探知。这里所谓的策略是智能体决策的结果，指出在某个状态要采用哪个行动。如果认为其他智能体策略可以被探知，无论是确定性的策略，还是含概率表示的不确定性策略，那么其他智能体一样可以归入环境信息，这样便仍可使用 MDP 或 POMDP 模型处理分布式决策问题。如果不能探知其他智能体的决策，其他智能体会采用何种策略则是需要考虑的。在生成智能体自身决策的同时，也要生成其他智能体的决策估计，这是由其客观过程本身的模型决定的。分布式马尔可夫决策过程（Decentralized Markov Decision Process，Dec – MDP）及分布式部分可观察马尔可夫决策过程（Decentralized Partially Observable Markov Decision Process，Dec – POMDP）可以处理这类多智能体合作问题。Dec – POMDP 也可以用于描述考虑了传感器测量不确定性，智能体在空间、策略上的分布式特性以及整体决策过程有序性的多智能体模型。

一个由 n 个智能体参与的 Dec – POMDP 问题可以被描述为六元组：$M = <I, S, \{A_i\}, \{O_i\}, P, R>$。其中，$I$ 表示总数为 n 的多智能体集合；S 为智能体可能出现的一系列状态；A_i 是第 i 个智能体所有可能的动作集合，$A = \times_{i \in I} A_i$ 为全部智能体联合动作集；O_i 是对智能体 i 的有限的观察集合，为全部智能体联合观察的集合；P 为马尔可夫状态转移及观察的概率分布函数，$p(s', o | s, a)$ 表示在状态 s 执行联合行动 a 后进入状态 s' 并获得联合观察 o 的概率；$R: S \times A \rightarrow \mathbb{R}$ 为收益函数。

1.4.4 集群中的马尔可夫决策过程

在集群系统的设计中，决策问题本身有其特殊的意义。以哲学观点来看，人类来到世间至少有三件事要做：认识世界、改造世界和享受世界。其中，学习类问题对应认识世界，而决策类问题便和改造世界紧密相关。决策问题伴随着人们的日常生活，大至公司乃至国家的战略性决定，小至个人利益相关。

"决策"区别于简单的"决定"以及"选择",它通常涉及的是一个过程。该过程通常包含多步,其中每一步都要做一个选择。不同的选择、不同的行动,导致不同的结果,进而也意味着不同的收益。决策不能孤立地进行,若不考虑现在与将来的联系,很难在整个过程中获得最好的收益。就如同在一次长跑比赛中,我们不能在起点就用尽全力冲刺一样。事实上,决策问题与人们社会生活的联系是如此密切,可以说,一切社会实践活动都离不开决策,我们可以将这种理解等同到集群弹药中。

对于集群中的个体而言,当其面对客观世界中存在的一个待解决的问题时,首先,它的学习能力使其在主观世界中获得了对该问题的一个抽象的描述,对应于问题的模型。该模型通常包括问题所有可能的状态,问题发展过程的演变规律,个体在过程中可以做出的选择,个体所期望的结果等。而所谓的个体进行决策指的是个体在此模型的基础上,基于问题过程的规律进行规划,利用个体可行的选择参与改变过程,使其朝自身期望的结果发展,最终解决问题。总的来说,决策包括问题模型以及规划方法两部分。

如前所述,决策总是与一个动态变化的过程相联系(广义上来看,过程可以只有一步,也可以包含多步)。个体要在过程中做出合适的选择,将过程的发展引入对自身有利的方向,必然需要了解描述过程发展变化的知识。

1.5 集群智能与多智能体理论

建模能让我们更加系统、科学地去理解事物及其变化过程,探究相关规律,但无法让我们对事物进行完全的掌握和控制,特别是针对集群智能这类尚无完整理论的体系。到目前为止,和集群智能相似度最高的研究应当是多智能体理论。从多智能体理论中,我们能学习到很多研究方法,并借鉴部分研究成果。多智能体系统不仅仅是单智能体系统的简单叠加,还依赖于多智能体间的交互实现最大化全局回报。通过智能体上装载的传感器获得对局部环境的观测信息(该观测值中可能包含一定的噪声信号),每个智能体根据所观测得到的局部信息进行行动,每个智能体的行动均是团队任务解决方案中的一部分,即每个智能体的行动均会获得联合回报。与此同时,任何时刻的动作均应被看作全局决策序列中的一部分。

1.5.1 智能体的定义与理解

在多智能体系统中，智能体可以看作是一个控制系统，其解决的是环境、任务和动作之间的关系。这里的环境也可以从以下几个方面进行定义：可观察性与不可观察性、确定性与非确定性、静态与动态、离散与连续。需要指出的是，如果环境足够复杂，即使智能体可以获得足够多的信息，智能体的决策过程也会因为目标的复杂而变得非确定起来。也就是说，所有真实的环境都应该被看成是不确定性，且不确定性和系统的动态性密切相关。注意这里的理解和前节的马尔可夫过程决策非常类似。

在真实世界中，环境往往是开放、不可观察、不确定、动态、连续的。而构建数学模型的重要假设为：系统的状态只能通过程序的执行而改变，这一假设在真实的环境中是不存在的。智能体处在一个不会终止的环境关系中，在这个环境中，智能体必须连续做出会产生全局影响的决策，这些决策会对环境和智能体自身产生长远的影响，而这种影响是非常难理解的，更加难以用数学语言描述。

在智能体的实际构建过程中，仅仅使用马尔可夫过程和多智能体理论对集群中的智能体下定义非常困难。函数系统环境和非函数系统环境之间虽有联系，但还是有非常大的区别。因此构建一个系统使之可以在目标系统和反应系统之间切换和平衡非常困难。通常，我们仅能期望智能体具备反应性、预动性以及社会行为能力，并能做出近似最优的决策。

著名学者 Brooks 对使用符号法去表达智能这一做法是非常不认同的，他认为智能是复杂系统自然产生的属性，难以表征[10]。智能是存在于环境中的，而不是在智能体中。智能体仅仅是那些所谓的定理证明器，智能的行为是智能体和环境交互作用的结果。以此为基础的智能体可以理解为反应式结构，其具有的特点是：①智能体进行决策，并通过一个完成任务的行为集合实现；②每一种行为都被看成一个单独的函数，获取环境信息并映射成一个动作。而与反应式结构对应的是传统的慎思型结构。这两种理论在某些情况下也各具优势，目前尚未有理论证明哪种结构更加适用于集群中的智能体。在实际构建智能体的过程中，结合两类结构搭建混合式智能体更加符合实际的研究思路。下面先对这两类智能体进行理论上的区分。

1.5.2 慎思型智能体和反应型智能体

慎思型智能体就是经典一阶谓词逻辑公式。这里需要首先理解谓词逻辑：苹果可以吃，这里"苹果"是个体词，"可以吃"是谓词，整体表达的意思就是"原子命题",谓词表达了个体词的一个属性。而在"5 大于 7"这个原子命题中,"5"和"7"是个体词,"大于"就是谓词。再有一个量词的概念,比如,"所有的×××都可以×××"这种描述,其中"所有的"就是量词。

然而,纯逻辑推理并不能决定智能体下一步做什么,这里需要的是实用推理。实用推理和理论推理的区别是理论推理会导致信念,实用推理会导致行动。文献[11]给出了用于理解上述概念的例子:相信所有人会死,而张三是人,所以结论是张三会死。其中的推理过程就是理论推理。而实用推理是,决定乘坐火车还是汽车到某个目的地。

实用推理至少由两个部分组成:①决定想要达到什么状态;②决定如何实现这些状态。第一个过程是慎思过程,第二个过程则是手段-目的推理。例如,学生毕业后决定做什么是一个慎思过程,而确定了目标之后,需要读研、读博还是工作等就是一个手段-目的过程。

理解反应式智能体需要先了解"意图"。这里的意图可以描述一个过程,也可以描述思维的状态。在集群智能中,意图往往是智能体进行个体决策并完成集群目标的最有效驱动力。可以把意图的概念和正向反馈放在一起去理解,因为这两个过程都是智能体决策的基础。此外,意图和控制中的期望之间也有一定关联,意图能够在某一时刻由于环境的改变转变为控制期望。

目前,在集群涌现的原理尚不明确的状态下,引入意图的概念可以帮助我们从以下三个方面更好地理解集群智能:①驱动个体决策,意图可以解释"目标-手段"这一推理过程;②具有持续性,意图可以总结历史决策且用来约束未来的慎思决策;③意图能够影响基于预测的实用推理过程。当基于意图给出需要实现的某个状态,而这一状态在实际中确实不可实现时,则称智能体是不理性的。然而在集群中,这种不理性是好还是坏?我们认为,不理性反而可以成为一种探索,虽然往往这种探索可能是失败的。这就是集群和单个个体的一个显著差异,由于客观存在的数量优势,集群对智能体的容错程度大大提高。

最后,从概念上对智能体进行一个简单的分类:演绎型智能体、实用型智能体、反应型智能体。目前来看,演绎型智能体主要与慎思结构相关,其使用主要和途径、手段、目的、意图相关;而反应型智能体主要和环境作用。这两类智能体之间的表达形式不一样,但是从实际行为效果上看很类似。实用型智能体则可以简单理解为同时具备上述两种结构,也可以称之为混合型智能体。不过,这些区别可能仅仅体现在概念上,在工程中则没有这么明确地划分。总而言之,反应能力、预动能力都是一个优秀集群个体所需要具备的。下面给出慎思型(图 1-3)和反应型智能体(图 1-4)的简单示例,这里并不用去考虑这个例子的深层含义，我们学习的是表达方式以及思考过程。

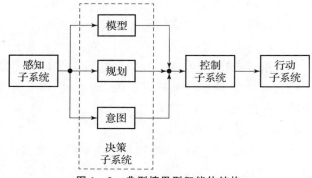

图 1-3　典型慎思型智能体结构

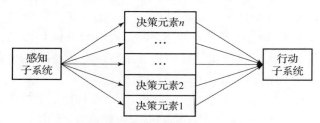

图 1-4　典型反应型智能体结构

1.5.3　多智能体间的协商

多智能体理论中重要的研究内容之一是智能体之间的交互方法，这里需要指明的并不是通信方法，而是对交互的信息如何使用。智能体的偏好和行为效能是多智能体进行信息交互的基础，而集群效能的评价方法则是描述多智能体系统的基本方法。

相较于单体决策，多智能体决策还需要考虑策略优势和 Nash 均衡可能带来的影响，也就是博弈相关的内容。Nash 均衡是一种理论上的状态，在实际中很难实现，不过其指导意义还是非常明显的。为了更好地理解这类问题，下面举几个例子：

囚徒困境问题就是一个典型的例子。先来看问题的描述：两个囚犯被共同起诉一项罪名，且隔离审讯，他们之间无法交流。他们被告知：①一人承认有罪而一人不承认，则承认有罪的被释放，另一人被关 3 年；②如果两个人都承认有罪，则同时被关 2 年；③都不承认有罪，则同时被关 1 年。多数罪犯在面临这一问题时，其选择往往是两人同时认罪，也就是说人类并不会总追求集体利益最大化，比如在公共汽车上是否让座的问题。这里可能还涉及能量的平衡或者是道德价值的平衡，这就使得个体的决策和集体的利益往往因为各种因素背道而驰。再比如某公共汽车系统没有检票的机制，观察是否可以仅依赖每个人的自觉程度进行购票，而不存在逃票行为。结果也是令人唏嘘不已，一些自觉购票的人也会慢慢成为逃票的人。人类作为目前已知的最智慧的生物，其决定自身行为的时候受到个人利益、道德约束、心情等诸多因素的影响，往往不会从集体利益层面思考行为的利弊。因此智能体面临的多数问题很难达到所谓的 Nash 均衡，这也是由于集群的目标往往会和个体所处环境相背离，导致个体决策无法充分支持集群利益最大化。这一点也会是后续集群智能研究工作的最大难点。

在我们清楚了多智能体面临的最大困难和挑战后，可以对"协商"的目的进行一个简单的概述：多智能体通过协商达到集群利益最大化，这是构造多智能体的重要过程，也是和单智能体的最大区别。这里的协商是广义的，可以是通过通信手段的直接协商，也可以是通过改变环境的间接协商（即共识主动性）。

首先介绍最常见的用于直接信息交互的协商方法：拍卖算法。拍卖算法的起源就是真实的拍卖行业，最常见的规则源于英国 Sothebys 拍卖行，其基本原则可以总结为：第一价格、公开叫价、加价拍卖。荷兰拍卖是常见的拍卖方式，遵循叫价递减、且第一价格密封叫价的原则。Vickrey 拍卖[12]执行的则是第二价格密封叫价。无论是哪种方法，参与者在拍卖中需要尽力避免的是中标者悲哀（即竞标价格大幅超出竞拍物价值），并最大限度发挥竞拍策略的优势。当然，在这些背后，竞拍者的自身财力才是最根本的保证。这里，我们仅仅讨论的是竞拍过程或者说是协商本身对多智能体决策产生的影响，而暂时不考虑智能体的能力。

无论是从拍卖者角度还是竞拍者的角度来考虑，二者追求的都是利益最大化。拍卖者需要考虑到竞拍者策略的执行问题，而竞拍者则是尽量避免自己进入中标者悲哀。说谎与串通、反投机等问题都是拍卖中一些有趣的例子，在设计实际的系统时，应该不会有工程师会引入这样的例子，因为系统显而易见的更加复杂，但是对完成集群目标却没有什么好处。

从方法层面来说，大多数需要决策的情境还是比较简单的，因此大部分时候都能采用任务分配方法来进行处理。在这里特别提出 Rosenschein 和 Zlotkin 的工作[12]，他们引入了不同领域协商这一概念：区分了面向任务领域的协商和面向价值领域的协商。另外，协商的框架一般包含四个部分：协商集合、协议、策略、规则。这些因素造成了协商的复杂度：①协商包含了多重指标，而多重指标会导致潜在交易的数量指数增加，进而导致协商最终难于达成一致；②参与协商的智能体的个数会进一步增加达成一致的难度。

在面向任务领域的协商中，记 $<T, Ag, C>$ 为面向任务协商的三元组，其中，T 为任务集合；Ag 为智能体的集合；C 为代价集合。这里的代价函数必须是单调的，智能体不做任何动作则代价为 0。针对面向价值策略的协商 $<E, Ag, J, c>$，其中，E 为可能的环境状态集合，Ag 为智能体的集合；J 为联合策略集合；c 是代价函数。

在协商中的辩论，辩论是在竞价的基础上产生的一种变形，目的是弥补竞价存在的一些问题。辩论过程一般来说不能说明智能体的观点，同样不能改变其他智能体的观点。辩论也存在不同的模式：逻辑模式、情感模式、本能模式、神秘模式。辩论过程包含了对话系统、对话的类型、抽象辩论等内容，当然这些内容因为都隐含了进行通信这个前提。Sycara 的 PERSUADER 系统[13]是第一个辩论系统，用于协商劳资问题，涉及三个智能体，分别代表工会、公司和仲裁者。需要注意的是，类似的系统并不会只得到一个结论，往往是多个结论，并进一步根据指示或者设定的重要度进行排序。我们换一种方式对该类系统进行理解，智能体可以用于替代人类进行辩论，这样做的好处是可以避免由于其他干扰因素而忽略了某些重要的因素，从而导致最终的结论不满足最初目的。不过，这种结论还是需要再次根据人的经验进行评判。无论是协商方法还是辩论系统，基础都是信息的传递，这里包含了智能体自身信息的获取和接收其他智能体的信息。

1.5.4　多智能体间的通信

通信这个概念在集群智能中非常重要，但是需要说明的是通信的实现手段并不是本节要讨论的重点，重点是通信的内容及意义。通信并不仅仅存在于智能体之间，而智能体内部进程之间的数据交互、采集到的环境信息、动作对环境的影响均可以看作信息获取的渠道，会影响智能体最终的决策，进而影响集群智能的效能。也就是说，在集群智能中通信的本质是对某些任务的约定。进一步则可以把通信的定义扩展到动作、行为判断上来，用于进行协商某些约定的阈值。

需要注意的是，信息传递的载体和方式并不是多智能通信所关注的问题。对于多智能体来说，通信是一种手段，用于修改其他智能体的意图，进而改变其他智能体的动作。例如，我告知你今天大概率会下雨，这时候，你会出门时准备一把雨伞，而我并不是告诉你带上雨伞。这里主要的区别在于，直接告诉你动作可以看作一种规划（可以是在线规划，也可以是离线规划），而告诉你一个相关的信息则是一种协商。这种协商的结果会根据你自身的判断进行选择，相信则带上雨伞，不相信则不予理会。

1.6 集群智能与决策、优化、学习的关系

当前研究针对集群智能这个概念尚不能给出一个准确的数学描述，在自然界中这一说法是对集群生物产生的令人惊异的行为的一种描述；而在人工系统中则更多的是一种描述流程、算法、框架具备复杂功能的形容词。这里有必要解释一下自然界集群智能与人工系统集群智能的区别和联系。

通常情况下，科研人员会使用观察、统计等方法探索自然界中的现象，并试图使用公式去解释这一现象。公式是指导工程师构建人工系统的基础，也就是说数学是连接自然和人工系统的桥梁和手段，这和大多数的科学研究是一致的。进一步，科研人员会调整公式所使用的参数使该公式能够在数值仿真的条件下有限还原自然中观察的现象。最后，设计代码框架并大范围调整参数并超出自然界观察现象的限制，最终使公式适用于人工系统，这是二者之间的最大区别。简单来说，实现人工系统集群的过程可总结为：受到自然界现象的启发，通过数学公式的描述，结合人工系统的特点设定参数，完成期望的任务。而在这一过程中，对于工程人员（大多数读者）来说，最重要的是最后一步。而在这一步中，构建一个代码框架使得原理能够顺利运行、并调整参数以适应任务是核心工作。从代码的角度来讲，这个结构又可以理解为一种流程，一种在计算机芯片中执行的流程。一般来说，这一流程可粗略分为信息采集、决策和执行。其中，信息的采集和执行主要与个体能力相关，而决策则是集群智能的主要执行环节。图1-5所示为人工集群系统中环境、决策与学习之间的关系。

集群决策的根本目的是让集群中的个体向着完成集群目标的方向"前进"。相对个体决策而言，集群决策相对复杂一些，又可以分为集中式决策和分布式决策。虽然这两种决策在结构、执行效率、环境适应性等方面有所不同，但其本质是一致的：根据集群目标和个体收集到的信息进行判断，从而改进个体的行为。如前文所述，和集群目标相关的正向激励可以保证集群一直向目标前进，而和集群状态、个体状态相关的负向反馈则保证了集群的稳定性，从而不偏离方向。集中式决策的优势在于效率较高、决策效果好，但问题在于对信息的要求比较严格（无论是信息获取还是信息的传递），这就导致了其在工程问题中的适用范围很窄；而分布式决策的难点就在于如何通过局部信息进行有效的协调与决策。

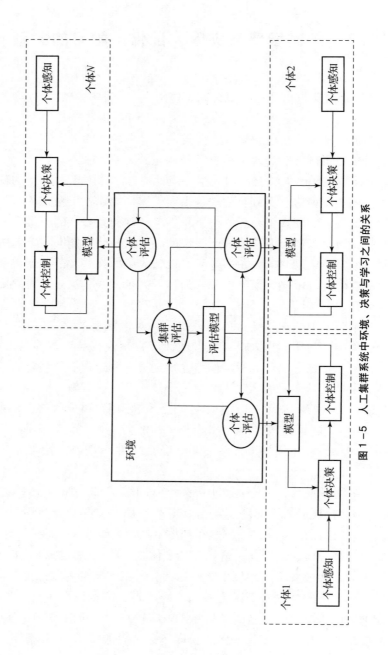

图1-5 人工集群系统中环境、决策与学习之间的关系

在构建决策方法的过程中,参数的调整是关键一环。而评价是改变个体行为并让集群向着集群目标前进的关键因素,也是调整参数的重要依据。当然,无论集群结构是集中式还是分布式,最先都会想到使用优化方法对参数进行设定。需要指出的是,在分布式集群的评价中,最困难的部分是如何通过对个体行为的评价体现集群目标。目前,优化已经是一门相对成熟的技术,从理论、算法、框架、方法再到实践有着成熟的研究体系和方法。在人工系统集群中,优化的作用则是根据集群目标对个体行为以及集群行为做出合理的评分,用于指导个体和集群进行下一步行为。在这一过程中,优化方法不仅要处理集群目标和个体目标之间的矛盾,还要进行由于信息缺失造成的局部信息估计,最后还要协调个体数量和运算量之间的矛盾,保证集群决策的顺利进行。可见,集群中的优化问题基本上都是多目标优化,其优化结果往往是一个区间、一个区域,而非某个固定的最优值。这部分会在后续的章节中做进一步的描述。

随着集群规模和集群目标复杂性的增加,其中所涉及决策问题的评价以及优化过程的输入和输出将越加复杂,以至于无法用一般的方法进行求解甚至是建立精确的模型。对于这类问题,目前公认的有效方法是基于学习和进化的方法。这两种方法的核心算法都源自对自然界的观察,而与之对应的便是"模板",这一点似乎和集群非常契合。无论是学习过程中的网络训练过程还是进化过程中遗传过程,都会通过不断的、不同的环境形成一种稳定的模板,从而使个体在面对已训练环境时可以做出最优决策,面对非训练环境可以做出较优决策,并继续优化模板。然而和集群学习相关的研究尚显不足,机理、方法、框架等都处在探索阶段,尤其是个体行为优化是否能够展示出集群行为的涌现仍值得探究。

参 考 文 献

[1] Beni G. The Concept of Cellular Robotic System [M]. Los Alamitos, CA: IEEE Computer Society Press, 1988.

[2] Beni G, Hackwood S. Stationary Waves in Cyclic [M]. Los Alamitos, CA: IEEE Computer Society Press, 1992.

[3] Eric Bonabeau, Marco Dorigo, Guy Theraulaz. 集群智能——从自然到人工系统 [M]. 李杰,刘畅,李娟,译. 北京:中国宇航出版社,2020.

[4] Seeley R D, Camazine S, Sneyd J. Collective Decision – Marking in Honey Bees: How Colonies Choose Among Nectar Sources [J]. Behav. Ecol. Sociobiol, 1991 (29): 277-290.

[5] Grasse P – P. La Reconstruction du nid et les \Coordination Inter – Individuelles chez Bellicositermes Natalensis et Cubitermes sp. La theorie de la Stigmergie：Essai d'interpretation du Comportement des Termites Constructeurs［J］. Insect. Sco. 1995（6）：41 – 80.

[6] Deneubourg J L, Aron S, Goss S, et al. The self – Organizing Exploratory Pattern of the Argentine Ant［J］. Insect Behavior, 1990（3）：159 – 168.

[7] Dorigo M, Maniezzo V, Colorni A. The Ant system：Optimization by a Co；ony of Cooperating Agents［J］. IEEE Trans. Sys. Man Cybern, 1996（B26）：29 – 41.

[8] Dorigo M, Gambardella L M. Ant Colony System：A Cooperative Learning Approach to the TravelingSalesmanProblem［J］. IEEE Trans. Evol. Comp, 1997（1）：53 – 66.

[9] Bullnheimer B, Hartl R F, Strauss C. An Improved Ant System Algorithm for the Vehicle Routing Problem［J］. POM Working Paper No. 10/97, University of Vienna, 1997（3）：2.0 – 2.5.

[10] Brooks R A. A robust layered control system for a mobile robot［J］. IEEE Journal of Robotics an Automation, 1990, 2（1）：14 – 23.

[11] Sandholn T. Distributed rational decision making, In Multiagent System（ed. G. Weib）［M］. Cambridge, MA：MIT Press, 2003.

[12] Rosenschein J S, Zlotkin G. Rules of Encounter：Designing Conventions for Automated Negotiation among Computers［M］. Cambridge, MA：MIT Press, 1994.

[13] Sycara K P. Argumentation：planning other agents' plans［C］//In Proceedings of the 11th IJCAI, Detroit, MI, 1989：517 – 523.

第 2 章

集群弹药的数学模型及涌现机理

在明确了集群弹药的定义和特征之后,研究人员面临的第二个问题便是集群弹药如何完成作战任务。想要回答这个问题,需要对集群弹药建立数学模型,并以此为基础对集群行为的涌现机理进行研究,才能将集群研究和弹药特性之间进行映射,从而帮助研究人员设计集群弹药平台、集群决策算法、协同控制算法等。在这一过程中构建完善的仿真手段并积累数据也是十分必要的工作。

2.1 弹药与集群智能的联系

2.1.1 集群弹药简述

常规弹药按照杀伤特点,其发展可以分为三个主要阶段:低精度面杀伤、高精度点杀伤以及高精度面杀伤。惯性弹道弹药是低精度面杀伤的代表,最大的特点是通过大量的弹药对目标区域进行地毯式轰炸。巡航导弹为高精度点杀伤的典型代表,可通过卫星定位、惯性导航、地形匹配等技术完成厘米级的毁伤。高精度面杀伤是当前武器装备的研究热点,智能弹药的出现使高精度面杀伤成为可能。

集群弹药是在智能弹药、集群智能发展的基础上形成的一类新型弹药。具体地,集群弹药由多枚智能弹药构成,通过个体弹药的搜索、攻击、干扰、诱骗等基本行为,以自组织模式实现集群智能行为,完成低空对面目标的搜索、协同毁伤、压制、对抗等作战任务。从定义学的角度来讲,集群弹药是集群智能的一种表现形式。然而,受到弹药领域现有技术的限制,集群弹药在实现过程中存在阶段性特征并具有一定的局限性。从学科和技术角度来讲,集群弹药是多个学科交叉形成的技术体系,主要包含了计算机科学与技术、兵器科学与技术、电子科学与技术、控制科学与工程、系统科学、信息与通信工程等主要学科;其中囊括的重要技术包括人工智能技术、飞行器控制技术、组网与通信技术、末制导技术、毁伤技术等。从作战领域来讲，智能集群弹药可应用于所有军兵种的作战，其基本构成、基本方法和原理、运行框架等没有本质区别，主要区别在于作战目标、运载平台、战场介入方式等。

换言之，集群弹药是弹药和集群技术相结合的产物。不过在现阶段，集群弹药的研究重点应向集群技术倾斜，其原因在于：集群技术更能体现弹药的数量优势，且尚不成熟。因此本书关注的重点在于集群智能技术如何在弹药领域应用，这就意味着和弹药本身相关的技术，如气动设计、控制系统设计、末制导设计、毁伤技术等并不是本书的重点。当然，在介绍集群技术的应用时，或多或少会涉及部分弹药领域的专业知识，读者可查阅相关文献。

2.1.2 弹药与集群的映射关系

如前文所述，集群弹药的概念才兴起不久，尚没有形成统一、明确的定义，下面仅仅从一些关键要素去理解集群弹药。与集群中的结构、个体能力、个体数量概念相对应，首先要阐述几个和弹药相关的重要概念：任务、行为、信息。

任务也可以称之为目标，对于集群来说是其存在的意义。自然界中的集群最大目标就是生存和种族的延续，而人工系统集群有各自的形形色色的目的。对于个体来讲，集群任务则体现了个体的价值。在这里，我们仅仅给出任务的一个定性的描述，后续章节会给出规范的数学描述。集群任务是一个长期有效的目标，不轻易发生更改。相对而言，个体任务则是短期目标，且会随着环境、状态、过程变化而不断调整，而这一调整的标准则是其是否能达到集群任务的要求。例如，蜂群为了生存，需要完成筑巢、生育、培育幼虫、储存蜂蜜、选择新的巢址、分裂新的群落等任务，而对于个体来说，觅食、采蜜、喂食幼虫和蜂王、招募、等待招募等任务会不断切换[1]。

行为同样分为集群行为和个体行为，一个简单的对应关系是集群行为可以看作集群弹药的作战任务，个体行为则可以看作弹药接到的指令。同样，个体行为较容易理解，因为其往往具有特定的、显而易见的目的。集群行为则更抽象，往往隐藏在个体行为之中。在很多研究中，把个体行为的集合、行为轨迹的集合等价为集群行为。这种表达方式针对具有步骤和时间联系的集群任务是非常容易理解的。例如，蚁群为了构建"拱门"，必须先建立基柱，然后逐步建立柱体，最后将两个柱体连接。在这一过程中，个体蚂蚁的行为仅仅是将石块搬运过来并在适当的地方放下（判断放下石块的条件是周围石块的密度）。这种直观的表达方式同样适用于集群弹药，比如，集群弹药的作战任务是在某一区域搜索目标并毁伤目标。每一枚弹药的行为也仅仅是飞行、探测和打击，这些个

集群弹药智能组群理论与方法

体行为的集合构成了集群行为,例如编队飞行、协同搜索、饱和攻击等。

说到行为,我们通常需要对行为的评价进行概述。这里所谓的评价是客观的,分为集群行为评价和个体行为评价两类,二者可以存在联系也可以独立。在自然界中,对于集群的评价往往是最简单直观的,例如蚁群是否存活,蜂群是否成功进行了繁衍,等等。针对弹药来说,是否发现并毁伤了目标是最常见的评价。相较于集群行为的评价,个体的评价则会细致很多。在自然界中,会从个体的生理特征、行为能力、行为结果等方面去评价个体行为是否达到了要求。在人工系统中,这一评价则更加复杂,往往需要通过某种函数对个体弹药行为进行严格评价打分,这种打分机制可能包含了不同领域专业人员的经验。这里需要强调的是,无论是在自然系统还是在人工系统中,个体的评价通常会是集群评价的延伸。一个蚂蚁举起、放下石块的动作,在周围石块浓度作为判断准则的引导下可以形成一个拱门,联系这两种现象的潜在规则是基因。这对于人工系统的启发是巨大的,也体现了个体行为和集群行为之间的奇妙联系。

信息这个概念在集群智能背景下并不难理解。可以把信息想象成一个广义的、有益的影响因素,这样任何集群智能行为都可以解释为个体通过信息交互而产生的结果,为此我们甚至可以先抛开复杂的集群行为涌现理论。假设有一个理想集群,其最大的特点在于任务信息、个体信息是全局的,也就是说任何个体在任何时刻都可以获取到其他个体和任务相关的全部信息。那么,信息在其中起到的作用就是促使集群中个体之间的交互,并通过信息确定个体的行为(这个过程可以称之为个体决策),最终涌现出集群行为。对于集群弹药而言,信息是协助弹药完成作战任务重要的因素。在复杂的对抗环境下,信息的获取往往比利用更加困难,这也是集群弹药一个比较鲜明的特点。在本书的第3章将专门构建混合式集群弹药决策体系架构,来降低集群对直接信息交互的依赖程度。

集群弹药所需要的信息可以简单分为几类:自身信息、环境信息以及任务信息。自身信息包含个体弹药的位姿信息,也包含了集群的一些描述信息(例如队形、离散度等)。环境信息相对宽泛,比如天气、地形等。和前文所述类似,信息的定义并不严格,请读者灵活理解,比如电磁干扰可以算作目标信息,也可以算作集群探测到的环境信息。任务信息和集群任务相关,主要包含了目标区域、目标类型、作战任务等。任务信息对于集群弹药来说是正向激励,引导集群弹药完成既定的作战任务;而自身信息和环境信息与控制系统以及决策系统构成负反馈回路,用于保持集群的稳定性并逐步向任务完成方向前进。

2.1.3 集群弹药影响因素

在上一节中,我们将集群智能中的基本概念和集群弹药做了一个简单的映射,主要是方便读者进行理解。本节将结合弹药本身的作战任务和特点,对可能影响集群弹药的相关因素进行总结,为后续建立集群弹药的数学模型奠定基础。这部分内容所涉及的规律大部分已经在仿真环境下得到验证,也有一部分是根据测试结果进行的合理假设。

1. 以作战任务为核心制定集群行为规则

集群弹药的任务目标非常明确,涵盖搜索侦察、打击毁伤、区域压制、干扰诱骗、集群对抗等,尤其是打击毁伤任务更是弹药的天然职责。在完成这些任务的前提下制定集群规则才有意义,这是对设计集群行为规则的一种强约束。作战任务和目标以及使命密切相关,这里以三类典型场景为例进行规则分析,在设计不同集群弹药时可能面临的问题不一致,请读者留意。

(1) 应对时间敏感、分布式集群目标。这一类作战使命是集群弹药紧迫的使命,典型目标包括"爱国者"导弹发射阵地等。以"爱国者"发射阵地为例,该类目标在不同时间点状态(位置、目标特征)完全不同,且布置分散(部署面积最大可达 3 km^2)、目标价值差异巨大(雷达、指挥车和发射车、补给车等),因此常规的打击手段很难对该类目标形成有效打击。集群弹药可通过协同搜索、协同定位、协同打击等手段,在目标区域内实时发现目标、判断打击价值和策略,最终毁伤目标。集群弹药的行为更多地从仿生学寻找灵感,结合蚁群、蜂群等生物行为特征制定个体弹药的策略将成为主要研究思路。

(2) 应对海面大型目标。这类作战使命同样是紧迫使命,典型目标为航母战斗群,该类目标通常会有立体化、严密的防护措施,同时自身又不易摧毁。美国典型的航母战斗群都配有"宙斯盾"防御体系,对远中近程的导弹打击拦截能力非常强悍,一般弹药根本无法穿透。大规模智能集群弹药可以依靠数量优势进行突防,根据航空母舰的薄弱环节(雷达、指挥塔、甲板跑道)进行点穴攻击,使其失去作战能力。该类集群行为更加强调全方向突防、快速准确饱和攻击,这些策略如何实施将成为主要的难点。

(3) 智能集群装备间的对抗。这一作战使命是集群弹药的核心使命,是应对美国提出的马赛克作战模式的必要手段。随着智能集群装备智能化探测手段、抗干扰能力、打击精度能力的提高,以及规模的增加,传统的电磁干扰、捕获、打击等对抗手段可能无法对其形成有效抵抗,因此,"群对群"

是另一种对抗策略。这种对抗不仅要考虑到己方集群行为的控制，还要考虑敌方的智能程度，在这一前提下博弈理论将为此类行为的设计提供基础理论依据。

2. 成本与技术约束带来集群规模限制

集群弹药作为一类武器装备，除了考量其作战效能外，另一个重要的考量因素是成本。这里的成本是广义的，不仅包含生产成本，还应当包含研发成本与周期。由于目前智能弹药的造价成本较高，随着集群弹药的规模逐步增长，成本也得进一步提升，因此集群弹药本身的规模并不能无限制地扩大。根据目前技术状态，大多数项目的量级在数十，而数百和数千的量级基本只停留在理论和仿真阶段，因此数量的限制对集群智能的设计也会产生巨大影响。

（1）数十枚规模的集群弹药可称之为小规模智能集群弹药。在这一规模下，有效搜索与识别、精准打击、效果评估后再次打击等偏重个体的行为是研究重点，与之相对应的是分布式个体的行为选择规则。

（2）数百枚规模的集群弹药可称之为中等规模智能集群弹药。在这一规模下，搜索效率、饱和攻击等偏重集群的行为是研究重点，与之相对应的是分布式个体行为选择规则和集群分类方法。

（3）数千枚规模的集群弹药则称之为大规模智能集群弹药。在这一规模下，集群资源分配、敌我资源博弈等更为抽象的集群行为是研究重点，与之相对应的是集群内部联盟问题。

3. 弹药气动特性影响个体行为控制

集群行为是个体行为的集合，因此必定会受到个体行为特征的影响，集群弹药也同样如此。而集群弹药个体控制[2]属于非直接控制的一种，在控制期望和响应周期上本来就滞后，如再加入集群决策环节后，这一影响将更加严重。因此智能弹药的气动特性必须作为集群弹药的一个非常重要的特征进行研究，以探明其在集群行为中的影响从而提升集群弹药作战效率。

（1）固定翼飞行弹药。该类弹药包含了导弹、无人机和弹药等装备，其基本原理是依靠速度和翼型产生升力维持飞行，依靠舵面改变姿态调整受力方向和大小，进而完成各类飞行动作。这就要求弹药的控制系统需要将飞行速度设置成为一个强约束条件，因此决策层面也就无法进行诸如悬停、过度减速这类行为，这将使得集群行为中与速度、时间相关的决策约束条件更多，从而可能无法找到最优解。

(2)旋翼飞行弹药。旋翼飞行弹药是依靠多个螺旋桨的旋转产生升力并维持飞行,依靠调整螺旋桨产生力的大小调节姿态从而改变合力的方向,完成各类飞行动作。由于多个螺旋桨力必须用于提供升力,因此前进速度不会很高。另外,其俯冲控制精度相对更低,这就对集群行为中与速度、时间以及攻击精度相关的决策提出了更高的要求。

4. 器件精度影响信息获取与传递

当我们将集群弹药放到实际战场环境中时,往往首先会发现之前的信息获取与传递方法不那么好用了,基于此做出的集群行为决策也将远达不到理想效果。信息的可靠性会直接影响集群弹药的作战效能,也会直接影响算法以及参数的设计。影响信息可靠性的因素主要有以下几个方面:

(1)位姿传感器。目前,弹药常用的位置传感器主要依赖全球定位系统,而姿态传感器则是依靠惯性器件,这两类器件都存在器件引入的误差[3]。该类误差往往采用高斯白噪声进行描述。误差引入信息的不确定性,并造成个体的位姿测量误差,这将会直接影响集群决策。集群弹药中多个个体的引入会将此类误差进一步放大。

(2)探测传感器。目前弹药常用探测目标的传感器主要通过探测体制进行区分,大致有毫米波、可见光、红外线等[4,5]。目标的探测、识别、跟踪这三个基本环节都会引入误差,该类误差可使用概率来表示,且在一定程度上可以通过多次试验获得先验知识。这些误差对集群行为的影响更加深远,错误的判断将使得整个集群行为陷入危机。

(3)数据链。数据链的不稳定包含由于数据传递的时间误差、由于传输限制引起的信息不完整等[6]。该类误差一般与弹药个体所处环境、姿态所导致的天线方向相关,因此很难将其进行建模,只能通过阈值函数进行模拟。该类误差对集群行为的影响主要体现在个体信息的不完整,这类误差会直接降低集群行为决策的效率。

5. 单体弹药命中精度和集群效能之间的折中

从智能弹药的价格组成不难发现,目前高精度制导弹药的主要成本集中在末制导系统。为了追求米级甚至是厘米级的末制导精度,各类先进技术层出不穷,以至于每提高1%打击精度所消耗的人力、物力呈几何增长,有时是不可承受的。究其原因,传统弹药和智能弹药都是通过单发完成作战使命,因此对命中精度和可靠性的要求较高。然而集群弹药有可能从数量方面找到满足该需求的另一种解决途径。

进行一个极端情况的假设：命中概率 70%、有效载荷 5 kg 的弹药 I 造价 20 万元；同样有效载荷 5 kg、命中概率 90% 的弹药 II 造价 40 万元。当仅存在一个目标时，2 枚弹药 I 和 1 枚弹药 II 的效能是怎么样？当存在两个目标时，4 枚弹药 I 和 2 枚弹药 II 的效能又会怎样？而当目标变成 N 时，这两类弹药的差别会有多大？我们知道，依靠 1 对 1 打击的命中概率以乘积形式衰减，而多枚弹药攻击 1 个目标则不会。另外，90% 命中概率的弹药其加工工艺、产品质量要求均比 70% 命中概率要高很多，甚至是一些非核心器件的要求都异常严格。是否存在一种设计方法，在满足部分器件高可靠性的前提下，通过数量优势获得整体作战效能的提高。这将成为集群弹药的一个关键研究内容，也是设计智能集群弹药的关键指标。

2.1.4 集群弹药的分类

集群弹药可以从单体组成结构、集群决策结构、行为模式、集群规模等多个角度进行分类。为了从不同分类角度去理解集群弹药，我们首先需要明确集群弹药的同构和异构问题。参考仿生研究的惯例，在对蚁群的观察和研究中发现，蚁后并不算入集群研究的对象，而是作为一种环境和刺激存在。个头大一些和个头小一些的工蚁算为同构集群，虽然在观察中这两种蚂蚁经常出现明显的分工，但在很多特殊情况下它们之间存在身份互换的现象："当人为将小个工蚁从蚁群中移除后，不久大个工蚁会从事小个工蚁的工作，虽然它们并不熟练"[7]。同样，集群弹药的组成方式会导致研究方向的不同，同构更偏向集群行为如何由相似的个体行为演变成整体集群行为，而异构则更偏向利用不同个体演变成群体协同、博弈等策略。

另一种分类方式是集群决策的基本结构，集中式、分布式以及二者相结合的方式是目前最常见的集群决策框架。集中式决策框架将任务分配相关的计算在单一个体上进行，分配完成后将结果传输给各个参与任务的个体；分布式决策则不需要个体之间具有可靠的强通信，任务分配的相关计算在多个个体上同步或异步进行，个体仅利用通信交流结果进行决策。

行为模式是智能集群中的一个特有定义，其描述了集群行为与个体行为之间的关系，我们可以用耦合度去理解这一概念。假设集群中有 3 个独立个体，那么这些个体行为之间可以形成 6 种影响关系（假设影响是单向的，即 A 对 B 的影响和 B 对 A 的影响不同），如果某种集群行为需要的影响为 3，那么说该行为在该集群中所需要的耦合度为 $3/6 = 0.5$。可以看到，耦合度既包含了集群个体的数量，也包含了所需要的信息交互。当耦合度高于某一阈值时，我们认为其是紧耦合行为，反之为松耦合行为。集群弹药可以沿用这一分类方式，越复杂的任务需要的耦合度越高。

集群规模同样是集群弹药非常重要的分类指标。随着集群规模的逐步增加，无论是信息传递还是信息处理的难度都会指数增加。常见的组网通信手段将越来越难以满足集群内个体之间的双向信息交互需求。同样，传统的探测器、决策方法等也将面临重大技术瓶颈。即便是基于间接交互的自组织结构也将逐步走向无序状态。基于上述指标，目前集群弹药的主要分类方法如表 2-1 所示。

表 2-1 集群弹药的主要分类方法

指标项目	分类方法		
单体构成	同构	异构	混合
决策结构	集中式	分布式	混合
行为模式	紧耦合	松耦合	混合
集群规模	小规模（数十）	中规模（数百）	大规模（数千）

在上述分类框架下，不同类型的集群弹药其研究难度及发展现状分析如下：①同构、集中式和小规模等指标研究难度较低且相关技术相对成熟；②异构、集中式、小规模等指标的研究相对较难且部分关键技术已经在验证；③同构、分布式、中规模等指标研究难度非常大，主要停留在理论层面且尚无相关理论支撑；④异构、分布式、任意规模等指标的研究更加前沿且目前仅有一些概念和基本模型。行为之间的耦合关系暂时没有查阅到相关研究，可能是一项新的研究内容，其主要解决的问题是某种集群行为在动态变化过程中，是否存在某些不变的量，而这些量是否能够帮助我们更好地完成智能集群控制以及个体决策？

2.2 集群弹药的数学模型

如集群智能的研究一样，数学模型的作用在于帮助科研人员更好地理解集群行为与个体行为之间的联系。现阶段，集群弹药还没有统一的、被验证的数学模型。由于任务的复杂、个体能力差异以及作战环境等多方面因素的影响，

集群弹药智能组群理论与方法

可能不存在统一的数学模型。因此，本节主要是从自组织数学模型入手，尝试构建能够展示涌现机理的数学描述方法，并以此将作战相关指标进行映射，从而探索作战任务和集群智能之间的内在联系。这里，主要对自底而上的数学模型进行着重讨论，原因有二：①本书作者认为在未来复杂的战场环境中，基于反应式行为范式的自组织模型是发挥集群弹药的核心技术；②传统的任务分配模型相对成熟，且有大量的文献可供参考，本书不再赘述。

无论是基于自组织理论、多智能体理论，还是集群智能理论，对于集群弹药而言，分布式、混合型范式（反应式与慎思式结合）都是期望的基本模型。不过，只有上述简单的数学描述还不能实现集群弹药的构建。至少还缺乏实质性的算法，也就是决策算法，或者叫作行为模型，用来规定集群中的个体在何等状态下进行何种行为。

为了完成某种目的，集群系统在复杂环境中进行使用时，个体间必然存在一定的合作关系。要实现个体之间的合作就必须明确个体之间逻辑上和物理上的关联，因此保证集群系统中信息流和控制流的畅通是构建集群的基础，具体的表现形式就是体系结构的软件框架。体系结构是集群中个体合作的基础，在很大程度上决定着集群的整体效能和合作效率。如前文所述，基本的集群体系结构可分为集中式结构和分布式结构。对于集群弹药而言，集中式体系结构的主要特点是有一个控制全局信息并具有决策权的"网关节点"。"网关节点"可以由系统中某一作战单元承担，也可由地面控制站担任。而分布式体系结构的主要特点是个体通过自组织和协作的方式根据自身的任务以及当前的环境态势进行决策。

在实际应用中，使用混合的体系结构往往是最优的选项：当信息通畅时，集中式体系结构效率最优；当信息不畅时，分布式体系结构的适应性最优。为了满足大规模集群系统的可扩展性、自适应性、鲁棒性等特点，具有应对复杂环境变化的动态自组网以及容错等能力，需要建立可扩展的混合控制体系结构，以保证大规模集群系统中单元之间进行有效的合作，现有研究将其称之为集散式体系结构。

为了展示一般性，假设在该类结构中，每个个体在物理层面、信息层面、角色层面上都是平等的，不会因为任意单一单元或部分单元的加入或退出而影响集群系统任务的执行。鉴于此，不能将系统的重要资源集中到某个或某几个单元身上。根据大规模集群系统的特点及其作战任务的需求，对于可扩展的集散式体系结构，应满足如下功能需求：

（1）具有单元动态加入和退出功能。

集群系统应该是一个开放的、可扩展的复合系统。当集群中单元因为自身物理故障或外部环境障碍、威胁等原因导致该单元退出其作战任务，或根据任务需要，另有其他单元加入群体时，群体能够稳定地运行，即集群系统具有作战规模的可扩展性。

（2）具有任务实时动态决策功能。

集群系统在执行任务的过程中，由于使用环境的高度非线性导致态势瞬息万变及任务的多样性，使得单一单元或子系统所要完成的任务也随时间发生变化。需要集群系统根据突发状况进行实时动态决策，提高作战响应的实时性，以最大限度地完成任务。

（3）具有自组织重构功能。

当地面站与个体单元之间出现数据链路故障或存在单元加入或退出，或任务状态发生变化时，集群系统应该具有自组织能力并且其控制体系结构也相应地动态调整以便更好地完成任务。集群系统中各个个体单元依靠规则联系在一起，形成一个整体，产生了整体涌现性，即单独的子个体所不具备的特征。系统学的观点认为，涌现性就是各子系统按照某种组织结构关联、相互作用、相互制约、相互激发的结果。这实际上就是充分体现了个体之间的有机结合，产生了单个个体所不具备的能力。

2.2.1 自底而上自组织模型

自组织系统由许多个体组成，每个个体是系统中的一个节点，每个节点自身的运动特征又与其他节点的运动相关，体现了自组织系统整体性与有机关联性。类似的，集群弹药中的个体通过自身状态、其他个体的状态、威胁障碍的形态以及目标等信息，调节自身的运动方向和速度，在指定时间到达指定位置并完成作战任务，这一过程包含了正向激励和负反馈，展示了自组织系统的自组织方式。

自组织概念最早来源于对鸟类、昆虫、狼群等生物群体行为的观察以及经济学的启发。其研究的目标是使大量结构简单且廉价的个体在不需要人工操控的前提下完成复杂集群行为，并减少个体间的通信需求，这一点和集群智能的研究方向非常一致。因此，基于自组织概念框架建立适用于人工集群系统的自底而上模式的数学模型，这一理念和集群弹药的构建理念不谋而合，且能够解释和加强对通信、任务和不同系统个体的分布和自组织性的需求。该模型的框图如图 2-1 所示。

自组织数学模型包含宏观和微观两个层面。首先，个体是自组织系统中的基本组成单元，它们有自己的微观状态，微观状态包括个体用于生成未来行为的所有属性。其次，对系统进行数学描述，宏观状态 $s_{M,k} \in S_{M,k}$ 是自组织系统

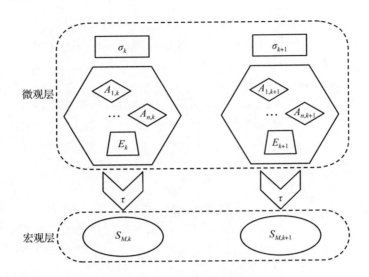

图 2-1 自底而上自组织集群数学模型的框图

的全局视图,表示和个体及决策不相关的、外部观察到的、与自组织系统属性相关的动态特性。微观状态 $s_{I,k}^a$ 则指构成自组织系统的独立个体,包括个体生成未来行为的所有属性。自组织人工集群系统数学模型包含以下元素。

1. 个体 a 及个体空间 A_k

$$a = (s_{I,k}^a, \delta_a, O_{a,k}, S_{I,k}), s_{I,k}^a \in S_{I,k} \qquad (2-1)$$

式中,$s_{I,k}^a$ 表示第 k 时刻个体 a 的微观状态;δ_a 为个体状态改变函数,包括同步更新和异步更新两类更新方式;$O_{a,k}$ 表示观测,包括其他个体的观测和效应器集合;$S_{I,k}$ 表示个体可执行的所有状态。

以集群弹药为例,该集群系统中个体状态主要包括弹体相关的状态、姿态、位置、速度、控制量等,由于相关探测手段日趋成熟,因此这里并不过多介绍,唯一需要强调的是弹药的特性。之前也提及,由于固定翼飞行弹药依靠速度产生升力,因此在使用个体状态时,其气动特性中速度、机动力是考虑的主要因素,而姿态则是次要考虑的因素。这里需要多提一点,根据固定翼飞行弹药的特点,最终的决策与判断更多是根据航点和当前位置,并不考虑姿态。而姿态的判断与控制则在航点之后,由个体自行控制。这样,个体的控制过程将变为三层控制,从而取代传统的双环控制。

2. 环境 E_k

环境指除自组织系统宏观状态以外的所有因素,在此将其建模为一系列效用因子的集合，记为 $e = (\text{effector}_1, \cdots, \text{effector}_n)$。效应器中包含了从外部影响系统宏观状态的所有因素。对于集群弹药而言，环境的定义没有什么特别需要说明的，影响比较大的是卫星定位信号、电磁波组网环境等。此外，气象、风速等可能影响到个体控制状态的因素。

3. 动态自组织系统状态 σ_k

$$\sigma_k = (A_k, e) \quad (2-2)$$

上式说明动态系统状态空间的维度由个体状态空间和环境决定。集群的自组织通常需要个体之间的交互，而此处个体与环境的交互意味着集群中关键的概念：信息共享，主要包含直接信息交互和间接信息交互两类。这一点在之前的内容中也有所涉及，这里再次强调这一过程。

直接相互作用是"明显的"相互作用，例如昆虫群落中的触角、食物或液体交换、下颌接触、视觉接触、化学接触（附近巢穴的气味）等。而对于集群弹药而言，直接交互可以解释为组网数据链的通信。直接交互包含的信息较多，相应需要的条件也更严格，例如干扰、天线位置、距离等。

间接交互更加微妙，当其中一个个体修改环境而另一个个体稍后响应新的环境时，两个个体间便形成了间接交互。这种间接交互就是共识主动性的一个例子。除自组织外，共识主动性是集群智能另一个最重要的理论概念。Grasse 引入共识主动性来解释 Macrotermes 属白蚁在蚁巢重建中的任务协调与调度。研究表明，建筑活动的协调和调度并不依赖工人自身，主要通过巢穴结构实现。某种结构配置将刺激白蚁进行响应，改变该配置则可能触发另一种个体行动（很可能是不同的行动），这一改变施加在同一个工蚁或群落里的任何其他工蚁都将产生相同的效果。实际上，共识主动性很容易被忽视，因为它没有解释单体协调其活动的详细机制。然而，它确实提供了一种将个体行为和群体行为联系起来的一般机制：个体行为改变了环境，从而改变了其他个体的行为。

在人工集群系统中，每个个体单元主要是通过自身的传感器感知环境变化，从而获得其他个体想要传递的信息。这种方式传递的信息量少，但是有利于分布式个体的进行。另外，集群信息共享应用于以下几个方面：

（1）分布式感知。分布式感知是探测、识别中最复杂的过程，在这一过程中对信息交互要求非常严格，体现在对数据的完整性和带宽的要求非常高，在实际战场环境中很难满足这一条件。

（2）分布式决策。集群决策通常会使用到共享的信息，无论是直接交互还是间接交互的信息。集中式决策的特点在于充分利用全部个体所能采集到的所有信息，注意这里是全部个体。分布式决策的特点在于对信息利用的不完整性，这会使决策并不是最优解，但是这种情况往往更加符合实际情况。

对于集群弹药而言，虽然实现共识主动性会带来巨大的好处，但是其实现却很困难，因为弹药受到自身载荷能力的限制，很难携带大量的探测装置来感受环境的变化。不过随着技术的发展，这一限制可能会在未来被逐渐打破，例如图像包含的信息已经越来越丰富，各种类型的传感器越来越小等。本书编者一直在研究仅靠视觉进行集群弹药组网的可行性，这部分的内容会在后续的章节中详述。

4. 个体状态改变函数 δ

$$\delta: \forall a \in A_k s_{I,k}^a \times O_a \to s_{I,k+1} \quad (2-3)$$

上式说明个体对自身状态进行改变需要知道个体自身信息以及该个体局部范围内其他个体的信息。这一状态改变过程依赖于已经定义好的状态传递过程，包括同步更新和异步更新两类更新机制，它们的区别在于系统更新策略函数。个体状态转移过程可建模为马尔可夫链，因此可根据当前状态预测下一个状态：$P(S_{M,k+1}) = P(S_{M,k}) \cdot P(S_{M,k+1} | e_k, S_{M,k})$。对于集群弹药而言，更新策略即个体弹药的决策方法和预测能力直接挂钩，这部分的内容主要与算法相关。现有研究关于这部分的理论建模、方法设计、仿真验证相对比较多，但是研究中的假设和弹药所处的环境相差较大。

5. 微观状态和宏观状态之间的映射函数 τ

$$\tau: \forall a \in A_k \quad s_{I,k}^a \times e_k \to s_{M,k} \quad (2-4)$$

式中，τ 表示将微观水平上的动态自组织系统的操作映射为宏观状态，为单向映射。对于集群弹药而言，这种映射关系就是作战任务到个体行为的分解，也是整个系统中最难确定的部分。

6. 个体局部探测函数 g

$$g: a \times A_k \times e \to O_k^a \quad (2-5)$$

式中，O_k^a 表示第 k 时刻个体 a 探测到的信息，该函数用于确定该个体可探测到的环境和其他个体范围。弹药探测能力主要是对目标发现、识别、运动趋势判断的能力，这里可以简化为概率模型，即单体发现、识别、判断准确的概率。发现概率可以和探测方式相关联，目前常用的探测体制为可见光、红外线、雷达等。在自动探测方面，三种体制的探测准确率可以通过试验的方式确定。无论哪种探测体质，识别概率主要与相关的算法息息相关。目前这一概率通常是和神经网络，需要识别目标的模板、探测体制、探测条件息息相关，因此具有非常大的不确定性。基于可见光的识别体制受到距离、角度、清晰度、伪装等影响；基于红外线和雷达的识别体制则易受到天气、伪装目标等影响。融合上述三种体制的复合体制能够有效地提供识别概率。

最后一个影响个体局部探测函数 g 为目标状态判断，所需要的目标状态判断包括位置、速度以及损伤程度。目前支持这类判断的探测手段和精度相对不成熟，因此总体上这个指标是一个比较低的概率值水平。探测概率、识别概率以及判断概率所组成的联合概率值是影响个体局部探测函数的主要因素，也是导致后续所提出的概率决策的重要缘由。上述提到的不确定性及其所导致的概率特性在实际战场中广泛存在，因此可以将个体局部探测能力建模为与不确定参数 ζ 相关的不确定函数 $g(\zeta)$。

综上可知，集群弹药的自底而上自组织数学模型可表述为 $SO = (\sigma_k, \sigma_0, g(\zeta), \Delta, \tau)$，其中包含动态空间、初始动态空间、带有不确定性的局部约束、系统更新函数以及微观到宏观的映射函数。上述符号化的数学模型能够处理与自组织系统相关的特征，也方便集群弹药系统的精确实现和构建。该数学框架具有鲁棒性和灵活性，能够为多种自组织系统提供必要的支撑。以下将上述自组织模型进行细化，针对常见任务给出集群弹药的数学模型。

2.2.2 集群弹药数学模型

1. 场景和环境建模

针对集群弹药执行给定任务的情形，假设所有弹药飞行高度相同，将行动区域简化为二维连续平面，大小为 L_x km × L_y km 的矩形。智能弹药在任务过程中会产生一系列的集群行为，为了便于对智能弹药的集群行为进行描述，将区域划分为 $N_x \times N_y$ 个网格，其中每个网格的大小为 L_x/N_x km × L_y/N_y km。用二元数组 (x, y) 和 (X, Y) 分别表示物体在二维空间的笛卡儿坐标和网格在空间中的位置。例如，当需要用到智能弹药的位置坐标时，通常用二维的笛卡儿坐标 (x, y)；而当需要某一个网格参与计算时，通常用网格在二维空间中的序号 (X, Y)。每一个网格 (X, Y) 有不确定度属性 χ，在初始时刻所有网格的不确定度均为 1，即 $\chi(X, Y, 0) = 1$，$\forall X \in \{1, \cdots, N_x\}$，$Y \in \{1, \cdots, N_y\}$。在智能弹药执行任务过程中，区域的不确定度 $\chi(X, Y, t)$ 会随着智能弹药的移动而产生变化，具体的变化规则将在之后叙述。

区域内有 n 枚智能弹药 $U_i(i = 1, 2, \cdots, n)$，m 个地面静止目标 $T_i(i = 1, 2, \cdots, m)$，以及若干障碍物 O，且目标和障碍物的先验信息对智能弹药未知。智能弹药集群的任务是在保证自身安全的前提下躲避障碍物,发现并摧毁区域内的所有目标。智能弹药可执行的行动集合为 T,定义为

$$T = \{\text{search}, \text{attack}\} \tag{2-6}$$

2. 智能弹药模型

个体模型主要和状态模型 U_i 在 t 时刻的状态 $S_i^U(t)$ 定义相关,可以定义为

$$S_i^U(t) = \{\boldsymbol{p}_i(t), \boldsymbol{v}_i(t), l_i(t), \xi_i(t), b_i(t), q_i(t)\}$$

式中,$\boldsymbol{p}_i(t) = (x_i(t), y_i(t))$ 为 t 时刻弹药的位置坐标;$\boldsymbol{v}_i(t) = (\dot{x}_i(t), \dot{y}_i(t))$ 为弹药的速度;$l_i(t)$ 为弹药的结构完整性;$\xi_i(t)$ 为弹药的攻击能力;$b_i(t)$ 为弹药的感知表征信息;$q_i(t)$ 为弹药的行为信息。

弹药一般采用航点控制方式,即给定航点 (x_w, y_w),利用双环控制模型生成弹药的控制量。其中,外环采用二维简化的总能量控制系统(Total Energy Control System,TECS)与 L_1 控制,内环采用传统的 PID 控制,最终输出弹药的二维加速度值:

$$\boldsymbol{a}_i(t) = (a_i^t(t), a_i^l(t)) = \Gamma_2(\Gamma_1(\boldsymbol{p}_i(t))) \tag{2-7}$$

式中,$a_i^t(t)$ 和 $a_i^l(t)$ 分别表示弹药弹体坐标系下加速度的前向和侧向分量;Γ_1 表示外环的 TECS 与 L_1 控制模型;Γ_2 表示内环的 PID 控制模型。得到加速度 $\boldsymbol{a}_i(t)$ 控制量后,弹药下一时刻的速度 $\boldsymbol{v}_i(t')$ 和位置 $\boldsymbol{p}_i(t')$ 分别由 $\boldsymbol{a}_i(t)$ 进行一次和二次积分得到。

$$\boldsymbol{v}_i(t') = \int_t^{t'} \boldsymbol{a}_i(t) \, \mathrm{d}t \tag{2-8}$$

$$\boldsymbol{p}_i(t') = \boldsymbol{p}_i(t) + \int_t^{t'} \boldsymbol{v}_i(t) \, \mathrm{d}t \tag{2-9}$$

目前大多数的研究中采用"栅格化"方式对个体进行控制,运动学约束则采用最大转弯角等进行限制,运动学模型粗糙。在这里直接使用六自由度模型将增加解算难度,但是能大大提升决策的准确度和可执行度,因此在建模阶段,本书还是采用了这种方法。在实际构建控制器和决策器时,更可行的方案是利用可执行的航点来平衡决策可执行度与计算量之间的矛盾。

进一步建立感知模型,在三维空间中弹药的视觉感知范围如图 2-2 所示,可感知空中的友方弹药及地面的敌方目标。其感知范围投影到二维空间时,变成固定形状的扇环,如图 2-3 所示。其中灰色区域为弹药的感知范围,p 和 v 分别为弹药的位置和速度;ψ 为感知范围的视场角,即扇环的圆心角;r_1 和 r_2 分别为扇环所对应小圆和大圆的半径。

第2章 集群弹药的数学模型及涌现机理

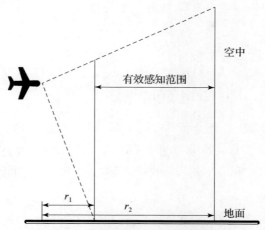

图 2-2 弹药三维空间感知范围侧视图

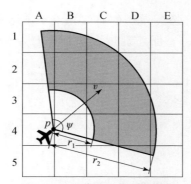

图 2-3 弹药感知范围示意图

在某一时刻的感知过程中,弹药会覆盖多个区域内的网格,只有中心点位于区域内的网格可当作被感知的区域,以图 2-3 为例,当前时刻弹药感知到的网格有 B1、B2、C2、C3、C4、D2、D3、D4。当网格处于弹药的感知范围内时,该网格的不确定度 $\chi = 0$。每个网格的不确定度在一次任务中仅能改变一次,当弹药 U_i 访问过某一网格后,若其他弹药再次访问该网格,则该网格的不确定度仍保持为 0,不会发生变化。需要说明的是,弹药 U_i 并不会保存所有访问过的网格的信息,不确定度 χ 是上帝视角的全局参数,不会参与弹药的感知与决策过程,仅用来对弹药的集群行为进行评估。基于此,弹药 U_i 在二维连续空间内的感知范围可表示为

$$R_i = \{(x,y) \mid r_1 \leq \sqrt{(y-y_i)^2 + (x-x_i)^2} \leq r_2, -\psi/2 \leq \angle(v,(x-x_i,y-y_i)) \leq \psi/2\}$$

(2-10)

可感知的环境中的实体为其他友方智能弹药 $\tilde{U}$、地面目标 T 以及障碍物 O，具体定义如下：

U_i 感知到的友方弹药集合为 $\tilde{U}_i = \{U_k \in U \mid p_k \in R_i\}$，对于感知到的友方弹药 U_k，U_i 无法利用视觉信息获得其完整状态 S_k^U，仅能够获得其部分状态 $s_{i,k}^U = \{\psi_{i,k}, v_k\}$，其中，$\psi_{i,k}$ 为 U_k 在 U_i 视场范围内的相对角度。

U_i 感知到的地面目标集合为 $\tilde{T}_i = \{T_k \in T \mid p_k \in R_i\}$，对于每个感知到的目标 T_k，U_i 可获取其信息 $\{\psi_{i,k}, h_k\}$，同样，U_i 仅能获得目标 T_k 相对其方位 $\psi_{i,k}$ 而无法获得其准确坐标；h_k 表示目标的状态信息之一，将在之后进行说明。

U_i 感知到的障碍物集合为 $\tilde{O}_i = \{O_k \in O \mid p_k \in R_i\}$，对于每个障碍物 O_k，U_i 仅可获取其 $\psi_{i,k}$，即障碍物 O_k 在智能弹药 U_i 感知视野中的相对方位。

综上，弹药 U_i 在时刻 t 所获得的感知信息集合为 $P_i(t) = \{\tilde{U}_i(\psi, v, t), \tilde{T}_i(\psi, h, t), \tilde{O}_i(\psi, t)\}$。弹药得到的感知信息 $P_i(t)$ 并不能直接用于其决策计算，需要进行进一步的表征处理得到表征信息 $b_i(t)$，其中，$B(\cdot)$ 表示表征处理过程：

$$b_i(t) = B(P_i(t)) \quad (2-11)$$

表征信息 b_i 由五部分组成，即 $b_i = \{b_{i,1}, b_{i,2}, b_{i,3}, b_{i,4}, b_{i,5}\}$。

$b_{i,1}$ 表示当前时刻弹药 U_i 是否感知到地面目标，若感知到目标存在，则 $b_{i,1} = 1$，否则 $b_{i,1} = 0$。

$$b_{i,1} = \begin{cases} 1, & \tilde{T}_i \neq \phi \\ 0, & \tilde{T}_i = \phi \end{cases} \quad (2-12)$$

$b_{i,2}$ 表示当前时刻弹药 U_i 感知到的友方弹药的数量。

$$b_{i,2} = |\tilde{U}_i| \quad (2-13)$$

$b_{i,3}$ 表示当前时刻弹药 U_i 感知到的目标的某项状态信息的总和。

$$b_{i,3} = \sum_{T_k \in \tilde{T}_i} h_k(T_k) \quad (2-14)$$

$b_{i,4}$ 是与 U_i 对目标感知的历史结果相关的变量。由于弹药采用视觉感知方式，无法获取与保存目标的位置信息，且其感知范围十分有限，因此在弹药的飞行过程中，目标很容易从弹药的视觉感知范围内丢失。目标丢失后，弹药则无法完成对目标的监视与封控任务。考虑到这种情况，引入了与目标的历史感知结果相关的变量，用于表示在前段时间内感知到目标而当前时刻丢失目标的情况。$b_{i,4}$ 的定义如式（2-15）所示。其中，a 为阈值参数，表示关注当前时刻以前的历史时段的长短,当感知到目标时,整数 $\tilde{b}_{i,4}$ 设置为阈值;当目标丢失时,$\tilde{b}_{i,4}$ 会逐步衰减,$\tilde{b}_{i,4} \in [0,a]$ 时会持续激活 $b_{i,4}$,表征目标从视场内丢失的状态。

$$\tilde{b}_{i,4} = \begin{cases} a, & b_{i,1} = 1 \\ \tilde{b}_{i,4} - 1, & b_{i,1} = 0 \end{cases} \tag{2-15}$$

$$b_{i,4} = \begin{cases} 1, & 0 < \tilde{b}_{i,4} < a \\ 0, & 其他 \end{cases}$$

$b_{i,5}$ 表示当前时刻弹药 U_i 是否感知到障碍物,若感知到障碍物存在,则 $b_{i,5}=1$,否则 $b_{i,5}=0$。

$$b_{i,5} = \begin{cases} 1, & \tilde{O}_i \neq \phi \\ 0, & \tilde{O}_i = \phi \end{cases} \tag{2-16}$$

以上五项构成了弹药 U_i 在 t 时刻的感知表征信息 $b_i(t)$。

3. 目标状态模型

目标状态模型,即集群获得的目标状态模型,目标 T_j 在 t 时刻的状态 $S_j^T(t)$ 定义如下:

$$S_j^T(t) = \{\boldsymbol{p}_j(t), h_j(t), \eta_j(t), \zeta_j(t), \tau_j(t)\} \tag{2-17}$$

式中,$\boldsymbol{p}_j(t) = (x_j(t), y_j(t))$ 为 t 时刻目标的位置坐标;$h_j(t)$ 为目标的结构完整性;$\eta_j(t)$ 为目标的价值;$\zeta_j(t)$ 为目标的攻击能力;$\tau_j(t)$ 为目标的攻击范围。不同价值的目标代表实际战场中不同的目标类型,如机场、防空阵地等。有些目标具有攻击智能弹药的能力,而有些目标则没有。没有反击能力的目标,其 $\zeta_j(t)$ 与 $\tau_j(t)$ 均为 0。

当弹药 U_i 进入目标 T_j 的攻击范围时,即 $\sqrt{(x_i(t)-x_j(t))^2 + (y_i(t)-y_j(t))^2} < \tau_j(t)$,目标会以一定的时间间隔对弹药发起攻击,且每次攻击只能针对一枚弹药。假设目标攻击弹药的命中概率为 σ_T,则弹药 U_i 的结构完整性的变化可表示为

$$l_i(t) = l_i(t^-) - \sum_{j=1}^{m} \text{damage}_j \tag{2-18}$$

$$\text{damage}_j = \begin{cases} \zeta_j(t^-), & \delta_j \leq \sigma_T \\ 0, & \delta_j > \sigma_T \end{cases} \tag{2-19}$$

式中,t^- 表示前一时刻,弹药 U_i 受到 m 个地面目标的攻击,δ_j 为 $[0,1]$ 之

间的随机数。当 $l_i(t) \leq 0$ 时，弹药 U_i 视为被击落，被击落的弹药无法被友方弹药或地面目标发现，且无法进行任何决策或行动。

当弹药 U_i 决定对目标 T_j 执行攻击（attack）行动，即攻击该目标时（一枚弹药仅能针对一个目标发起攻击），将采用另一种飞行控制方式，即二维简化的弹药制导控制 Γ_3，模拟真实作战场景下，弹药对地面目标进行的末制导攻击过程。同样假设弹药制导攻击的命中率为 σ_U，则目标 T_j 的结构完整性的变化可表示为

$$h_j(t) = h_j(t^-) - \sum_{i=1}^{n} \text{damage}_i \qquad (2-20)$$

$$\text{damage}_i = \begin{cases} \xi_i(t^-), & \delta_i \leq \sigma_U \\ 0, & \delta_i > \sigma_U \end{cases} \qquad (2-21)$$

当 $h_j(t) \leq 0$ 时，目标 T_j 视为被摧毁，被摧毁的目标无法再对弹药进行攻击，同时也不能再被弹药感知到。

2.3 集群弹药模型的理解

2.3.1 自组织特性

在上一节中，集群弹药模型的构建借鉴了自组织理论的相关理念，本节将结合自组织理论的定义从系统学的角度进一步理解集群弹药，进而探索集群弹药的涌现机理。

1. 系统层面的映射

自组织特性广泛存在于各类生物和非生物系统，它能够促进多结构系统和多智能体系统具备更好的性能[8]。将自组织应用于人工集群系统时，需要考虑以下三个方面：自组织应用于系统的过程如何，期望现有系统展示出何种行为和能力，以及将自组织概念应用于人工集群系统时希望得到何种结果。

为了更好地将自组织概念应用于集群弹药，需要从广义上理解自组织概念。然而，现有文献中仍然不存在关于自组织的统一定义，下文首先给出从不同角度自组织的定义，进而归纳总结出自组织的几条特性[9]。

（1）根据 Heylighen 的定义[10]，自组织是系统的组织自发增加的过程，

即不需要环境或其他外部系统的控制。Heylighen 进一步指出，自组织是一个关于系统内部新的、复杂结构的典型演化过程。同时，系统组织和效率的显著提高展示了自组织的成功。此外，很显然进化的是系统而非环境，这一概念为自组织所包含的内容提供了框架。对于集群弹药的数学模型而言，状态转移矩阵正是描述了这样一个演化过程，而其中的控制量则是隐含的能够趋于个体稳定的控制系统，其中目标状态和环境状态是整个系统的输入量，输出量是决策结果，而策略则是连接状态和个体行为的桥梁，也是集群弹药研究的重点。

（2）Coveney 将自组织定义为由大量（通常是简单的）微观物体之间的相互作用而导致的宏观层面非平衡结构组织的自发出现[11]。对于集群弹药的数学模型而言，信息的交互主要由集群行为结构以及个体弹药能力决定。宏观层面的非平衡结构由目标的状态引起。

（3）Camazine 将自组织和一个由系统较低级别组件之间的众多交互导致系统全局模式的过程关联[12]。此外，规定系统组件之间交互的规则仅使用局部信息执行，而无须参考全局信息。在多数情况下，低级别组件通常由简单规则描述，当组件数量增多时，系统将会涌现出集群特性。对于集群弹药而言，联系个体任务和集群任务的因素相对简单，大部分时候不存在逻辑上的关系。例如摧毁一个敌方阵地，并不需要明确摧毁顺序、摧毁的程度等；这一点使得全局信息有时并没有那么重要，反而个体弹药在局部信息中完成既定的任务更加重要。

（4）Collier 和 Taylor 所提出自组织系统明确说明了系统出现自组织特性的缘由，且必须具备的几个条件中最突出的是以下两方面[13]：首先，每个单元必须根据其自身的观测输入和其他单元的状态来更改内部状态。其次，单个单位或非通信单元集合无法完成系统自组织的目标。对于集群弹药而言，该定义与其他定义之间的主要区别在于对特定系统目标的认识，即各枚弹药根据其自身探测状态以及集群中其他个体的状态来更改自身的状态。

基于上述提到的关于自组织的不同定义，可以提取出适用于集群弹药的自组织特性，其所具有的特性总结如下：

（1）自组织是集群弹药关于一个或几个特定目标的属性；

（2）集群弹药由多枚同构或异构弹药组成，且个体之间的交互作用可产生多种集群行为或能力；

（3）集群弹药的性能比个体弹药更胜一筹，这种胜出往往是量变到质变的差异；

（4）集群弹药中的个体弹药根据其局部观测决定其行为，且能够形成集群行为，这一过程中集群弹药不需要已知全局模式、策略等知识。

综上可知，我们要构建的集群弹药由大量的个体弹药通过信息共享与交互所构成。个体弹药形成、改变并不断地完善集群弹药的空间结构、时间结构和功能结构，个体通过自身形态、其他个体的形态、威胁障碍的形态以及目标信息等控制自身的位姿和状态，以维持集群适当的状态（位置上的、状态上的、角色上的等），呈现出宏观层面上整体协调一致的效果。因此，集群弹药可以从系统层面减少系统消耗（例如能源、效率等），增强系统的鲁棒性，提升系统的任务执行效率，同时提供任务完成冗余度、系统重构能力和结构韧性。

一般来说，自组织系统由微观和宏观两层组成。同样对于集群弹药也存在这两种层面：在微观层面，个体弹药根据检测到的环境变化、目标状态以及发射前的作战任务改变其自身位姿和状态，且单枚弹药很难完成集群弹药的整体任务。在宏观层面，可观察到由自组织所导致的集群弹药涌现行为，即逐步完成集群作战任务。该自组织过程的核心为局部信息、个体间的交互作用，以及由微观层面的决策影响得到宏观层面的行为。从这个角度来看，集群弹药是一个由个体弹药之间的局部相互作用所产生的虚拟宏观概念。

2. 决策与控制层面的映射

前文不止一次提到，自组织系统依赖于反馈循环来协调个体行为，反馈又分为正反馈和负反馈。正反馈用于增加所讨论事物的强度，而负反馈回路则使所述强度达到稳定。此外，自组织行为的涌现性还依赖系统运行过程中出现的随机波动。因此，集群弹药中个体弹药之间的信息共享与交互、正/负反馈机制、运行过程中的随机性构成了集群弹药自组织行为的基本内因。

（1）信息共享与交互是集群弹药自组织行为中进行决策的基本内容；

（2）正反馈是集群弹药自组织行为的共有机制，可使得集群弹药逐步完成任务目标并以此为基础扩大或促进集群弹药系统内部的改变，对正反馈更加敏感的是集群的决策系统；

（3）负反馈可与正反馈相辅相成，能够平衡正反馈带来的振荡，进而稳定集群弹药自组织行为的效果，对负反馈更加敏感的是个体弹药的控制系统；

（4）随机波动是形成集群弹药自组织过程中重要的机制，这里的随机波动指的是影响个体决策的波动，有可能来自观测的不准确性（例如识别概率），也有可能来自决策方法自身设计的修正系数（例如允许以20%的概率不按照决策的内容执行）。

2.3.2 涌现特性

对于集群弹药而言，在众多行为与意图中，最重要的是毁伤目标。在上一节中所定义的集群行为是广义的，在实际情况中的很多时候，研究人员并不可能把集群行为很好地利用公式进行描述。因此，仅能使用模型描述最基本的集群行为以及集群行为和个体行为的关系。利用集群行为的基本涌现原理和特性等待集群弹药展示出所期望的行为是目前的一般做法。最新的推演研究表明，当符合了某些条件时，集群弹药的作战效能远超单体弹药。这部分的内容将在后面介绍集群弹药的评估方法时详细介绍。在这里需要提醒读者的是，集群弹药仅仅是弹药发展的一种可能形态，它不是完美的且不能"包打天下"，更不可能取代传统弹药。

结合之前的内容，集群弹药的涌现机理还没有办法进行完善的理论推导证明，其涌现原理如图2-4所示。集群弹药的行为是环境、决策和规则相互作用的结果。进一步，依照行为和时间的关联程度可进一步分为与时间无关的行为以及与时间相关的行为。

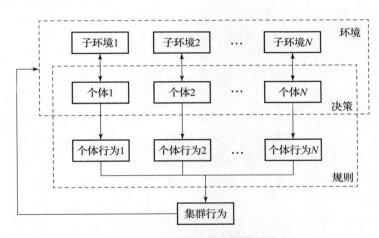

图2-4 集群行为基本涌现原理

1. 与时间无关的集群行为

这类集群行为相对简单，其过程仅与个体的行为结果相关，与个体行为顺序无关。例如蜂群搜索蜜源的行为，大量的工蜂从蜂巢随机向各个方向出发，蜂群总会采集质量好（甜度高、距离近）的蜜源，这一过程和个体工蜂发现蜜源的时间无关，具有非常大的随机性。和时间无关的集群行为常常可以定义个体为基本行为，比如集群弹药的搜索行为。当描述这类集群弹药集群行为时，比如发现敌方目标，我们可以将时间这一项变为不受任何约束的自变量。如果把发现目标定义为个体弹药行为的结果，我们就能发现这一结果的发生并不需要和时间发生联系，也就是说第一个发现的目标并不比最后一个发现的目标有什么优势，决定这一优势的因素应该是目标的价值等。这样做的好处是可以让集群保留固有特性，而不让其随着时间的变化而变化。

2. 与时间相关的集群行为

这类过程则相对复杂，要求个体弹药按照时间的顺序完成某些行为。例如，蚁群在集体搬运大件物体时，会随机地尝试是否能通过抬、拉、推等动作完成搬运，且随着搬运者数量的增加，这种现象一直持续，直到拖动食物，此时形成的搬运方式就被固定下来；当移动物体前进时遇到阻碍物，则搬运者会集体转动方向寻找绕过障碍物的路线，这时已形成的搬运方式则会发生少许改变，但总的方式不再变化。此时需要将不同行为的时序关系作为约束纳入上述提到的数学模型。

基于时序约束的行为最为恰当的例子为集群弹药目标确认和攻击的连续过程。如前文所述，在集群弹药使用过程中，确定目标是否为需要攻击的目标且攻击价值的大小是一个非常复杂且低概率的过程。通过集群数量优势进行逐步递进、多源探测体制共同确认的方式来提高上述概率正是集群弹药的一个优势。然而受到技术的限制，多枚弹药多次观察同一个目标，这一过程需要在时间、空间上进行信息交流达到双方确认，这就自然形成了一个时间序列来约束识别和决策算法。另外，攻击作为最关键的环节，无论是同时到达目标、全向攻击目标还是依次攻击目标，都离不开时间的约束。将时间联系起来，会增加集群的行为多样性，同时增加控制系统的复杂度。

总体来说，如何解释集群行为的涌现尚没有形成确定的结论，有待广大科研人员去探索。然而，各类研究表明，按照自组织理论和多智能体理论构建个体弹药的底层行为规则，能够在集群层面展示出集群行为，这部分内容可以参考本书后续章节。

2.4 以毁伤为驱动的参数学习

如前节内容所述，我们能够将集群弹药的行为、任务、目标、过程中所遇到的环境改变等因素进行数学描述，并以此为基础建立决策模型。然而面对复杂的决策条件，很难寻找到最优决策结果，有时甚至无法找到合理的触发条件。如前文所述，面对这样的情况，比较自然的解决方案是建立神经网络，并利用学习的方法确定模型中的各个参数。

2.4.1 以毁伤为基础的价值函数设计

无论是神经网络权值训练还是强化学习的转移概率加强，都离不开价值函数的设计。随着研究的不断深入，价值函数的定义已经越来越宽泛。例如，在离轨策略学习技术时，价值函数可以任意的目标策略作为条件。在折扣过程中，价值函数可以在任意的状态相关下预测未来收益。Sutton[14]提出了可以对系统内任意信号进行预测的价值函数模型，而不仅仅对收益进行预测。

价值函数是一个可以用参数化进行逼近的理想函数。由于价值函数没有和集群收益直接联系，因此这种价值函数的设计特别适合集群弹药的毁伤效能评估。结合集群弹药的特点，评估其毁伤效能的因素基本上可以归为命中度和毁伤威力两类。更进一步分析影响效能的因素会非常繁杂，且涉及爆炸、安全、结构、化学、控制、探测等诸多领域。鉴于本书的背景是讨论集群弹药的组群效率，这里暂时不考虑弹药战斗部的毁伤威力，而重点考虑命中精度的影响因素。我们将这些影响因素进行归类，如图2-5所示。

本书更倾向于讨论具备自主行为的智能弹药，而不是受到操作人员控制的弹药，因此这里省略了和操作相关的因素。一般来说，越贴近实际使用情况的考虑，价值函数也就越复杂，而且这些因素间的相互影响也很难通过公式进行描述。可以用权重对这些因素进行描述并进行价值函数的设计。当然，针对不同类型的弹药，权重的维度和组合方式也有所不同，主要取决于任务需求、设计者的经验以及参数学习情况。

2.4.2 数据采集与算法训练

如上节所述，当我们面对复杂、无法用公式描述的影响因素时，神经网络是构建价值函数的自然选择。神经网络是用于非线性函数逼近的手段，并在学

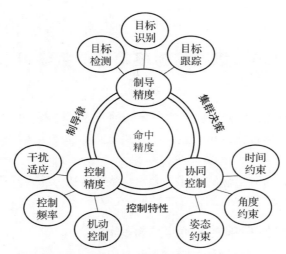

图 2-5 集群弹药毁伤效能影响因素归类示意图

习系统中取得了惊人的成果[15,16]。使用神经网络建立价值函数的好处是显而易见的。但是，同样要指出这类做法带来的问题：①无法解释环境因素、决策因素、任务效能之间的关系，意味着设计和验证工作非常困难，这在武器系统设计过程中是非常不利的；②需要大量数据来支撑训练和验证过程，这也使得训练场景直接影响试验结果。简单训练场景将使得网络模型缺乏适应性，而过于复杂训练场景会导致模型无法收敛。

另一个棘手的问题是，尚没有研究能证明对单体的训练可以对集群智能产生影响，无论是可行性还是关联性都暂时没法确定。因此，理论上的研究和验证性质的研究同样重要。这就意味着如何开展验证性质研究对集群弹药的构建、参数学习具有同等重要的意义。如何构建验证场景并构建训练数据集是开展研究的基础。面对集群弹药，在规模、任务和个体能力不确定的研制初期，验证手段的重要性不言而喻：①确定技战术指标与研制方向；②加快研制周期，确定关键参数；③设定评估体系，用于快速评估装备效能。

无论是从成本还是可行性来讲，传统弹药的验证手段不再适用于集群弹药。随着仿真技术的不断进步，仿真对工程开发的贡献程度日益增加，研制过程数字化将对缩短研制周期、降低研制成本有极大的好处，例如数字孪生技术[17,18]。这些技术带来的好处，对于集群弹药的研制是无法估量的：①任意设置仿真环境可以增加训练数据的来源；②不会受到经费、加工、试验布置等条件限制。研制人员可以更加自由地探寻集群弹药模型中各类参数的边界条件，从而找到研制的关键点，甚至是集群智能研究的关键点。

由于集群智能的复杂性，仿真系统也会由于研制阶段和研制内容的不同，所需要的侧重点也产生不同。下面介绍两类典型的仿真系统和各自的特点。

1. 数值仿真系统

该类仿真系统主要应用于集群弹药设计初期，以及一些仿真算法的验证。其特点在于对运动模型的简化，通常采用"栅格化"方式将空间或平面进行划分，决策算法只需要决定下一时刻个体弹药前往的栅格位置。使用这类仿真系统仅能对所提出的决策方法进行整体效果的验证。其优势是简化的运动模型让系统对硬件算力的要求不高，从而可以仿真规模庞大的集群（例如以千为单位的仿真）。基于这类需求，仿真系统更加关注的是方法的计算效率，目前这类系统有比较成熟的工具，如 Anylogic、gym 等。它们的共同特点是编程语言简单，能够使用流行的神经网络算法，具有简单的世界物理模型和运动模型。

2. 硬件在回路仿真系统

当集群弹药的决策方法、设计流程确定后，如何确定使用效果对于集群智能来说是非常困难的事情。这些困难具体表现在：①个体的控制特性对决策的执行能力具有非常大的影响。例如，在实现过程中，控制系统无法像走格子一样控制个体，会受到控制周期、控制精度等影响。②个体信息获取存在不准确性和随机性。此处信息概念比较宽泛，包含了大部分通过传感器获取的信息。例如，个体状态、环境信息以及与任务相关的信息。为了解决这些困难，需要更加贴近实际的仿真来进行研究与研制工作。如前文所述，由于集群智能对仿真节点数量的需求，一般的半实物仿真不再适用，因此硬件在回路仿真技术便成为一种可行性非常高的手段。

硬件在回路仿真技术是利用 PC 端的计算能力，对真实世界进行数字化模拟，这里的模拟可以包含各种物理量，如尺寸与重量、动力学、电磁场、光照特征、气象特征等。进而将这些数字信号发送给个体弹药关键器件（例如控制单元、决策单元），从而考察器件工作性能，这样才能尽可能考察弹药是否能在实际作战环境中发挥设计的作用。

目前这类仿真系统还未形成规模，主要原因在于这类仿真涉及智能个体相关控制特点、目标任务特点，这些内容涵盖气动模型、硬件模块、目标建模等烦琐且专用的研究。在本书结束的部分将介绍编者项目组正在使用的利用数字孪生技术构建的硬件在回路仿真系统框架以及支撑仿真系统的数据同步技术。

参 考 文 献

[1] Seeley T D. Adaptive Significance of Age Polyethism Schedule in Honey Bee Colonies [J]. Behav. Ecol. Sociobiol, 1982 (11)：287 – 293.

[2] 张年松, 曹兵. 弹药制导与系统基础 [M]. 北京：北京理工大学出版社, 2015.

[3] 赵龙. 惯性导航原理与系统应用设计 [M]. 北京：北京航空航天大学出版社, 2020.

[4] 张义广. 非制冷红外成像导引头 [M]. 西安：西北工业大学出版社, 2009.

[5] 周瑞青. 捷联导引头稳定与跟踪技术 [M]. 北京：国防工业出版社, 2010.

[6] 孟利民, 宋文波. 移动自组网路由协议研究 [M]. 北京：人民邮电出版社, 2012.

[7] 集群智能——从自然到人工系统 [M]. 李杰, 刘畅, 李娟, 译. 北京：中国宇航出版社, 2020.

[8] 李欣, 李若琼, 董海鹰. 基于仿生群体协同的集群智能控制研究 [J]. 电气自动化, 2006, 028 (004)：3 – 5.

[9] Price I, Evolving Self – Organized Behavior for Homogeneous and Heterogenous UAV or UCAV Swarms [D]. Dayton, Ohio：Air Force Institute of Technology, Wright – Patterson AFB, 2004.

[10] Heylighen F. Self – Organization Emeryence and the Architecture of Complexity [J]. Principia Cybernetica Web, 1997, 1 – 6.

[11] Coveney Peter V. Self – Organization and complexity：a new age for theory, computation and experiment [J]. The Royal Society, 2003, 5：361：1057 – 1079.

[12] Camazine, Scott, Jean – Louis Deneoubourg, et al. Self – Organization in Biological Systems [M]. Princeton University Press, 2003.

[13] Collier Travis C, Charles Taylor. Self – Organization in Sensor Networks. Technical report, UCLA Department of Organismic Biology, Ecology, and Evolution, Box 951606, Los Angeles, CA 90095 – 1606, December 2003.

[14] Richard S. Sutton, Andrew G. Barto 强化学习 [M]. 俞凯, 等译. 北京：电子工业出版社, 2019.

[15] Estes W K. Toward a statistical theory of learning [J]. Psychological Review, 1950, 57 (2): 94 – 107.

[16] Finnsson G, Bojornsson Y. Simulation – based approach to general game playing [J]. In Proceedings of the Association for the Advancement of Artificial Intelligence, 2008, 259 – 264.

[17] Fourgeau E, Gomez E, Adli H, et al. System Engineering Workbench for Multi – views Systems Methodology with 3DEXPERIENCE Platform. The Aircraft RADAR Use Case [M]. Springer International Publishing, 2016.

[18] Gabor T, Belzner L, Kiermeier M, et al. A Simulation – Based Architecture for Smart Cyber – Physical Systems [C]// IEEE International Conference on Autonomic Computing, IEEE, 2016.

第 3 章

集群弹药混合式体系架构

集群弹药决策框架可以简单分为两种：集中控制体系和分布式控制体系。单纯从属性角度看，分布式控制体系更加适合大规模集群弹药的特性。但是受限于涌现机理、探测方式等核心技术的制约，在实际使用中通常设计成混合式框架以获得两种框架的优点，从而提高集群弹药在战场上的生存力和战斗力。本章将着重从分布式控制体系入手构建集群弹药的框架。

3.1 慎思式集群作战任务驱动范式

集群弹药由多枚智能弹药组成，当外界对集群弹药系统输入作战任务时，集群弹药需进行协同任务分配，将整个作战任务拆解为几部分子任务，并将每个作战子任务分配到具体智能弹药，这就是慎思式集群的基本行为范式，其结构示意图如图3-1所示。在该过程中，集群弹药的行为模式受到作战任务驱动，具有共同的"全局观"，都为了共同的目标而行动。例如，在项目管理中，某团队接收到上级关于开发某个功能模块的需求，即任务信息后，可将复杂任务分解为多个较简单的子任务，如底层代码实现、功能集成、功能测试等。进而，根据团队中每个人的职能，将子任务分配给团队中的每一个人。每个人需完成自己所负责的部分任务，并与其他人协作最终完成整个任务。

从慎思式集群的方式特点不难看出，其决策指令的形成和任务分配非常类似，因此，该范式的研究大都是借鉴分配、规划、优化等领域的研究。简单的分配基础理论本书不再赘述，这里主要针对集群弹药所面临的主要问题进行深入的建模讨论。另外，和信息传递相关的内容这里不再进行详细说明，默认个体之间的信息传递畅通。本节首先进行预先分配的建模方法讨论，然后概述确定性和不确定性目标分配，最终介绍实时分配相关的关键技术。

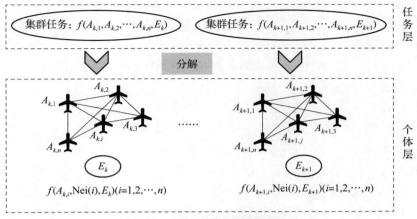

图 3-1 自顶而下结构示意图

3.1.1 复杂环境预先任务分配

本节首先研究作战资源分配问题,即武器目标分配(Weapon Target Assignment,WTA)问题的求解。这类问题的模型都是建立在毁伤评估、航迹预测等环节已经得到了建模所需参数和数据的基础上。首先结合 WTA 问题的特点及分类,建立不同的数学模型(包括多目标、确定性以及不确定性),并利用不同的智能优化方法实现不同 WTA 问题的求解,从而为作战指挥提供有力的决策支持。

WTA 问题起源于军事运筹学领域,它确定如何将有限的武器分配给来袭目标以期满足决策者对作战效果和作战花费的要求。WTA 问题为经典的约束组合优化问题,并已被证明为 NP-难题[3],即当问题规模增长时,任何基于枚举的算法都会面临指数增长的计算。关于 WTA 问题的研究可以追溯到 20 世纪五六十年代,当时 Manne[4]、Braford[5] 和 Day[6] 等人主要研究 WTA 相关问题。20 世纪 70 年代之前,关于 WTA 的研究都集中在特殊领域,如基于导弹的空中防御[7],Matlin 将上述工作总结于文献 [8] 中,而 Hosein 等人[9]在 20 世纪 80 年代才开始系统地研究一般性的 WTA 问题。Hosein 等人将 WTA 问题分类为静态 WTA(Static Weapon Target Assignment,SWTA)和动态 WTA(Dynamic Weapon Target Assignment,DWTA)[10-12]。在 SWTA 问题中,所有武器都在同一阶段分配给所有目标;而 DWTA 为多阶段问题,首先将部分武器分配给来袭目标,然后评价这一阶段的作战效果,进而根据前一阶段的作战效果进行下一阶段的武器目标分配。DWTA 为一全局决策过程,需要在考虑时间窗口的前提下考虑所有作战阶段。时间窗口指从目标到达某一武器的作战区域开始到该目标逃离该武器的作战区域为止的时间区间。在实际作战情形过程中，敌方目标从各个方向以不同的速度来袭，因此每个"武器–目标–阶段"分配对都有一个时间窗口。此处，阶段是指完成一组目标打击所经历的时间。由于作战过程中可能会出现新的目标或者当且目标改变作战意图等情况，因此同一个武器–目标组合在不同阶段的时间窗口是有所不同的，这是 DWTA 区别于 SWTA 的一个重要特征。

DWTA 要比 SWTA 复杂得多，现有研究主要集中在 SWTA，而当前及未来信息化作战发展趋势使得对 DWTA 的研究变得尤为重要。多阶段武器目标分配（Multi-stage Weapon Target Assignment，MWTA）问题介于 SWTA 和 DWTA 之间，它也考虑时间窗口，但没有 DWTA 中的动态更新过程。在实际作战情形中，某一阶段完成决策后，在随后的毁伤评估过程中可能会出现新的目标或旧的目标被摧毁[13]，随后开启新一轮的分配决策过程，而这一过程与前一阶段本质上是完全一样的。因此，实际 DWTA 中存在一个循环计算过程：决策–毁伤评估–决策。总而言之，MWTA 是实际中 DWTA 的基础。

根据作战场景和作战任务的不同，WTA 问题可以分类为基于目标的和基于资产的。基于目标的 WTA 目标是最大化对来袭目标的期望毁伤；而基于资产的 WTA 目标是最小化对所保护资产的期望损失量。两类 WTA 之间并没有本质的区别，基于目标的 WTA 可以看作是基于资产的一个特例。

传统 WTA 问题的优化目标集中在作战效果，如最大化对来袭目标的毁伤和最小化对我方资产的损失等。而实际上，一个合适的 WTA 分配策略不仅应当满足某个作战效果要求，也应该最小化作战消耗。这两个目标是相互冲突的，即消耗更多的弹药，意味着更好的作战效果，因此 WTA 问题实际上是多目标优化问题。一些学者注意到这一现象，利用加权法将多个相互冲突的目标转化为一个单目标问题，进而用单目标优化算法进行求解。然而在这类问题中，对各个目标的权重系数是很难给定的，且可能会得到并不是决策者想要的解。因此，本节克服上述缺点，将 WTA 建模为两目标约束优化问题，并采用两个先进的多目标进化算法进行求解。多目标优化方法的优点在于，它能够为决策者提供一组 Pareto 最优解，进而决策者可以全局了解所有解，从中选择满足自己偏好的解。

DWTA 模型取决于很多因素，如防御策略、武器与来袭目标的特点和实际作战情况等。本书考虑的场景描述如下：防御方发现 T 个来袭目标，这些目标分别威胁了防御方的 K 个资产；防御方拥有 W 枚弹药来拦截来袭目标；在目标突破防御之前，防御方至多有 S 个防御阶段来分配其弹药打击来袭目标。防御阶段的数量 S 与目标到其进攻对象的距离、目标的运动速度、弹药的调整、发射和飞行时间、数据分析与决策的延迟以及交火策略等因素有关[14]。在 DWTA 的有关文献中，研究人员经常采用"Shoot – Look – Shoot（SLS）"交火策略，这一策略是对防御效果和防御代价的一种权衡[15,16]。事实上，这一策略与军事指挥中著名的"Observe – Orient – Decide – Act（OODA）"信息处理流程非常相符，因而在舰艇编队防空作战等实际作战情况中被广泛采用[17]。

需要注意的是，弹药的任务分配和目标规划之间还是存在一个执行问题的差距，也就是弹药所装载的战斗部威力。之前也提起过，本书的重点在集群弹药个体之间行为配合，与战斗部威力相关的内容进行了简化处理。下面的方法中可以将战斗部威力作为目标函数，也可以将其作为约束条件，其处理方法也大同小异，因此这里不再赘述。

1. 目标函数

目标函数的建立方法和建立目的都不是一成不变的，需要与作战任务、个体能力、战场环境等相关，需要慎重考虑。常见的作战任务所涵盖的目标函数如下：

目标函数一：尚存资源的价值

$$J_t(\boldsymbol{X}^t) = \sum_{k=1}^{K(t)} v_k \prod_{j=1}^{T(t)} \left[1 - q_{jk} \prod_{h=t}^{S} \prod_{i=1}^{W(t)} (1 - p_{ij}(h))^{x_{ij}(h)} \right], t \in \{1, 2, \cdots, S\}$$

式中，$J_t(\cdot)$ 为目标函数，表示经过 t 个阶段后我方尚存资源的期望总价值；$\boldsymbol{X}^t = [X_t, X_{t+1}, \cdots, X_S]$（$X_t = [x_{ij}(t)]_{W \times T}$）是阶段 t 的决策变量，$x_{ij}(t) = 1$ 表示弹药 i 在阶段 t 分配给目标 j，$x_{ij}(t) = 0$ 表示弹药 i 在阶段 t 不分配给目标 j；h 与 t 相似，也是防御阶段的标志；$K(t)$、$T(t)$ 和 $W(t)$ 分别表示阶段 t 尚存的资源、目标和弹药的数量 [$K(1) = K$；$T(1) = T$；$W(1) = W$]；v_k 表示资源 k 的价值；q_{jk} 表示目标 j 摧毁资源 k 的概率；$p_{ij}(t)$ 表示弹药 i 在阶段 t 分配给目标 j 时对该目标的毁伤概率。

目标函数二：对目标的毁伤

$$D_t(\boldsymbol{X}^t) = \sum_{j=1}^{T(t)} u_j \left[1 - \prod_{h=t}^{S} \prod_{i=1}^{W(t)} (1 - p_{ij}(h))^{x_{ij}(s)} \right], t \in \{1, 2, \cdots, S\}$$

式中，$D_t(\cdot)$ 为目标函数，表示经过 t 个阶段后对来袭目标的毁伤；u_j 表示目标 j 的价值；剩余符号及其表示的意义同上。

对于当前阶段 t，防御方仅执行决策分量 X_t，如果防御方观测到阶段 t 内有一个或多个目标被摧毁，则有必要对下一阶段（即阶段 $t+1$）的目标函数重新进行评估。这主要是因为当防御压力减小时，应当更合理地使用弹药，减少不必要的弹药损耗，此前预分配给已被消灭目标的弹药必须重新分配。当没有目标被摧毁时,防御方可以在新的阶段直接执行决策 X_{t+1}。为了对此进行更为明确的解释,我们提出以下三个概念。

定义 3.1 全局决策:完整的决策变量 $X^t(t\in\{1,2,\cdots,S\})$ 称为阶段 t 的全局决策。

定义 3.2 局部决策:全局决策中任何决策分量 $X_s(t\leqslant s\leqslant S)$ 称为阶段 t 的局部决策。

定义 3.3 可执行决策:全局决策 $X^t(t\in\{1,2,\cdots,S\})$ 的第一个分量(即 X_t)称为阶段 t 的可执行决策。显然,可执行决策是局部决策的特例。

从整个 DWTA 决策过程来看,算法在每个决策阶段需要求取一个全局决策方案,并由决策者执行对应的可执行决策。但是对于 DWTA 算法而言,每次优化求解都处理相同结构的问题,只是问题的规模和参数会发生变化,每次 DWTA 决策可以采用同一种算法,因此关于 DWTA 算法的性能分析可以集中在算法的第一阶段全局决策性能上 [即 $J_t(X^1)/D_t(X^1)$ 的优化],因为这一阶段的问题规模最大,求解难度最大,后续阶段 DWTA 问题的规模和难度会随着目标、弹药与被保护资源数量的减少而降低。

目标函数三:武器消耗

在现代作战条件下,弹药消耗量较大,势必会增加对国防经费的压力。如何在保证完成射击任务的前提下使弹药消耗量最少,是各国军事家探讨的热门话题,也是我们需要追求的目标。因此,我们选取作战消耗(即弹药量消耗最少)作为目标优化分配的最佳指标。弹药消耗量计算是在给定目标和所需毁伤程度的前提下,计算射击所要消耗的弹药数量。以下选取在保证完成射击任务前提下,所有作战阶段分配对全部目标射击所需的弹药消耗量之和最小,其表达式如下:

$$C_{ammu} = \sum_{s=1}^{S}\sum_{j=1}^{T}\sum_{i=1}^{W}\beta_i u_{ij}(s) x_{ij}(s)$$

式中,$u_{ij}(s)$ 代表在阶段 s 弹药 i 打击目标 j 时弹药的消耗量;β_i 为不同弹药 i 的价值系数,如果不考虑各个弹药的价值差异,则 β_i 恒取 1 即可。根据射击理论的相关知识我们可得到在第 s 个阶段各枚弹药对各个目标射击所需的弹药消耗量。

目标函数四:时间消耗

由 WTA 分配的定义[18],我们最后应该得到的决策是:由哪些弹药对哪些目标在何时进行射击,可见其包含武器-目标匹配和武器的射击时间分配两部分[19,20]。前述对于各弹药在何时射击的问题,只是将其约束在弹药可射击的时间窗口内[21],对弹药的射击时刻没有系统地给出,而是留给武器单元和决策者来决定。

WTA 问题的目的是在兼顾目标威胁程度的基础上，将来袭目标尽可能地分配给对它射击最有利的弹药单元，以达到最优的整体毁伤效果。一般情况下，毁伤目标的时间越早，作战效果越好。所以在考虑各弹药装置射击时间的基础上，选择总体射击时间较短的武器-目标分配方案，即总的作战时间最少的方案，以应付将来的下一批目标[22]。因此，我们选择最小化整个交战过程所消耗的时间作为目标函数，其表达式如下：

$$C_{\text{time}} = \sum_{s=1}^{S}\sum_{j=1}^{T}\sum_{i=1}^{W} t_{ij}(s) x_{ij}(s)$$

式中，$t_{ij}(s)$ 表示在第 s 阶段弹药 i 打击目标 j 所需要的时间。此外，由于还要对每一个目标都达到一定的毁伤程度，故对于目标 i 没有达到毁伤程度的武器 j 所耗的时间 t_{ij} 置为 $+\infty$，以便之后的比较选择[19]。

这里利用类似"先期毁伤"[20]的概念，添加作战时间最短作为 WTA 目标函数，期望给出先期毁伤准则下的武器-目标分配方案，一方面为每个目标分配一组满足期望毁伤概率的武器单元，另一方面也为每个武器单元规划合适的射击时机，实现对目标的高效率毁伤，兼顾了毁伤效能、作战消耗和总的作战时间等重要的作战指标。根据相关数据和射击理论的相关知识计算出在第 s 个阶段各个火力单元对各个目标射击所需的时间。

对于上述四个目标函数，我们可以只考虑一个，将其建模为单目标 DWTA 问题；也可以考虑两个及两个以上，将其建模为多目标 DWTA 问题。同样，模型中的参数可以是确定性的，也可以是不确定的。针对不同类型的 DWTA 模型，有不同的方法去求解。关于使用不同类型的智能优化方法求解不同类型 DWTA 问题的介绍将在后续给出。

2. 约束函数

大多数实际问题都是带有约束限制的，DWTA 问题也不例外。本节建立的 DWTA 模型中包含以下三类约束。

约束一：弹药量约束

$$\sum_{j=1}^{T} x_{ij}(t) \leq n_i, \forall t \in \{1,2,\cdots,S\}, \forall i \in \{1,2,\cdots,W\}$$

$$\sum_{i=1}^{W} x_{ij}(t) \leq m_j, \forall t \in \{1,2,\cdots,S\}, \forall j \in \{1,2,\cdots,T\}$$

$$\sum_{t=1}^{S}\sum_{j=1}^{T} x_{ij}(t) \leq N_i, \forall i \in \{1,2,\cdots,W\}$$

第一个公式所示的约束集合反映了弹药同时打击多个目标的能力。实际中

集群弹药智能组群理论与方法

大多数弹药一次最多只能打击一个目标。事实上，我们可以将具有同时打击多个目标能力的特殊弹药视为多枚独立弹药。基于以上两点考虑，我们设 $n_i = 1$，$\forall i \in \{1, 2, \cdots, W\}$。第二个公式所示的约束集合限定了每个阶段中用于打击每个目标的最大弹药消耗。m_j 的取值通常依赖于可用弹药的作战性能。我们在研究中设 $m_j = 1$，这一设置对以防空导弹为手段的防御系统和常用的"Shoot – Look – Shoot"（打击–观测–打击）交火策略而言是一种合理的设置[14, 16]。在同样的防御强度要求下，对基于高炮的防御系统而言，模型中 m_j 的取值通常会显著增加。第三个公式所示的约束集合本质上反映的是总弹药量约束，由于弹药量的限制，N_i 是弹药 i 能够使用次数的最大值。

约束二：可行性约束

$$x_{ij}(t) \leq f_{ij}(t), \forall t \in \{1, 2, \cdots, S\}, \forall i \in \{1, 2, \cdots, W\}, \forall j \in \{1, 2, \cdots, T\}$$

上式称为可行性约束，其中若由于敌我距离或者弹药性能的原因，弹药 i 在阶段 t 中不可能击中目标 j，则 $f_{ij}(t) = 0$；否则 $f_{ij}(t) = 1$。因为它在分配可行性时考虑到了时间窗口的影响，所以此限制条件是动态弹药–目标分配问题（DWTA）动态特性的关键体现所在。因此，每一轮交战之后都需要更新可行性矩阵，这类约束的存在也增加了 DWTA 问题的复杂度和生成可行解的难度。在这种情况下，通常难以设计出能够产生新解同时保证其可行性的合适算子。

约束三：转火约束

除了上述约束外，在双方交战过程中，弹药会有火力转移的情况出现，即对某一弹药 i 在第 m 轮使用后要转向第 n 轮使用时（由于我们上面规定任一枚弹药在同一轮交战中只能使用一次，故 $n = m + 1, m + 2, \cdots$），由于打击目标位置的变化，弹药 i 可能也需要转换打击方向或者转移打击阵地来实现打击任务，从而出现了火力转移时间这一概念。火力转移时间确切的定义为：从火力单元对某一方向目标射击结束瞬间起，到向另一个方向目标发动火力瞬间止，所需要的最短时间[14]，是衡量火力单元机动性和连续射击能力的重要指标。火力转移时间的消耗可能会跳过弹药在下一轮中的打击时间，从而引出了火力转移约束，即通过事先对我方弹药机动性及连续打击能力的评估可以得出某些弹药一旦在第 m 轮中使用后，在第 n 轮中不能使用的情况。

设弹药、目标、阶段数均分别为 W、T、S，以下来说明转火约束的情况。定义火力转移可行性矩阵 $\mathbf{FTF} = (\text{ftf}(w_i, s_m, s_n, t_j, t_k))$，其中 $\text{ftf}(w_i, s_m, s_n, t_j, t_k)$ 为 0 – 1 变量，$\text{ftf}(w_i, s_m, s_n, t_j, t_k) = 0$ 表示存在火力转移约束，即弹药 w_i 在 s_m 阶段打击目标 t_j 时[即 $x_{w_i t_j}(s_m) = 1$]，该弹药在 s_n 阶段不能再用于打击目标 t_k [即 $x_{w_i t_k}(s_n) = 0$]。那么在事先给定火力约束可行性矩阵 $\mathbf{FTF}$ 后，则可得到转

火约束：
$$x_{w_it_j}(s_m)x_{w_it_k}(s_n) \leq \text{ftf}(w_i,s_m,s_n,t_j,t_k)$$

当建立了约束函数后，配合目标函数和一般的优化方法很容易得到一组解，进而得到期望的分配问题。

3.1.2 多目标确定性武器－目标分配问题

1. 带有精英策略的非支配排序多目标进化算法

1）优化模型

针对基于目标的进攻型 WTA 问题，同时考虑对目标的毁伤、弹药消耗和时间消耗，我们考虑如下多目标确定性 DWTA 问题：

$$\begin{cases} \max f_1 = D_t(X^t), t \in \{1,2,\cdots,S\} \\ \min f_2 = C_{\text{ammu}} \\ \min f_3 = C_{\text{time}} \end{cases}$$

通过一个多目标约束优化模型对 WTA 问题进行了数学描述，该模型可反映常规 WTA 问题三个层面的火力要求。此外，通过改变模型中的参数可以实现不同火力条件下对火力需求关系的调整。本模型与传统的单目标模型相比，考虑了更加实际的约束情况，能够更加完整、系统地描述弹药目标分配问题。

2）十进制编码

不同于前面提到的二进制和虚拟编码方式，我们提出十进制编码方式来表示 DWTA 的解。需要注意的是，决策矩阵 X^t 是 DWTA 决策的直接表示，因此在计算目标函数值时，仍需要将十进制解转化为二进制解。在十进制编码方法中，用一个向量代表 DWTA 的一个解。向量的长度表示弹药枚数，而向量的每个值表示该弹药需要打击的目标标号。下面以 $W=5$，$T=6$，$S=1$ 为例展示十进制编码方式，如图 3－2 所示。

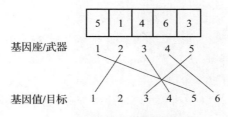

图 3－2 十进制编码示意图

如图 3-2 所示，十进制解 [5 1 4 6 3] 表示分别将弹药 1、2、3、4、5 分配给目标 5、1、4、6、3。而该十进制解可以转化为如下二进制解：

$$X = \begin{bmatrix} 0 & 0 & 0 & 0 & 1 & 0 \\ 1 & 0 & 0 & 0 & 0 & 0 \\ 0 & 0 & 0 & 1 & 0 & 0 \\ 0 & 0 & 0 & 0 & 0 & 1 \\ 0 & 0 & 1 & 0 & 0 & 0 \end{bmatrix}$$

3) NSGA-Ⅱ算法框架

基本遗传算法是常见的解决组合优化问题的方法，由于其进化策略比较简单，因此往往只能解决一些复杂度较低、规模较小的优化的问题。但对于本节内容来说，我们要解决的是多目标约束优化问题，并且随着现代作战形势向着信息化方向发展，我们要处理的武器、目标的数目将会不断增加，求解的复杂度将会增加。即使能求得符合要求的解，但其计算速度较慢、耗时较长，不能做到迅速反应，得出的分配方案可能会没有任何实际意义。为了克服这样的缺陷，Srinivas 和 Deb 提出了基于 Pareto 最优概念的非支配排序遗传算法（Non-dominated Sorting Genetic Algorithm，NSGA）[23]，在多目标优化领域得到了广泛应用。随着应用领域的不断扩大，其缺点逐渐暴露出来，主要表现在由非支配排序造成的较高的计算复杂度、无最优保持策略、需要确定共享参数等缺陷[23]。常见的 NSGA 的计算复杂度为 $O(MN^3)$（其中，M 为目标函数的数量；N 为种群的大小）[19, 24]，这使 NSGA 对于大规模种群来说，其计算复杂度是非常高的。因此，之后 Deb 等人在 NSGA 的基础上又提出了带精英策略的非支配排序遗传算法 NSGA-Ⅱ，大大提高了算法的性能[19]。本节采用改进的 NSGA 算法，它的优势主要体现在以下几个方面：

（1）相比于 NSGA，它采用快速非支配排序方法，这使其计算复杂度从 $O(MN^3)$ 减小至 $O(MN^2)$（其中，M 为目标函数的数量；N 为种群的大小）。

（2）精英策略不但可以有效地保留精英到个体进化结束，避免丢失进化过程中取得的最优解，而且可以扩大样本空间。

（3）采用拥挤距离和拥挤比较操作，能够形成均匀分布的 Pareto 前沿，而且不再需要指定共享参数 σ_{share}。

本节采用带有精英策略的非支配排序遗传算法 NSGA-Ⅱ来求解 DWTA 问题，其操作主要包括非支配排序、拥挤距离保持多样性、遗传算子和精英策略。下面介绍 NSGA-Ⅱ的几个重要方面。

非支配排序：对种群 P 中的每一个个体 p，计算出前述的目标函数向量 $f =$

$[D'_t(X^t)$ Sum1 Sum2$]$,并初始化两个参数:$S_p = \phi$,$n_p = 0$。其中,S_p 称为"劣集",是由被个体 p 支配(p 支配 q 意味着,个体 q 对应的目标函数值比个体 p 的大,或在对应目标函数值相同的情况下,拥挤距离比个体 p 小)的个体组成的集合;n_p 称为"占优数",是能够支配个体 p 的个体数目。那么位于第一非劣前端的所有个体都满足 $n_p = 0$。然后将 $n_p = 0$ 对应的 S_p 中的每一个个体 q 的 n_q 都减 1,此时出现 $n_q = 0$ 的个体 q 位于第二非劣前端。如此重复以上过程可以将所有的个体完成分类,具体的算法伪代码如下。

非支配排序算法伪代码:

```
非支配排序(P)
//对种群 P 中个体进行非支配排序//
For each p ∈ P
    S_p = ∅, n_p = 0.
    For each q ∈ P
        If q 支配 p    then 将 q 添加到集合 S_p, 即 S_p = S_p ∪ {q}.
        Else if p 支配 q    then 将 p 的占优数加 1, 即 n_p = n_p + 1.
    If n_p = 0    then 令个体 p 的非支配等级为 1, 即 p_rank = 1;并将个体 p 添加到第一非劣集 F_1, 即更新 F_1 = F_1 ∪ {P}. //n_p = 0 意味着个体 p 不被其他任何个体支配, 因此它属于第一非劣集。//.
i = 1. //将计数器初始化为 1。//
while F_i ≠ ∅
//优先采用第一非劣前端的个体, 当所需要的个体数 N 大于第一非劣前端的个体数目时, 再选择第二非劣前端的个体中拥挤距离较大的个体。//
    Q = ∅. //集合 Q 为临时存储单元, 存放第 i+1 个非劣前端的个体。//
    For each p ∈ F_i
        For each q ∈ S_p //S_p 定义同前, 表示被个体 p 支配的个体组成的集合//
            n_q = n_q - 1.
            If n_q = 0    then q_rwza = i + 1, 并更新 Q = Q ∪ {q}.
    //n_q = 0, 意味着 q 不受随后前端中的任意个体的支配, 那么 q 的非支配等级为 i+1, 属于第 i+1 个非劣前端。//
    i = i + 1.
    F_{i+1} = Q.
```

通过上述非支配排序算法确定的非支配等级值越小,个体优越性越高,选前 N 个,又由于前 N 个等级中通常含有的解的个数多于 N 个,故用拥挤距离法精确地选择 N 个解,如此得到第一代个体 P_1。此外,NSGA-Ⅱ算法为了保持个体的多样性,防止在局部堆积,提出运用拥挤距离的概念,使计算结果比较均匀地分布在目标空间。

多样性保持——"拥挤距离"法:对于进化算法(Evolution Algorithm,

EA）得到的解我们不仅要求能收敛到 Pareto 最优集，而且希望在得到的解决方案集合中所有方案能够有一个很好的分布、保持解的多样性，即使得到的解决方案能够比较均匀地分布在目标空间。原始的 NSGA 使用著名的"共享函数"法在一个种群中保持多样性，它通过计算位于相同非劣前端个体的共享函数来实现共享过程。但该方法涉及共享参数 σ_{share}，参数给定了问题中需要分享的程度，并且该参数的大小与计算两邻近种群间距离的度量标准有关[25]。尽管共享参数 σ_{share} 的设定有一些标准[26]可以参考，但这个参数通常还是由用户自己确定。"共享函数"法虽然能完成均匀分布计算结果的任务，但均匀分布解的效果很大程度上依赖于共享参数 σ_{share} 的选择；由于每一个解都需要与种群中的其他解来比较，因此该方法的计算复杂度为 $O(N^2)$ [27]。

在以下提出的 NSGA - II 中，在保持解多样性的过程中，为了克服上述两个缺点，我们将用"拥挤距离"法来代替"共享函数"法。"拥挤距离"法既不需要任何认为给定的参数来在种群中保持解的多样性，也有一个较小的计算复杂度。以下我们将分别给出"拥挤距离"法中非常重要的两方面：拥挤距离的计算和比较。对于某个个体，我们利用该个体任一边两点沿着每个目标函数的平均距离来估计它周围个体的疏密程度。

种群中每个个体 i 的拥挤距离定义[28]为：与它在同一个非劣前端相邻两个个体间的局部距离。直观上可以表示为个体 i 周围仅包含个体 i 本身的最大长方形的周长。f_1 和 f_2 为两个目标函数，实心圈和空心圈分别表示两个非劣前端。对于本节讨论的三个目标函数的情况，直观上表示为个体 i 周围仅包含个体 i 本身的最大长方体的周长，拥挤距离的计算过程如图 3 - 3 所示。

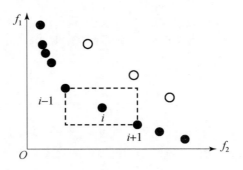

图 3 - 3 双目标中个体 i 的拥挤距离示例

拥挤距离背后的想法主要是根据 m 个目标函数在 m 维超空间中找到某一前端个体之间的欧氏距离[25]。该过程的复杂度主要由排序算法决定，在最坏

第3章 集群弹药混合式体系架构

情况（所有个体均在第一非劣前端）下，由于共有 M 次排序，且每次排序至多设计 N 个个体，因此上述算法的计算复杂度为 $O(MN\log N)$。

经过上述算法后，每个非劣前端 $F_i(i=1,2,\cdots)$ 中的个体都拥有一个拥挤距离值 $F_i(j)(j=1,2,\cdots,|F_i|)$，那么我们可以借助拥挤距离来比较两个解跟其他解的接近程度。一个解的拥挤距离值较小，在某种意义上意味着它周围的解更拥挤。下面正是利用这个想法来进行拥挤距离的比较。

在经过前面的非支配排序后，种群中的每个个体 p 都将拥有 p_{rank} 和 $F_{p_{rank}}(p)$ 两个属性值，其中 p_{rank} 代表个体 p 的非劣等级，$F_{p_{rank}}(p)$ 表示第 p_{rank} 个非劣前端中个体 p 的拥挤距离。我们定义拥挤比较运算符 $<$：$i<j \Leftrightarrow i_{rank}<j_{rank}$ 或者 $i<j \Leftrightarrow i_{rank}<j_{rank} \& i_{rank}=j_{rank} \& F_{i_{rank}}(i)>F_{i_{rank}}(j)$，也就是说通过拥挤距离比较选择个体时，首先选取非支配等级值较小的个体，如果两个个体在同一级上，则选取拥挤距离较大的个体。拥挤距离的比较过程保证了非支配解的多样性，能够得到均匀分布的 Pareto 前沿。

4）遗传算子和精英策略

选择操作：利用上述介绍的拥挤"比较运算符<"来进行选择。

交叉操作：首先对种群中的个体进行随机配对，即将种群中的 N 个个体随机分成 $N/2$ 对，然后对每对配对个体组进行倒位操作，即以交叉概率 P_m 随机在染色体编码串中指定两个基因位置为倒位点，颠倒这两倒位点之间的基因排列顺序，从而形成一个新的染色体。

采用倒位操作主要是基于两点考虑：一是合理性，由于本节采用十进制编码方式，同一个基因在不同基因位置代表的实际意义完全不同，因此，通过改变基因位置时可以生成新的染色体；二是简单性，如果在本节中采用一般的交叉操作，必然会引入新的基因，这样我们就要对交叉生成的染色体的每个基因来进行约束条件的判断，在一定程度上会影响遗传速度。

变异操作：采用完全随机的方式来进行变异操作。以变异概率 P_n 随机选择一个变异点，再随机从对应的取值范围内取 1 个随机数来代替原有基因。此外，需要对新引入的基因药进行检查和修正，以确保其满足约束条件。

拥挤距离计算伪代码如下所示。

拥挤距离计算(F_i) //计算非劣前端 F_i 中每个个体的拥挤距离。//
For each 非劣前端 $F_i(i=1,2,\cdots)$
    $n=|F_i|.$ //n 为第 i 个前端中的个体数目。//
    For each $j=1,2,\cdots,n$
        $F_i(d_j)=0.$ //其中，j 对应前端 F_i 中的第 j 个个体；$F_i(d_j)$ 表示第 i 个前端中个体 d_j 的拥挤距离。因此前式表示初始化第 i 个前端中所有个体的拥挤距离为0。//

```
For each m = 1,2,3;    //本书讨论的为三个目标函数的约束优化问题。//
        I = sort(F_i,m).    //按第 m 目标函数对前端 F_i 中的个体进行升序排列。//
F_i(d_1) = ∞, F_i(d_n) = ∞. //由于在之后的选择过程中,位于排序后得到的边界个体(即最大
和最小目标函数值对应个体)总是要被选中,因此边界个体的拥挤距离定义为无穷。//
        For k = 2 to (n - 1)
```

$$F_i(d_k) = F_i(d_k) + \frac{I(k+1)m - I(k+1)m}{f_m^{\max} - f_m^{\min}}$$

//其中,$I(k).m$ 表示序列 I 中第 k 个个体的第 m 个目标函数的值;$f_m^{\max} - f_m^{\min}$ 分别表示第 m 个目标函数的最大值和最小值。其他的中间个体的拥挤距离定义为:与该个体相邻的两个个体对应目标函数差的绝对归一化。对于多目标情况,拥挤距离的值定义为各个目标函数对应单个拥挤距离的和。在这种情况下需要注意的是,每个目标函数对应的拥挤距离需要先归一化再求和。//

精英策略:NSGA-Ⅱ算法采用精英策略是将每次得到的当代个体和它的子代当作一个整体,从中利用上述选择方法来获得适应度较高的个体遗传到下一代,从而达到将优良个体保留到下一代的目的。综上,NSGA-Ⅱ的伪代码如下。

```
NSGA - Ⅱ( )
随机初始化种群 P_0
P_0 = (F_1,F_2,…) = 非支配排序(P_0)
For each F_i ∈ P_0
    拥挤距离计算(F_i)
t = 0
While(1)
    利用选择、交叉和变异算子生成新种群 Q_t
    R_t = P_t ∪ Q_t //精英策略
    F = (F_1,F_2,…) = 非支配排序(R_t)
    令 P_{t+1} = ∅, i = 1
    While( |P_{t+1}| + |F_i| < N )
        拥挤距离计算(F_i)
        P_{t+1} = P_t ∪ F_i, i = i + 1
    End while
    P_{t+1} = P_{t+1} ∪ F_i[1:(N - |P_{t+1}|)], t = t + 1
End while
返回 F_i
End for
```

5)参数设置和性能指标

本节考虑我方发现有 T 个来袭目标意图攻击我方 K 件资产（或者敌我双方在交战过程中，我方的 K 件资产可能会受到敌人的攻击或威胁），此时，我方拥有 W 件武器与敌方交战，保护我方资产不被袭击。此外，在来袭目标冲破我方防线逃走之前，至多有 S 个阶段防御者可以打击目标。我们分别考虑小型（$W=3$，$T=5$，$S=3$）、中型（$W=20$，$T=12$，$S=5$）和大型规模（$W=50$，$T=50$，$S=8$）的 DWTA 问题，利用 NSGA-Ⅱ方法来求解。将所得结果与随机采样方法（即 Monte Carlo 方法）得到的结果进行比较，说明 NSGA-Ⅱ求解 DWTA 问题的有效性和优越性。由于敌我双方交战的实际数据比较难以获得，因此本节结合实际随机生成所需要的数据。

采用逆代距（IGD）来评价多目标优化算法的性能：

$$\text{IGD}(P^*,P) = \frac{\sum_{v \in P^*} d(v,P)}{|P^*|}$$

式中，P^* 为目标空间内沿着真正 Pareto 前沿均匀分布的一组点集；P 为真正 PF 的近似；$d(v,P)$ 表示 v 和 P 中个体之间距离的最小值；$|P^*|$ 代表 P^* 中个体的数目。当 $|P^*|$ 足够大且能很好地代表真正 Pareto 前沿时，逆代距 $\text{IGD}(P^*,P)$ 能够同时度量 P 的多样性和收敛性。$\text{IGD}(P^*,P)$ 值越小，对应的 P 越好。

6)计算实验

采用 3 个 DWTA 测试算例来说明 NSGA-Ⅱ求解 DWTA 问题的有效性，并将所得结果与 Monte Carlo 随机采样方法得到的结果进行比较，说明 NSGA-Ⅱ的优越性。图 3-4~图 3-6 分别展示了在小型、中型和大型规模算例下 NSGA-Ⅱ与 Monte Carlo 所得到的 Pareto 最优解在目标空间的分布情况，及三个目标函数在进化过程中变化的箱形图。

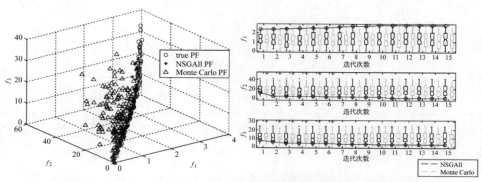

图 3-4 NSGA-Ⅱ和 Monte Carlo 在小型规模算例下得到的比较结果

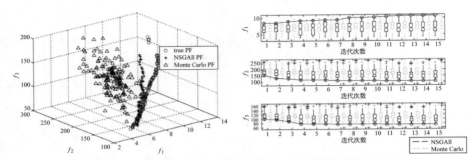

图 3-5　NSGA-Ⅱ 和 Monte Carlo 在中型规模算例下得到的比较结果

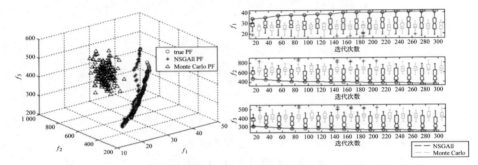

图 3-6　NSGA-Ⅱ 和 Monte Carlo 在大型规模算例下得到的比较结果

从图 3-4~图 3-6 可以看出相比 Monte Carlo，NSGA-Ⅱ 得到的 Pareto 前沿更靠近近似 Pareto 前沿，并且其分布更均匀。此外通过观察箱形图，我们发现随着种群的进化，三个目标函数均值逐渐趋于稳定，说明了 NSGA-Ⅱ 的收敛性，也验证了非支配排序分层和拥挤距离两者相结合的优选策略的可行性及算法的稳定性。

在计算逆代距 $IGD(P^*,P)$ 时，由于真正 DWTA 问题的 Pareto 前沿很难精确获得，因此对每个规模的测试问题，独立运行 NSGA-Ⅱ 算法 20 次，并从所有结果中利用非支配排序选择 500 个均匀分布的点来作为近似 Pareto 前沿 P^*。表 3-1 所示为 NSGA-Ⅱ 和 Monte Carlo 在不同规模算例下的 IGD 均值。表 3-1 也说明了在 3 个不同规模的算例上，NSGA-Ⅱ 的性能优于 Monte Carlo 方法。

表 3-1　NSGA-Ⅱ 和 Monte Carlo 求解不同规模算例时的 IGD 均值

规模	NSGA-Ⅱ	Monte Carlo
小型规模	0.181 0	2.437 0
中型规模	4.647 5	6.710 0
大型规模	5.891 8	84.608 6

2. 自适应 NSGA – Ⅱ 和自适应 MOEA/D

1）优化模型

针对基于目标的进攻型 WTA 问题，同时考虑对目标的毁伤和武器消耗，我们考虑如下多目标确定性 DWTA 问题：

$$\begin{cases} \max f_1 = D_t(\boldsymbol{X}^t), t \in \{1,2,\cdots,S\} \\ \min f_2 = C_{ammu} \end{cases}$$

2）MOEA/D 算法框架

对于任意一个多目标优化问题 $\min F(x) = (f_1, f_2, \cdots, f_M)$，一般来说，在温和条件下该多目标优化问题的 Pareto 最优解，可以看作是一个标量优化问题的最优解，其中该标量化问题的目标函数是 $f_i(i=1,2,\cdots,m)$ 的聚合形式。因此，Pareto 最优前沿的近似求解可以被分解为求解一组标量目标优化子问题。这一想法是求解近似 Pareto 前沿的传统方法中的基本想法。现在存在许多聚合方法，包括加权法、切比雪夫法和边界交叉法[29-32]。而前面提到的 NSGA – Ⅱ 这一类基于支配关系的多目标进化算法并没有引入分解这个概念，它们都将多目标优化问题看成一个整体，并没有将标量化方法和解相互联系起来。在标量化问题中，所有的解都可以通过目标函数值进行比较。而对于多目标问题，支配关系并不能在目标空间定义一个全序关系。因此传统的为标量化问题设计的选择算子不能直接用在非分解的多目标进化算法中。可以认为，如果有一个适应度值分配机制能够为每个个体分配能够反映其效用的适应值，那么标量化进化算法就可以真正用来求解多目标问题。但是其他技术，比如交配限制[33]、多样性保持[34]、许多多目标问题的属性[35]和外部种群[36]等仍然需要用来加强标量算法的性能。

基于分解的多目标优化算法 MOEA/D[37]是当下最流行的基于分解的多目标进化算法之一，它将任意一个多目标问题分解为 N 个标量子问题，通过进化一个种群的解来同时求解所有子问题。对于每一代种群，一个子问题对应一个解，每个子问题的最优解组成当前种群。相邻两个子问题的关联程度是由它们聚合系数向量间的欧氏距离决定的。对于两个相邻子问题来说，最优解应该是非常相似的。在优化每一个子问题时只用到了其相邻子问题的信息。MOEA/D 有以下优点：

• MOEA/D 提供了一个简单有效的方法来将分解的方法引入多目标进化算法中。对于经常在数学规划领域出现的分解方法，它可以在 MOEA/D 框架下真正地融入进化算法中来求解多目标优化问题。

• 由于 MOEA/D 是同时优化 N 标量子问题而不是直接将多目标问题作为

集群弹药智能组群理论与方法

一个整体来解决，因此存在于非分解多目标进化算法中的适应度值分配和多样性保持等问题在 MOEA/D 框架下得到了解决。

- 在很多离散和连续测试问题上，MOEA/D 都能取得较好的结果，并且可以通过采用更高级的分解方法来进一步提高算法性能。

MOEA/D 的伪代码如下所示。

MOEA/D( )
Step1：初始化
  Step1.1：$EP = \varnothing$.
  Step1.2：计算任意两个权重向量的欧氏距离，查找每个权重向量最近的 T 个权重向量。对于每个 $i = 1, 2, \cdots, N$, $_{i=1,\cdots,N}$，令 $B(i) = \{i_1 - i\}_T$，其中，$\boldsymbol{\lambda}^{k1}, \cdots, \boldsymbol{\lambda}^{k2}$ 是距离 $\boldsymbol{\lambda}^1$ 最近的 T 个权重向量。
  Step1.2：在可行空间中随机或者通过特定方法产生初始种群 $x^1, \cdots, x^N$，并计算其目标函数值 $FV^i = F(x^i)$。
  Step1.3：利用特定方法初始化 $\boldsymbol{z} = (z_1, \cdots, z_N)^T$。
Step2：更新
  For $i = 1, \cdots, N$.
  Step2.1：基因重组：从 $B(i)$ 中随机选取两个序号 k, l，运用遗传算子由 x^k 和 x^l 产生新解 y。
  Step2.2：改进：对 y 运用基于测试问题的修复方法进行改进，得到 y。
  Step2.3：更新 z：For $j = 1, \cdots, m$, if $z_j < f_j(y)$，then $z_j = f_j(y)$。
  Step2.4：更新邻域解：For $j \in B(i)$, if $g(y | \lambda^j, z) \leq g(x^j | \lambda^j, z)$，then $x^j = y$, $FV^j = F(y)$。
  Step2.5：更新 EP，从 EP 中移除所有被 $F(y)$ 支配的向量，如果 EP 中的向量都不支配 $F(y)$，将 $F(y)$ 加入 EP。
Step3：终止条件：停止并输出 EP，否则转 Step2。

其中任意一个多目标优化问题被分解为 N 个子问题，$\boldsymbol{\lambda}^1, \cdots, \boldsymbol{\lambda}^N$ 为 N 组权重，$B(i)$ 为距离 $\boldsymbol{\lambda}^i = (\lambda_1^i, \cdots, \lambda_M^i)$ 最近的 T 组权重所组成的集合。$\min g^{te}(x | \boldsymbol{\lambda}, \boldsymbol{z}^*) = \max_{1 \leq i \leq M} \{\lambda_i | f_i(x) - z_i^* |\}$ 为切比雪夫形式的聚合函数。除此之外，常见的聚合函数还有加权法：

$$\min g^{ws}(x | \boldsymbol{\lambda}) = \sum_{i=1}^{M} \lambda_i f_i(x)$$

和边界交叉法：

$$\min g^{bi}(x, \boldsymbol{\lambda}, \boldsymbol{z}^*) = d$$
$$\text{s.t. } \boldsymbol{z}^* - \boldsymbol{F}(x) = d\boldsymbol{\lambda}$$

3）自适应机制

当利用遗传算法（Genetic Algorithm，GA）作为搜索引擎时，交叉概率和变异概率对算法性能有很大的影响。Srinivas 等人[38]首次提出自适应遗传算法（Adaptive Genetic Algorithm，AGA），之后很多学者提出了各种各样的自适应机制，比如非线性机制、模糊机制等。这些自适应机制都能提高原始遗传算法的性能。前人的研究大都认为了为避免优秀解的结构不被破坏,优秀的解应该尽量不参与交叉。然而,这种自适应机制可能会导致过早收敛到局部最优。因此,本节提出一个新的自适应机制,即为优秀解分配较高的交叉概率以期获得更好的解。这一自适应机制希望能够将优秀解的良好结构传递给下一代。对于最小化问题来说,交叉概率 p_c 和变异概率 p_m 的自适应变化情况如下:

$$p_c = \begin{cases} k_1 \dfrac{\overline{f} - f_{\min}}{f' - f_{\min}}, & f' > \overline{f} \\ k_3, & f' \leq \overline{f} \end{cases}, \quad p_m = \begin{cases} k_2 \dfrac{f - f_{\min}}{\overline{f} - f_{\min}}, & f \leq \overline{f} \\ k_4, & f > \overline{f} \end{cases}$$

式中,$\overline{f}$ 和 $f_{\min}$ 分别表示种群适应度值的均值和最小值;f' 代表交叉过程中两个亲本中较小的适应度值;f 代表需要被变异个体的适应度值;k_1 和 k_2 需要均小于 1 来保证 p_c 和 p_m 的值在 [0,1] 范围内。在这里我们设定 $k_1 = k_3 = 1$;$k_2 = k_4 = 0.5$。

将上述自适应机制分别融入 NSGA – Ⅱ 和 MOEA/D,便可以得到自适应 NSGA – Ⅱ(ANSGA – Ⅱ)和自适应 MOEA/D(AMOEA/D)。在下面的数值试验中我们通过比较展示 MOEA/D 求解 DWTA 问题的有效性和该自适应机制的有效性。

4)参数设置和性能指标

本节仍然采用 3 种不同规模的 DWTA 测试问题。关于评价多目标进化算法的性能指标,除了逆代距(IGD)外,下面提出另外两种常用的性能指标:

非支配解所占比例(RNI):

$$\text{RNI} = \frac{|\overline{P}|}{|P|}$$

式中,$\overline{P}$ 为当前种群 P 中的非支配解;$|P|$ 代表 P 中个体的数目。显然 RNI ∈ [0,1],它表示了种群中非支配解所占的比例,该值越大越好。

C – metric:

$$C(P_1, P_2) = \frac{|\{\mu \in P_2 \mid \exists \nu \in P_1 : \nu \text{ dominates } \mu\}|}{|P_2|}$$

式中,P_1 和 P_2 为真正 Pareto 前沿的两组近似;$C(P_1, P_2)$ 为二元性能指标,表示 P_2 中至少被 P_1 中一个解所支配的解的比例。

5)计算实验

将 NSGA – Ⅱ、ANSGA – Ⅱ、MOEA/D 和 AMOEA/D 在 3 种不同规模的 DWTA 测试问题上分别运行 20 次,性能指标 RNI、IGD 和 C – metric 的统计结果如表 3 – 2 ~ 表 3 – 4 所示,表格中括号内数字为标准差。其中对于小型规模测试算例，PF^*_{true}是通过枚举精确求解得到的真正 Pareto 前沿；而对中、大型测试算例，由于真正 DWTA 问题的 Pareto 前沿很难精确获得，PF^*_{true}是通过综合所有算法得到的结果，并从所有结果中利用非支配排序选择 500 个均匀分布的点作为近似 Pareto 前沿。

表 3 – 2　NSGA – Ⅱ、ANSGA – Ⅱ、MOEA/D 和 AMOEA/D 求解小型规模算例时的性能指标值统计结果比较

指标		ANSGA – Ⅱ	NSGA – Ⅱ	AMOEA/D	MOEA/D
RNI	Max	1	1	1	1
	Mean	1(0)	1(0)	0.95(0.052)	0.95(0.053)
	Min	1	1	0.86	0.86
IGD	Max	7.76×10^{-5}	2.90	23.30	23.30
	Mean	$3.9 \times 10^{-6}(1.7 \times 10^{-5})$	0.54(0.96)	18.8(2.83)	18.9(2.84)
	Min	0	0	11.875	11.875
$C(PF^*_{true}, *)$	Max	0.857	1	1	1
	Mean	0.857(0)	1(0)	1(0)	1(0)
	Min	0.857	1	1	1

表 3 – 3　NSGA – Ⅱ、ANSGA – Ⅱ、MOEA/D 和 AMOEA/D 求解中型规模算例时的性能指标值统计结果比较

指标		ANSGA – Ⅱ	NSGA – Ⅱ	AMOEA/D	MOEA/D
RNI	Max	1	1	0.9	0.84
	Mean	1(0)	1(0)	0.72(0.16)	0.65(0.13)
	Min	1	1	0.37	0.35
IGD	Max	13.2	21.5	50.3	58.12
	Mean	4.11(2.85)	5.88(6.71)	35.1(8.85)	45.3(6.72)
	Min	1.24	0.784	22.4	35.3
$C(PF^*_{approx}, *)$	Max	0.98	0.98	1	1
	Mean	0.98(0)	0.97(0.007)	1(0)	1(0)
	Min	0.98	0.96	1	1

表3-4 NSGA-Ⅱ、ANSGA-Ⅱ、MOEA/D 和 AMOEA/D 求解大型规模算例时的性能指标值统计结果比较

指标		ANSGA-Ⅱ	NSGA-Ⅱ	AMOEA/D	MOEA/D
RNI	Max	**1**	1	0.96	0.95
	Mean	**1(0)**	1(0)	0.80(0.155)	0.73(0.12)
	Min	**1**	1	0.43	0.51
IGD	Max	**17.10**	24.691 1	119.3	122.7
	Mean	**4.20(4.92)**	11.80(6.36)	100.5(9.50)	102.5(16.3)
	Min	**1.30**	1.490 3	81.8	73.8
$C(PF^*_{approx}, *)$	Max	0.98	0.98	1	1
	Mean	0.97(0.003)	0.97(0.005)	1(0)	1(0)
	Min	0.97	0.96	1	1

通过表3-2~表3-4可以看出，算法 ANSGA-Ⅱ 和 AMOEA/D 的性能均优于原始算法，说明了自适应机制的有效性。此外，对每个测试算例，ANSGA-Ⅱ 能够得到位于第一支配前沿的解（即 RNI=1），而 AMOEA/D 得到的解大多数位于第二或者第三前沿。这是由于 NSGA-Ⅱ 是基于支配关系的，它找到的最终解均是位于第一支配前沿；而 MOEA/D 是基于分解的，没有任何机制能够保证在进化过程中所有解都是非支配解（之后的 MOEA/D 版本引入了外部存储来存储到目前为止找到的所有非支配解，如果将外部存储作为最后输出的话，类似 NSGA-Ⅱ，MOEA/D 也能保证输出的全为第一支配前沿的解）；通过表格中的标准差，我们可以发现 ANSGA-Ⅱ 性能较为稳定。

除了用性能指标对算法性能进行定性描述之外，图3-7展示了在小型、中型和大型规模算例下 ANSGA-Ⅱ 和 AMOEA/D 所得到的 Pareto 最优解在目标

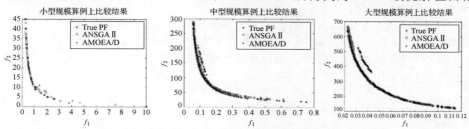

图3-7 ANSGA-Ⅱ 和 AMOEA/D 在3种不同规模算例下得到的 Pareto 前沿

空间的分布情况。从图 3 – 7 我们可以看出 ANSGA – Ⅱ 性能优于 AMOEA/D。ANSGA – Ⅱ 能找到距离真正 Pareto 前沿更近的解。

3. ε – 约束框架下的多目标进化算法

1) DMOEA – εC 算法框架

MOEA/D 是经典的基于分解的多目标进化算法,它通过聚合函数(如加权聚合法、切比雪夫聚合法和边界交叉法等)将一个多目标优化问题分解为一系列标量(单目标)子问题,然后利用邻域信息以协同的方式同时优化所有子问题。近年来 MOEA/D 引起了很多学者的关注,针对 MOEA/D 的缺陷,随之出现了很多 MOEA/D 的改进形式,如 MOEA/D – DRA、MOEA/D – AWA 等。在本节实验中我们会用到 MOEA/D 的改进形式 MOEA/D – AWA 作为对比算法。

一般来说,加权聚合法和 ε – 约束法是多目标优化算法中两个基本的方法[29]。MOEA/D 从加权聚合法获得灵感,将多目标优化问题分解为一系列标量(单目标)子问题。对于一个多目标优化问题,ε – 约束法选择一个目标函数作为主目标,而将给每个剩余目标函数分配一个上界将其转化为约束。基于此,近年来我们提出一个新的在 ε – 约束框架下基于分解的多目标进化算法(DMOEA – εC)[39]。DMOEA – εC 通过选择一个函数作为主目标函数,并给每个子问题分配一个上界向量将一个多目标优化问题转化为一系列标量约束子问题,然后利用基于 Deb 的可行性规则[40]的遗传算法协同地优化所有子问题。在优化每个子问题时仅会用到其邻域子问题的信息。类似于 MOEA/D,任意一个多目标优化问题被分解为 N 个子问题,$\varepsilon^1,\cdots,\varepsilon^N$ 为 N 组上界向量,$B(i)$ 为距离 ε^i 最近的 T 组权重所组成的集合。

DMOEA – εC 伪代码如下所示。

Algorithm 1:DMOEA – εC 算法流程

输入: MOP 及相关参数。
输出: 外部存储种群 EP。
1:初始化 N 组均匀分布的上界向量;初始化进化种群 $P = \{x^1,\cdots,x^N\}$,并设置 $FV^i = F(x^i)$;从当前种群 P 提取所有非支配解,并记为 EP;初始化 z^* 和 z^{Dad};设 gen $= 0$,$n = N$。
2:利用从解到子问题的匹配机制(算法 2)将解和子问题进行匹配。
3:**for** $i = 1$ to N **do**
4: 为第 i 个子问题设置其邻域,记为 $B(i)$。
5: $\pi^i = 1$。
6:**end for**
7:**while** $n \leq$ NFE **do**

8: **if** gen 为 DRA_interval 的倍数 **then**
9: 　　利用动态资源分配策略(算法3)更新下一代需要处理的子问题下标 I。
10: **end if**
11: **if** gen 为 IN_m 的倍数 **then**
12: 　　进行主目标切换。
13: 　　利用从解到子问题的匹配机制(算法2)将解和子问题进行匹配。
14: **end if**
15: **for** $i \in I$ **do**
16: 　　$P = \begin{cases} B(i), & \text{rand} < \delta \\ \{1,2,\cdots,N\}, & \text{其他} \end{cases}$
17: 　　重组：随机从 P 中随机选择亲本，并利用某个重组算子生成新解 y。
18: 　　$n = n + 1$。
19: 　　修复：若 y 不可以，则修复。
20: 　　更新理想点 z^*。
21: 　　利用从子问题到解的匹配机制(算法4)为解 y 匹配第 k 个子问题。
22: 　　根据可行性规则将新解 y 和第 k 个子问题的邻域解进行比较更新。
23: 　　更新外存 EP，并用最远个体法(算法5)进行修剪。
24: 　　更新最差点 $z\{\text{nad}\}$。
25: **end for**
26: gen = gen + 1。
27: **end while**

由于主目标的选择在 DMOEA – εC 中是一个重要因素，因此提出主目标切换策略来周期性地切换主目标。此外，为了解决由于主目标切换策略带来的问题，提出解 – 子问题匹配机制来为每一个子问题分配距离其最近的解。

解 – 子问题匹配机制的伪代码如下所示。

Algorithm 2：从解到子问题的匹配机制
输入：N 个解 $(x^1, FV^1), \cdots, (x^N, FV^N)$ 和 N 个带有上界向量 $\varepsilon^1, \varepsilon^2, \cdots, \varepsilon^N$ 的子问题。
输出：匹配对 $(x^k, FV^k) \sim \varepsilon^l, (k, l = 1, \cdots, N)$。
1: 初始化 $S = \{1, 2, \cdots, N\}$。
2: **while** S 非空 **do**
3: 　　随机选择一上界向量 $\varepsilon^l, l \in S$。
4: 　　**for** $i = 1$ to N **do**
5: 　　　　$d_i^l = \sum_{j=1, j \neq s}^{m} |f_j^i - \varepsilon_j^l|$。
6: 　　**end for**
7: 　　$k = \text{argmin}\{d_1^l, d_2^l, \cdots, d_N^l\}$。
8: 　　$FV^k = \text{Inf}; S = S/\{l\}$。
9: **end while**

任意一个解对当前子问题性能较好，但当切换主目标之后，该解对于当前

子问题的性能便不再是好的。那么对任意一个子问题 ε^l，我们计算所有解 (x^i, FV^i) $(i=1,\cdots,N)$ 距离该子问题的距离 $d_i^l = \sum_{j=1,j\neq s}^{m} |f_j^i - \varepsilon_j^l|$，然后将距离该子问题最近的解匹配给该子问题，这样有利于种群多样性。

当通过遗传算子生成一个新解之后，该解对于当前子问题可能并不是最合适的，为了不浪费计算资源和进一步提高算法性能，提出子问题 – 解匹配机制来为每一个新生成的解找到最合适的子问题。

子问题 – 解匹配机制伪代码如下所示。

Algorithm 4：从子问题到解匹配机制

输入： 新解 y 和 N 个子问题 $\varepsilon^1, \varepsilon^2, \cdots, \varepsilon^N$。

输出： 所有子问题的下标 k。

1： for $l = 1$ to N do

2： $CV^l = \sum_{j=1,j\neq s}^{m} \max\left(\dfrac{y_j - z_j^*}{z_j^{\text{nad}} - z_j^*} - \varepsilon_j^l, 0\right)$.

3： if $CV^l = 0$ then

4： $CV^l = \dfrac{1}{\sum_{j=1,j\neq s}^{m}\left(\dfrac{y_j - z_j^*}{z_j^{\text{nad}} - z_j^*} - \varepsilon_j^l\right)}$.

5： end if

6： end for

7： $k = \arg\min\{CV^1, CV^2, \cdots, CV^N\}$ //选择对解 y 可行且在目标空间内距离 y 最近的子问题。//

当通过遗传算子生成一个新解之后，该解对于当前子问题可能并不是最合适的，而可能对其他某个子问题是合适的。因此对每一个新生成的解 y，计算该解对于所有子问题 $\varepsilon^l (l=1,\cdots,N)$ 的约束违反程度 $CV^l = \sum_{j=1,j\neq s}^{m} \max\left(\dfrac{y_j - z_j^*}{z_j^{\text{nad}} - z_j^*} - \varepsilon_j^l, 0\right)$，如果 $CV^l = 0$，则 $CV^l = \dfrac{1}{\sum_{j=1,j\neq s}^{m}\dfrac{y_j - z_j^*}{z_j^{\text{nad}} - z_j^*} - \varepsilon_j^l}$，然后将约束违反程度最小的子问题匹配给该新解。由于在比较更新邻域解时，采用的是 Deb 的可行性规则[40]：

（1） 任意可行解优于不可行解；

（2） 对于两个可行解，目标函数值较好的解更优；

（3） 对于两个不可行解，约束违反程度较小的解更优。

因此，子问题 – 解匹配机制有利于种群的收敛性。那么解 – 子问题匹配机制和子问题 – 解匹配机制能够平衡种群的多样性和收敛性。

2） 参数设置和性能指标

本节仍然采用 3 种不同规模的 DWTA 测试问题。关于评价多目标进化算法的性能指标，采用逆代距（IGD）和 C – metric 作为性能指标。

3）计算实验

将 DMOEA – εC、NSGA – Ⅱ 和 MOEA/D – AWA 在 3 种不同规模的 DWTA 测试问题分别运行 30 次，性能指标 IGD 和 C – metric 的统计结果如表 3 – 5 所示，表格中括号内数字为标准差。此外为了检验 DMOEA – εC 和比较算法（NSGA – Ⅱ 和 MOEA/D – AWA）性能指标的均值是否有显著差异，做显著水平为 5% 的威尔逊秩和检验。†，§，and ≈ 分别表示 DMOEA – εC 的性能显著优于、差于或相当于比较算法的性能。表格中的黑体数据表示对该测试问题其性能指标值均值最佳。

对于小型规模测试算例，PF^*_{true} 是通过枚举精确求解得到的真正 Pareto 前沿；而对中型、大型测试算例，由于真正 DWTA 问题的 Pareto 前沿很难精确获得，PF^*_{true} 是通过综合所有算法得到的结果，并从所有结果中利用非支配排序选择 500 个均匀分布的点来作为近似 Pareto 前沿。

表 3 – 5　DMOEA – εC、NSGA – Ⅱ 和 MOEA/D – AWA 求解 3 种规模算例时的性能指标值统计结果比较

规模		DMOEA – εC	NSGA – Ⅱ	MOEA/D – AWA
小型规模	IGD	0.348 8(0.005 8)	**0.038 8(0)** §	0.709 3(0.064 2) †
	$C(P^*, *)$	1(0)	**0.97(0)** §	1(0) †
	$C(*, P^*)$	0.966 7(0.000 4)	0.967 2(0) §	**0.873 8(0.004 7)** †
中型规模	IGD	4.575 8(2.730 6)	**2.342 5(0.532 6)** §	10.120 1(1.044 8 6) †
	$C(P^*, *)$	1(0)	**0.998(0)** §	1(0) †
	$C(*, P^*)$	0.873 4(0.001 1)	0.934 3(0.001 6) §	**0.787 4(0.001 5)** †
大型规模	IGD	**4.875 4(4.318 1)**	7.323(9.758 6) †	11.668 6(10.645 1) †
	$C(P^*, *)$	**0.999(0)**	1(0) †	1(0) †
	$C(*, P^*)$	**0.957 3 (0.001 3)**	0.886 4 (0.002 4) †	0.874 6 (0.001 4) †

从表 3 – 5 可以看出，就 IGD 指标值而言，NSGA – Ⅱ 在小型规模和中型规模算例上的性能显著优于 DMOEA – εC 和 MOEA/D – AWA。然而在大型规模算例上，DMOEA – εC 的性能显著优于 NSGA – Ⅱ 和 MOEA/D – AWA。就 C – metric 而言，与近似 Pareto 前沿 P^* 相比，$C(P^*, *)$ 值越小或者 $C(*, P^*)$ 值越大都说明算法性能较好。因此类似地，就 C – metric 指标值而言可以得到与 IGD 指标值类似的结果。

除了用性能指标对算法性能进行定性描述之外，图 3-8 所示为在小型、中型和大型规模算例下 DMOEA-εC、NSGA-Ⅱ 和 MOEA/D-AWA 所得到的 Pareto 最优解在目标空间的分布情况。从图 3-8 可以看出，对小型规模算例，3 种算法得到 Pareto 前沿均能很好地覆盖真正的前沿且距离前沿很近；其中，NSGA-Ⅱ 性能最佳。而对中型规模和大型规模算例，NSGA-Ⅱ 算法得到的 Pareto 前沿均能很好地覆盖真正的前沿，但 DMOEA-εC 得到的前沿距离前沿更近（即收敛性更好）。值得注意的是，NSGA-Ⅱ 擅长找到位于 Pareto 前沿两端的非支配解，而 DMOEA-εC 和 MOEA/D-AWA 更多地能找到位于前沿中间的解。这一现象可能是由于 DMOEA-εC 和 MOEA/D-AWA 都需要估计理想点和最差点，并且逐步更新。如果不能很好地估计这两个点，那么它们便找不到位于前沿两端的解。而对于前沿中间部分的解，DMOEA-εC 和 MOEA/D-AWA 能够找到收敛性更好的解。

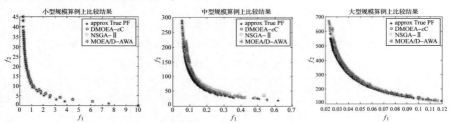

图 3-8　DMOEA-εC、NSGA-Ⅱ 和 MOEA/D-AWA 在 3 种不同规模算例下得到的 Pareto 前沿（附彩插）

3.1.3　多目标不确定武器-目标分配问题

1. 带有鲁棒算子的 MOEA/D-AWA

1）优化模型

对于 WTA 问题，其中的参数（如来袭目标个数、武器个数、武器对目标的打击概率等）是事先给定的、精确知道的，因此称之为确定性武器-目标分配问题。而在实际作战过程中，不确定性是肯定存在的。很长时间里，对不确定性的研究都是一个很热门的话题。在动态的、分布式的和不确定环境下决策是军事领域很常见的问题。由于参数带有不确定性，根据确定性模型得到的最优解的有效性和最优性在不确定情形下都得不到保证。

因此我们需要设计一种能够对参数不确定性免疫的求解方法，即鲁棒方法。在 WTA 问题中存在各种各样的不确定性，如作战过程中来袭目标的个数、位置以及武器打击目标的概率（即毁伤概率）。不确定性可能会导致各种类型的失败,比如,对我方资产保护失败、没能精确打击或者没能完成打击任务[41]。本节我们处理当武器对目标的毁伤概率是不确定情形下的武器－目标分配问题,这一类型的不确定性是很常见的。我们仍然将其建模为两目标问题。基于上述描述,针对基于目标的进攻型 WTA 问题,假设武器对目标的毁伤概率是不确定的,同时考虑对目标的毁伤和武器消耗,我们考虑多目标不确定性 DWTA 问题,并利用鲁棒算子将其建模为两目标优化问题:

$$\begin{cases} \max RD_t(X^t) = \min_{k=1,\cdots,K} \left\{ \sum_{j=1}^{T(t)} v_j \left[1 - \prod_{s=t}^{S} \prod_{i=1}^{W(t)} (1 - p_{ij}(s,\xi_k))^{x_{ij}(s)} \right] \right\}, t \in \{1,2,\cdots,S\} \\ \min C_{ammu} = \sum_{s=1}^{S} \sum_{j=1}^{T} \sum_{i=1}^{W} \beta_i u_{ij}(s) x_{ij}(s) \end{cases}$$

在此我们假设武器对目标的毁伤概率是不确定的 $p_{ij} = p_{ij}(\xi)$,它依赖于随机变量 ξ。而随机变量 ξ 可能与作战环境、天气情况等因素有关。我们假设不确定参数 $p_{ij}(\xi)$ 服从以下两个常见分布[42]:

- 均匀分布:$p_{ij} \sim U((1-\alpha) \cdot p_{ij}, (1+\alpha) \cdot p_{ij})$;
- 正态分布:$p_{ij} \sim N(p_{ij}, \alpha \cdot p_{ij})$。

这两种分布的中心趋势都是等于确定性情形下的值 p_{ij};参数 α 用来调节分布的偏离程度。在下面的数值试验中我们取 $\alpha \in \{0.1, 0.2\}$,这意味着对均匀或者正态分布有 ±10% 或者 ±20% 的偏离程度。不确定参数所服从的分布可以根据武器在不同环境下作战效果的历史数据或者专家信息来构造。需要注意的是,服从不同分布的 p_{ij} 代表不同的不确定情形。

为了处理由于武器对目标的毁伤概率带来的不确定性,我们采用最大－最小算子(Max – Min)。最大－最小算子是常见的鲁棒算子之一,对于一个最大化问题,最大－最小算子意味着去优化最差的情况来得到最终的解。在最大－最小算子作用下得到解的最优性可能有些保守,但是它们在所有不确定情形下一定有效。

2) MOEA/D – AWA 算法框架

MOEA/D 是经典的基于分解的多目标进化算法[37],近年来针对 MOEA/D 的研究引起了很多学者的关注。当假设 Pareto 前沿接近超平面时,MOEA/D 中权重向量的均匀性能够保证 Pareto 前沿的均匀性。然而,这一假设在很多情况下都得不到满足,因为很多问题的 Pareto 前沿形状是很复杂的,比如不连续或者长尾等。因此,针对 MOEA/D 的缺陷,随之出现了很多改进策略来改善权重向量[43-47]。在众多研究中,我们采用带有自适应权重调节策略的 MOEA/D(MOEA/D – AWA)[43] 来求解多目标不确定武器－目标分配问题。

MOEA/D – AWA 中提出一个自适应权重调整策略(Adaptive Weight

Adjustment，AWA）来保证得到 Pareto 前沿的均匀性。具体地，该自适应权重调整策略通过计算邻近距离来度量每个解在当前种群中的稀疏程度，然后删除最拥挤的那个子问题。为了保证加入的子问题是加入真正稀疏的区域，而不是伪稀疏区域（如 Pareto 前沿的不连续区域等），我们采用外部精英种群来辅助。如果外部精英种群中的某个解位于当前种群的稀疏区域，那么需要根据该解构造一个新的子问题并加入当前种群。这样周期性地对子问题进行调节，能够弥补由均匀权重带来的不足。通过我们的预先试验，我们发现再处理 Pareto 前沿不连续的多目标优化问题时，MOEA/D - AWA 性能确实优于 MOEA/D。因此我们采用 MOEA/D - AWA 来求解本节的多目标不确定武器 - 目标分配问题。

选择小型和中型规模的 DWTA 测试问题作为我们的测试问题，其中武器对目标的毁伤概率服从上述提到的四种随机分布。

2. 实验验证

1）对比算法

由于至今没有统一的性能指标来评价多目标算法在不确定问题上的性能，因此我们选择将原始的两目标问题转化为带约束单目标问题。即在满足一定毁伤效果的前提下，最小化作战消耗，那么对应优化问题转化为

$$\min C_{ammu} = \sum_{s=1}^{S} \sum_{j=1}^{T} \sum_{i=1}^{W} \beta_i u_{ij}(s) x_{ij}(s)$$

$$s.t. \ RD_t(X^t) = \min_{k=1,\cdots,K} \left\{ \sum_{j=1}^{T(t)} v_j \left[1 - \prod_{s=t}^{S} \prod_{i=1}^{W(t)} (1 - p_{ij}(s,\xi_k))^{x_{ij}(s)} \right] \right\} \geq d(\xi)$$

式中，参数 $d(\xi)$ 为实现给定的毁伤要求。为了保证比较的公平性，我们采用和 MOEA/D - AWA 一样的遗传算子来求解单目标问题。

此外，实现给定的毁伤要求 $d(\xi)$ 随着不确定情形而变化。为了使每一种不确定情形得到一个合理的 $d(\xi)$ 值，我们首先生成 1 000 个满足约束的解，然后根据对应的不确定毁伤概率 $P(s,\xi)$ 计算其 $RD_t(X^t)$，那么 $d(\xi)$ 取值为 1 000 个不确定毁伤量中最大值的 70%，具体参数如表 3 - 6 所示。

表 3 - 6 MOEA/D - AWA 在两种规模算例上的参数

算例	n_i	m_j	N_i	$d - U1$	$d - U2$	$d - N1$	$d - N2$	pop	gen
小型规模	1	1	2	2.047 9	1.694 9	1.841 3	1.429 8	100	100
中型规模	1	2	2	8.879 1	8.503 0	8.466 29	7.975 24	100	200

2）参数设置和性能指标

对每一种分布（即每一种不确定情形），我们都需要采样一定次数（K 次），即对每个解需要进行 K 次函数评价。为了保证采样精度和节省计算量，统计中给出了在一定置信水平下最小采样次数的计算公式：

$$K \approx \frac{z_{\frac{\alpha}{2}}^2 \sigma^2}{E^2}$$

式中，$z_{\frac{\alpha}{2}}$ 为可靠性系数，当置信度水平为 95% 时，$z_{\frac{\alpha}{2}} = 1.96$；$\sigma^2$ 为采样方差，表示样本均值和整体均值之间的偏差，σ^2 越大，需要的采样次数越多；E 表示样本误差，与样本均值有关，通常取 10% 的样本均值。那么对应于 4 种不确定情形 $U1$、$U2$、$N1$、$N2$，所需要的采样次数大致为 4、10、40 和 80 次。

如前所述，我们比较多目标情形下得到的 Pareto 解集中满足给定的毁伤要求、作战消耗最小的解和对应单目标模型下求得的最优解，希望以此来展示多目标算法的优越性。

3）计算实验

本节计算试验分为不确定情形和确定情形两部分。

（1）不确定情形下的计算实验。

首先，表 3 – 7 和表 3 – 8 所示为不确定情形下，在小型和中型规模算例上得到统计结果。统计结果包括 20 次独立运行结果的最好值、均值和标准差，表格中第一列括号类的数字表示每种不确定情形对应的毁伤阈值 $d(\xi)$；黑体数字表示该算法得到的性能最优。此外，为了检验比较两种算法的性能是否有显著差异，做显著水平为 5% 威尔逊秩和检验，对应 p 值如表 3 – 7 和表 3 – 8 所示。当 p 值小于 0.05 时，说明两种算法性能存在显著差异，否则二者性能无显著差异。

表 3 – 7 鲁棒模型下 4 种不确定情形下求解小型规模算例时得到的统计结果

不确定情形	鲁棒小型规模		MOEA/D – AWA	SOP_relax
$U1$ (2.047 9)	武器消耗	最佳值	26	**25**
		平均值	26	**25.9**
		标准差	0	0.567 646
	目标毁伤	对应目标毁伤	2.169 3	2.058 3
		平均值	2.169 3	2.112 09
		标准差	0	0.050 957

续表

不确定情形	鲁棒小型规模		MOEA/D – AWA	SOP_relax
$U2$ (1.694 9)	武器消耗	最佳值	**21**	21
		平均值	**21**	21.6
		标准差	0	0.699 206
	目标毁伤	对应目标毁伤	1.695 7	1.695 7
		平均值	1.695 7	1.700 55
		标准差	0	0.006 415
$N1$ (1.841 3)	武器消耗	最佳值	**25**	25
		平均值	**25**	25.2
		标准差	0	0.421 637
	目标毁伤	对应目标毁伤	1.854 9	1.854 9
		平均值	1.854 9	1.857 81
		标准差	0	0.016 564
$N2$ (1.429 8)	武器消耗	最佳值	**23**	23
		平均值	**23**	24.1
		标准差	0	0.567 646
	目标毁伤	对应目标毁伤	1.445 5	1.445 5
		平均值	1.445 5	1.502 04
		标准差	0	0.029 286

表 3-8 鲁棒模型下 4 种不确定情形下求解中型规模算例时得到的统计结果

不确定情形	鲁棒中型规模		MOEA/D – AWA	SOP_relax
$U1$ (8.879 1)	武器消耗	最佳值	**116**	156
		平均值	**120.1**	160.5
		标准差	3.665 151	2.877 113

续表

不确定情形	鲁棒中型规模		MOEA/D – AWA	SOP_relax
$U1$ (8.879 1)	目标毁伤	对应目标毁伤	8.938 8	8.887 4
		平均值	8.946 91	9.033 222
		标准差	0.041 233	0.182 281
$U2$ (8.503)	武器消耗	最佳值	**113**	153
		平均值	**117.8**	160.7
		标准差	4.131 182	4.423 423
	目标毁伤	对应目标毁伤	8.549 9	8.654 9
		平均值	8.560 39	8.851 68
		标准差	0.056 809	0.241 78
$N1$ (8.466 29)	武器消耗	最佳值	**112**	156
		平均值	**118**	163.6
		标准差	3.829 708	3.502 38
	目标毁伤	对应目标毁伤	8.490 7	8.589
		p 值 平均值	8.515 76	8.607 33
		标准差	0.059 153	0.115 367
$N2$ (7.975 24)	武器消耗	最佳值	**116**	153
		平均值	**120.7**	160.3
		标准差	3.713 339	4.522 782
	目标毁伤	对应目标毁伤	8.008 6	8.023 5
		平均值	8.069 44	8.111 74
		标准差	0.078 43	0.095 77

以表 3-7 为例，首先，两种算法均能找到可行解，即对目标的毁伤值均大于等于毁伤阈值 $d(\xi)$；其次，在满足毁伤要求的前提下，通过比较我们可以看出对于每一种不确定情形，MOEA/D-AWA 能找到作战消耗更小的解，因此 MOEA/D-AWA 性能较优。此外值得注意的是，多目标优化算法 MOEA/D-AWA 不仅能找到单目标意义下更优的解，还能给出一组非支配解，决策者可以根据自身需求从中选择满足自己要求的解。最后可以看出，几乎所有的 p 值都小于 0.05，因此说明 MOEA/D-AWA 的性能显著优于对比算法。对于中型规模算例，从表 3-8 中可以得出类似结果。

（2）确定情形下的计算试验。

表 3-9 和表 3-10 所示为根据确定性模型得到的最优解在 4 种不确定情形下的性能结果。类似地，统计结果包括 20 次独立运行结果的最好值、均值和标准差，表格中第一列括号类的数字表示每种不确定情形对应的毁伤阈值 $d(\xi)$；黑体数字表示该算法得到的性能最优。此外，为了检验比较两种算法的性能是否有显著差异，做显著水平为 5% 威尔逊秩和检验，对应 p 值如表 3-9 和表 3-10 所示。当 p 值小于 0.05 时，说明两种算法性能存在显著差异，否则二者性能无显著差异。

表 3-9　确定性模型下 4 种不确定情形下求解小型规模算例时得到的统计结果

不确定性情形	确定性小型规模		MOEA/D-AWA	SOP_relax
$U1$ (2.047 9)	武器消耗	最佳值	**24**	25
		平均值	**24**	25.8
		标准差	0	0.421 637
	目标毁伤	对应目标毁伤	2.07	2.087 1
		平均值	2.07	2.109 09
		标准差	0	0.023 753
	对应鲁棒毁伤		2.029 5	2.028 7
$U2$ (1.694 9)	武器消耗	最佳值	**21**	21
		平均值	**21**	21.3
		标准差	0	0.674 949

续表

不确定性情形	确定性小型规模		MOEA/D – AWA	SOP_relax
$U2$ （1.694 9）	目标毁伤	对应目标毁伤	1.846 8	1.703 6
		平均值	1.846 8	1.753 47
		标准差	0	0.089 539
	对应鲁棒毁伤		1.695 7	1.555 4
$N1$ （1.841 3）	武器消耗	最佳值	**21**	21
		平均值	**21**	22.1
		标准差	0	0.567 646
	目标毁伤	对应目标毁伤	1.846 8	1.846 8
		平均值	1.846 8	1.880 41
		标准差	0	0.041 983
	对应鲁棒毁伤		1.591 5	1.591 5
$N2$ （1.429 8）	武器消耗	最佳值	**17**	17
		平均值	**17**	17.4
		标准差	0	0.516 398
	目标毁伤	对应目标毁伤	1.443 5	1.443 6
		平均值	1.443 5	1.456 21
		标准差	0	0.027 007
	对应鲁棒毁伤		0.892 6	0.892 6

表 3-10 确定性模型下 4 种不确定情形下求解中型规模算例时得到的统计结果

不确定性情形	确定性中型规模		MOEA/D – AWA	SOP_relax
$U1$ （8.879 1）	武器消耗	最佳值	**113**	154
		平均值	**119.1**	160.5
		标准差	4.148 628	4.813 176

续表

不确定性情形	确定性中型规模		MOEA/D – AWA	SOP_relax
U1 (8.879 1)	目标毁伤	对应目标毁伤	8.881 1	9.309 5
		平均值	8.932 8	9.121 42
		标准差	0.038 735	0.191 531
	对应鲁棒毁伤		8.692 1	9.225 4
U2 (8.503)	武器消耗	最佳值	**111**	151
		平均值	**114**	157.1
		标准差	4.346 135	3.754 997
	目标毁伤	对应目标毁伤	8.511 2	8.586 2
		平均值	8.574 58	8.744 07
		标准差	0.059 996	0.253 752
	对应鲁棒毁伤		8.162 3	8.497 4
N1 (8.466 3)	武器消耗	最佳值	**110**	147
		平均值	**111**	154.2
		标准差	2.581 989	4.184 628
	目标毁伤	对应目标毁伤	8.546 1	8.636 9
		平均值	8.550 11	8.739 14
		标准差	0.055 233	0.234 542
	对应鲁棒毁伤		8.064 7	8.094 9
N2 (7.975 2)	武器消耗	最佳值	**107**	142
		平均值	**105.2**	144.7
		标准差	1.032 796	4.922 736
	目标毁伤	对应目标毁伤	7.996 4	9.011 8
		平均值	8.023 56	8.306 71
		标准差	0.060 809	0.302 408
	对应鲁棒毁伤		6.832 1	7.032 7

首先,类似于不确定情形,我们可以得出,多目标优化算法 MOEA/D – AWA 性能优于单目标算法。此外,为了展示鲁棒建模的必要性,我们计算了在确定性情形下得到的最优解在不确定情形对应的对目标的毁伤量,该数据列在表中不确定情形的倒数第二行。例如,表 3 – 9 中灰色数据 1.695 7 说明 MOEA/D – AWA 在确定性情形下得到最优解对于不确定情形 U2 仍然是可行的。但是通过观察表 3 – 9 和表 3 – 10 可以发现,这样的情形是很少的,也就意味着在确定性情形下得到最优解对于不确定情形大都是不可行的,即使可行,性能也是较差的。因此,这一部分的试验不仅说明了多目标优化算法相对于单目标算法的优越性,也说明了鲁棒建模的必要性。

3.1.4 复杂环境实时任务分配

1. 优化模型

智能弹药是由弹体、传感载荷、控制器模块等组成的自主系统。尽管智能弹药的潜力巨大,由于单枚智能弹药的能力限制,其任务应用场景有限。为了高效完成实际任务,人们积极研究智能集群弹药的合作范式[48-50]。合作的关键在于任务的分配[51-53]。在任务分配领域中,产生了一个接受度广泛的跨领域的多机器人任务分配(Multi – Robot Task Assignment,MRTA)问题分类方法[54]。该方法按照执行者、任务和时间三个维度对 MRTA 问题进行分类。具体而言,根据单任务(Single – Task,ST)与多任务(Multi – Task,MT)、单机器人(Single – Robot,SR)与多机器人(Multi – Robot,MR)、瞬时分配(Instantaneous Allocations,IA)与时延分配(Time – extended Allocations,TA)进行分类。由于不局限于某一领域的特性,MRTA 分类方法可以很好地应用于集群弹药。

我们考虑 N_I 枚智能弹药的集合 $I = \{i | 1, 2, \cdots, N_I\}$,$N_J$ 个目标的集合 $J = \{j | 1, 2, \cdots, N_J\}$,$N_K$ 个任务的集合 K。任务的含义是智能弹药对目标采取的行动。我们将任务抽象为 A 型和 B 型,这种描述方式可以跨领域使用,例如救援行动中运送食物的任务和运送医疗物资的任务,又如军事行动中的打击任务和毁伤评估任务,等等。根据这种任务抽象,任务集的具体表示为 $K = \{k_j^\rho | \rho \in \{A, B\}, j \in J\} = \{k_1^A, k_1^B, k_2^A, k_2^B, \cdots, k_{N_J}^A, k_{N_J}^B\}$,而且 $N_K = 2N_J$。每个智能弹药最多执行一个任务,每个任务需要至少一个智能弹药完成,不同类型的任务之间存在顺序上的软约束,违背约束将招致惩罚。根据具体问题情境及先期了解,目标可以分为 N_R 个类型。每个目标 $j \in J$ 的特征由一个四元组 $\langle e, w_j, \xi_j^A, \xi_j^B \rangle$ 描述,表示这个目标 j 属于 e 类型,目标价值为 w_j,需要 ξ_j^A 枚智能弹药分配于任务 k_j^A,ξ_j^B 枚智能弹药分配于任务 k_j^B。目标的 N_R 类型间的相似性对分类的准确率

集群弹药智能组群理论与方法

有着不利的影响,进而导致不恰当的分配。如上所述的分配问题归属于 MRTA 问题的 MR – ST 类型[54-56],数学表述如下:

$$S = \sum_{j=1}^{N_t} F_j(w_j, \xi_j^A, \xi_j^B, \chi_j^A, \chi_j^B, \tau_j^A, \tau_j^B)$$

其中,
$$\chi_j^A = \sum_{i=1,k=k_j^A}^{N_t} x_{ik}, \chi_j^B = \sum_{i=1,k=k_j^B}^{N_t} x_{ik}$$

$$\tau_j^A = \frac{1}{\chi_j^A \cdot T_S} \sum_{i=1,k=k_j^A}^{N_t} t_{ik}, \tau_j^B = \frac{1}{\chi_j^B \cdot T_S} \sum_{i=1,k=k_j^B}^{N_t} t_{ik}$$

$$x_{ik} \in \{0,1\}, t_{ik} \in \{t \in \mathbb{R} \mid 0 \leq t \leq T_S\}$$

(3 – 1)

式中,决策变量 x_{ik} 表示智能弹药 i 是否分配给任务 k,以 $x_{ik} = 1$ 表示"是",$x_{ik} = 0$ 表示"否",由此构成分配矩阵 $X = [x_{ik}]_{N_t \times N_K}$。时间戳 $t_{ik} \in \mathbb{R}$ 表示智能弹药 i 被分配给任务 k(如有)的时刻,若并未形成分配则赋值 $t_{ik} = 0$,构成分配时间矩阵 $T = [t_{ik}]_{N_t \times N_K}$。$\xi_j^A$ 和 ξ_j^B 分别为目标 j 在 A 型任务和 B 型任务上所需的智能弹药数量。χ_j^A 和 χ_j^B 是目标 j 在 A 型任务和 B 型任务上实际分配所得的智能弹药数量。τ_j^A 和 τ_j^B 是目标 j 关于 A 型任务和 B 型任务的平均分配时间与任务总时长 T_S 的比值。

此外,任务奖励函数 F_j 用于表示任务顺序的软约束及相关惩罚。顺序约束在现实中普遍存在。例如,在农业应用中,肥料和水都必须按时按量使用,以使作物生长茂盛,且应以恰当的次序施加以避免肥料的稀释。又如在军事应用中,某 A 型攻击可能会降低目标的防卫能力,那么在 A 型攻击之后执行的 B 型攻击将达到最大的毁伤效果。有悖于最佳顺序的任务方案会带来任务执行的效率低下和资源的浪费。不失一般性,假设 A 型任务先于 B 型任务执行为最佳顺序。在此情形放下,F_j 可以定义为

$$\begin{cases} F_j = \dfrac{w_j \cdot \delta_j^{AB}}{(|\xi_j^A - \chi_j^A| + 1) \cdot (|\xi_j^B - \chi_j^B| + 1)} \\ \delta_j^{AB} = \begin{cases} 1, & \chi_j^A \geq \xi_j^A, \tau_j^A \leq \tau_j^B \\ \exp(\tau_j^B - \tau_j^A), & \chi_j^A \geq \xi_j^A, \tau_j^A > \tau_j^B \\ 0, & \chi_j^A < \xi_j^A \end{cases} \end{cases}$$

(3 – 2)

式中,exp( )是自然指数函数。

在了解了目标函数之后,我们现在可以将注意力转向饱受不确定性影响的任务执行过程。目标作为任务的对象,本身就有丰富的信息;目标可以分为许多不同的类型。假定潜在的目标类型(及其相关特征)对于智能弹药而言可以先验掌握。由于目标的相似性,目标可能会被错误分类,进而影响式(3 – 1)

中的 χ_j^A, χ_j^B, τ_j^A, τ_j^B 等相关量。

我们以一个 $N_R \times 4$ 的矩阵简练表达关于 N_R 个目标潜在类型的先验知识，矩阵的第一行是目标类型的索引，第二行是目标的价值，第三行是 A 要求，即该类目标所需要的执行 A 型任务的智能弹药数量，第四行是 B 要求。这个矩阵称为 **R** 矩阵，**R** 矩阵的第 m 列（$1 \leq m \leq N_R$，$m \in \mathbb{Z}$）对应于第 m 种类型的目标，换言之，第 m 类型的目标的特性由价值 r_{2m}、A 要求 r_{3m} 和 B 要求 r_{4m} 构成。

$$\boldsymbol{R} = \begin{bmatrix} 1 & \cdots & m & \cdots & N_R \\ r_{21} & \cdots & r_{2m} & \cdots & r_{2N_R} \\ r_{31} & \cdots & r_{3m} & \cdots & r_{3N_R} \\ r_{41} & \cdots & r_{4m} & \cdots & r_{4N_R} \end{bmatrix} \quad (3-3)$$

定义相似性矩阵 **P**（以下简称 **P** 矩阵）以描述目标分类的不确定性。矩阵元素 $p_{mn(m \neq n)}$ 是 m 型目标被误判为 n 型的概率；元素 p_{mm} 是 m 型目标被正确分类的概率。**P** 矩阵是一个右随机矩阵（Right Stochastic Matrices，RSM），这个特性是由"目标类型范围 N_R 先验可知"这一假设导出的。由于 **P** 矩阵的每一行对应于从一个真实类型判断得到的所有分类结果，因此 **P** 矩阵的每一行可以独立进行归一化。综上，矩阵 **P** 中元素满足以下约束：① $\forall m, n \in \{1, 2, \cdots, N_R\}$，$0 \leq p_{mn} \leq 1$；② $\forall m, \sum_{n=1}^{N_R} p_{mn} = 1$。

$$\boldsymbol{P} = \begin{bmatrix} p_{11} & \cdots & p_{1N_R} \\ p_{21} & \cdots & p_{2N_R} \\ \vdots & \ddots & \vdots \\ p_{N_R 1} & \cdots & p_{N_R N_R} \end{bmatrix} \quad (3-4)$$

在集合 J 上定义函数 $U(\cdot)$，将每个目标 j 映射到 **R** 矩阵的第 $U(j)$ 列上。在分类不确定性 P 的影响下，智能弹药只能获得其近似 $\tilde{U}(\cdot)$。通常情况下，从近似值 $\tilde{U}(\cdot)$ 中反解出真值 $U(\cdot)$ 是不可能的，或者代价过高。我们提出了一种利用已知信息（包括对于不确定的描述 P）来提升分配质量的信念转换机制。我们给出了理论证明以提供概念性的认识，以及详细的算法实施的描述。

2. 基于概率导引的市场分配机制

定义信念转换矩阵 **Q**（以下简称 **Q** 矩阵），用于从原始观测中产生信念，矩阵元素 q_{mn} 表示初始测定为 m 类型的目标在信念中被认为是 n 类型的概率。换言之，观测 m 被转换为信念 n 的概率是 q_{mn}。**Q** 矩阵也是一个 RSM，从而满足以下约束：① $\forall m, n \in \{1,2,\cdots,N_R\}$，$0 \leq q_{mn} \leq 1$；② $\forall m, \sum_{n=1}^{N_R} q_{mn} = 1$。

$$Q = \begin{bmatrix} q_{11} & \cdots & q_{1N_R} \\ q_{21} & \cdots & q_{2N_R} \\ \vdots & \ddots & \vdots \\ q_{N_R 1} & \cdots & q_{N_R N_R} \end{bmatrix} \qquad (3-5)$$

图 3-9 所示为在分类的不确定性（以 P 矩阵表示）下的两种处理思路。PTMA 方法进行信念转换（以 Q 矩阵表示），常规方法直接将观测作为信念。

图 3-9 为 PTMA 和传统方法的对比说明，智能弹药对目标的观测所得 $\tilde{U}(\cdot)$ 偏离真值 $U(\cdot)$，因为受到分类不确定性 P 的影响。在 PTMA 方法中，智能弹药关于目标的信念 $\hat{U}(\cdot)$ 基于原始观测 $\tilde{U}(\cdot)$ 中辅以转换矩阵 Q 的影响得到。在传统方法中，没有从观测生成信念的转换过程，观测与信念是相同的。PTMA 的关键思想是利用随机性（Q）对抗随机性（P）。

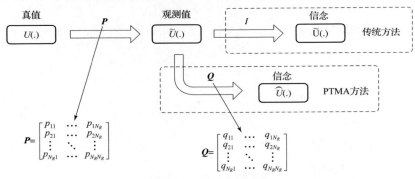

图 3-9 在分类不确定性下的两种处理思路

定义 $E(S^0)$ 为仅受 P 影响的所谓"自然"分配下的得分期望，$E(S^Q)$ 为兼受（P, Q）影响的"转换"分配下的得分期望。定义矩阵 H，其元素如下所示，其中 $0 \leq \delta_{mn} \leq 1$ 是式（3-2）中 δ_j^{AB} 的近似，因此 h_{mn} 表示将 m 类型的目标认定为 n 类型时的奖励。

$$h_{mn}\big|_{\forall m,n \in \{1,2,\cdots,N_R\}} = \frac{\delta_{mn}}{(|r_{3m} - r_{3n}| + 1) \cdot (|r_{4m} - r_{4n}| + 1)}$$

从相关定义中可以推导得出

$$\begin{cases} E(S^0) = \sum_{j=1}^{N_J} \left(w_j \sum_{m=1, e=U(j)}^{N_R} p_{em} h_{em} \right) \\ E(S^Q) = \sum_{j=1}^{N_J} \left[w_j \sum_{m=1, e=U(j)}^{N_R} \left(p_{em} \sum_{n=1}^{N_R} q_{mn} h_{en} \right) \right] \end{cases} \qquad (3-6)$$

本节提出的 PTMA 算法由两个阶段的相互迭代构成，第一阶段更新本地态势感知；第二阶段中加入了随机处理机制的市场分配。通过两个阶段的循环，PTMA 兼具共识算法的收敛优势和拍卖算法的计算效率。

Q 矩阵用于在 $U - \tilde{U}$ 差异下提供分布式的灵活性，增强集群分配的鲁棒性。算法使用者的经验及优化方法可用于在分配开始前确定 Q 矩阵的取值。后续将依次叙述 PTMA 的性能证明、PTMA 的两阶段算法描述、Q 矩阵的生成（以使用遗传算法为例）等内容。

1）理论证明

以 $\mathbb{R}$ 表示实数集；以 $\mathbb{R}^{M \times N}$ 表示维数为 $M \times N$ 的实数矩阵的集合；以 1_{MN} 表示维数为 $M \times N$ 的全 1 矩阵；以 $D_{MN}^{(i)(j)}$ 表示维数为 $M \times N$ 的单置矩阵，其 (i,j) 项为 1，其余项为 0。以 $A \circ B$ 表示矩阵 A 和 B 的哈达玛积。

引理 1. 对任意 $e \in \{1, 2, \cdots, N_R\}$，定义 η_e 为

$$\eta_e \triangleq D_{1N_R}^{(1)(e)}(P \circ H) 1_{N_R 1} - D_{1N_R}^{(1)(e)}(PQ \circ H) 1_{N_R 1} \tag{3-7}$$

则有 $E(S^0) - E(S^Q) = \sum_{j=1}^{N_J} (\eta_{U(j)} \cdot w_j)$ 成立。

证明： 首先，对于 $\mathbb{R}^{M \times M}$ 上的任意矩阵 A，显然 $A \cdot 1_{M1}$ 是 $\mathbb{R}^{M \times 1}$ 上的列向量，且向量 $A \cdot 1_{M1}$ 的第 e 个分量是矩阵 A 的第 e 行和。

然后，对于 $\mathbb{R}^{M \times 1}$ 上的任意列向量 α，显然 $D_{1M}^{(1)(e)} \alpha$ 是 $\mathbb{R}$ 上的一个实数，其值为向量 α 的第 e 个分量。

由此，对于 $\mathbb{R}^{M \times M}$ 上的任意矩阵 A，综上可知 $D_{1M}^{(1)(e)} A \cdot 1_{M1}$ 是 $\mathbb{R}$ 上的一个实数，其值为矩阵 A 的第 e 行元素的和。该性质为相关记号定义及矩阵乘法规则的自然结果。进一步结合式（3-6），$E(S^0)$ 可以表示为

$$E(S^0) = \sum_{j=1}^{N_J} [w_j \cdot D_{1N_R}^{(1)(U(j))} (P \circ H) 1_{N_R 1}] \tag{3-8}$$

而 $E(S^Q)$ 可以表示为

$$\begin{aligned} E(S^Q) &= \sum_{j=1}^{N_J} \left(w_j \sum_{m=1, e=U(j)}^{N_R} \sum_{n=1}^{N_R} p_{em} q_{mn} h_{en} \right) \\ &= \sum_{j=1}^{N_J} \left(w_j \sum_{n=1, e=U(j)}^{N_R} \sum_{m=1}^{N_R} p_{em} q_{mn} h_{en} \right) \\ &= \sum_{j=1}^{N_J} \left[w_j \sum_{n=1, e=U(j)}^{N_R} \left(h_{en} \sum_{m=1}^{N_R} p_{em} q_{mn} \right) \right] \\ &= \sum_{j=1}^{N_J} [w_j \cdot D_{1N_R}^{(1)(U(j))} (PQ \circ H) 1_{N_R 1}] \end{aligned} \tag{3-9}$$

两式相减,从而得到

$$E(S^O) - E(S^Q) = \sum_{j=1}^{N_j} [w_j \cdot D_{1N_R}^{(1)(U(j))}(P \circ H - PQ \circ H)1_{N_R1}]$$
$$= \sum_{j=1}^{N_j}(\eta_{U(j)} \cdot w_j) \tag{3-10}$$

定理 1. 定义集合 D_{N_R}, $O_{N_R} \subset \mathbb{R}^{N_R \times N_R}$ 如下:

$$D_{N_R} \triangleq \left\{ D: \forall m,n, 0 \le d_{mn} \le 1, \sum_{n=1}^{N_R} d_{mn} = 1 \right\}$$

$$O_{N_R} \triangleq \left\{ O: \forall m,n, (N_R \cdot o_{mn} - 1)(r_{3m} - r_{3n}) \ge 0 \right\}$$

那么对于任意给定 $P \in D_{N_R} \cap O_{N_R}$,至少存在一个 $Q \in D_{N_R}$,使 $E(S^O) \le E(S^Q)$。

证明:首先,我们想简单讨论一下矩阵集合 $D_{N_R} \cap O_{N_R}$。定义 $Y \triangleq (1/N_R) \cdot 1_{N_R N_R}$,显然 $Y \in D_{N_R} \cap O_{N_R}$。

假设 $r_{3m'} > r_{3n}$ 对所有 $n \in \{1,2,\cdots,N_R\}$ 成立,那么 $D_{N_R} \cap O_{N_R}$ 中任意矩阵的第 m' 行的任意元素必须等于 $1/N_R$。假设至少存在一个 $n \in \{1,2,\cdots,N_R\}$,使 $r''_{3m} \le r_{3n}$ 成立,那么 $D_{N_R} \cap O_{N_R}$ 中的矩阵的第 m'' 行可以是不同于 $(1/N_R) \cdot 1_{1N_R}$ 的行向量。注意到 $Y \in D_{N_R} \cap O_{N_R}$,我们将证明 $E(S^O) \le E(S^Q|_{Q=Y})$,从而以 Y 证明定理成立。

定义 $D = [d_m]_{N_R \times 1} \triangleq (P \circ H - PY \circ H) \cdot 1_{N_R1}$,那么

$$\forall m \quad d_m = \sum_{n=1}^{N_R} \left[h_{mn}\left(p_{mn} - \sum_{e=1}^{N_R} p_{me} y_{en}\right)\right]$$
$$= \sum_{n=1}^{N_R} \left[h_{mn}\left(p_{mn} - \frac{1}{N_R}\right)\right]$$
$$= \sum_{n=1, r_{3m} \le r_{3n}}\left[h_{mn}\left(p_{mn} - \frac{1}{N_R}\right)\right] + \sum_{n=1, r_{3m} > r_{3n}}\left[h_{mn}\left(p_{mn} - \frac{1}{N_R}\right)\right]$$
$$= \sum_{n=1, r_{3m} \le r_{3n}}^{N_R}\left[h_{mn}\left(p_{mn} - \frac{1}{N_R}\right)\right] \le 0$$

$$\tag{3-11}$$

结合引理 1,可以得到

$$E(S^O) - E(S^Q|_{Q=Y}) = \sum_{j=1}^{N_j}[w_j \cdot D_{1N_R}^{(1)(U(j))}D] = \sum_{j=1}^{N_j}(w_j \cdot d_{U(j)}) \le 0$$

$$\tag{3-12}$$

所以,$E(S^O) \le E(S^Q|_{Q=Y})$。

综上所述，引理 1 提供了 $E(S^Q) - E(S^Q)$，即"自然"分配和"转换"分配的得分差异期望的简练表达。进而，定理 1 提供了 P 矩阵的一个子集，对于该子集中的 P 矩阵，能够确保存在一个 Q 矩阵，使从期望角度，受 (P, Q) 影响的"转换"分配的表现不低于仅受 P 影响的"自然"分配。对于定理 1 所论之外的其他 P 矩阵，可能存在适当的 Q 矩阵，可以产生比"自然"分配更好的"转换"分配。

2）阶段 1：态势认知更新阶段

在本节所考虑的任务情境中，个体对目标的认知是以首次发现目标作为起点的。目标是非合作个体，同类目标的外在观测特性完全相同。因此，集群中的智能弹药在判断彼此发现的目标是否为同一个目标上会遇到一定困难，这使分配问题进一步复杂化。

以 $\text{TARGET}_i \triangleq \{\text{target}_{i,0}, \text{target}_{i,1}, \cdots\}$ 表示集合 $I = \{i \mid 1, 2, \cdots, N_I\}$ 中的智能弹药 i 所携带的目标列表。以 $\text{target}_{i,g}[i] \rightarrow \text{target}_{r,h}$ 表示智能弹药 i 通过辅助手段（如位置等）判断 $\text{target}_{r,h}$ 与 $\text{target}_{i,g}$ 代表相同目标。以 $\mathbb{A}(t)$ 表示 t 时刻的非定向通信网络，其对称邻接矩阵为 $\Lambda(t)$，随时间 t 变化。邻接矩阵的定义是：如果在时刻 t 在智能弹药 i 和智能弹药 r 之间存在通信连接，则 $\varphi_{ir}(t) = 1$，否则为 0。

由于分类的不确定性（P 的影响），我们不要求智能弹药在态势认知上达到集群一致。我们甚至认为对集群一致的追求会导致偏差的非必要扩散，从而偏离最佳的集群性能。智能弹药被允许保留各自认知差异。在算法第一阶段的每次迭代中，智能弹药 i 从其每个邻居 r [满足 $\varphi_{ir}(t) = 1$] 处接收列表 TARGET_r，并部分更新列表 TARGET_i。第一阶段的具体过程（当第 z 次迭代发生于时刻 t 时）展现于概率导引分配第一阶段。

概率导引分配第一阶段

1：发送 TARGET_i 至邻域个体 r，判据 $\varphi_{ir}(t) = 1$
2：接收 TARGET_r 自邻域个体 r，判据 $\varphi_{ir}(t) = 1$
3：**for** all $\text{target}_{r,h}$ in TARGET_r **do**
4：　**if** $\exists g$ such that $\text{target}_{i,g}[i] \rightarrow \text{target}_{r,h}$ **then**
5：　　pass//若个体 i 认定 $\text{target}_{i,g}$ 与 $\text{target}_{r,h}$ 指代同一目标则不做处理。
6：　**else**
7：　　$\text{TARGET}_i \leftarrow \text{TARGET}_i \cup \{\text{target}_{r,h}\}$.
8：　**end if**
9：**end for**

3)阶段 2:概率导引的自分配

PTMA 的第二阶段是个体的自我分配阶段。在此,各智能弹药收集邻近智能弹药对(第一阶段产生的)目标清单的出价。每枚智能弹药"预选"一个目标作为其优先倾向的任务对象。为了进一步选择任务或回绝预选,与邻域出价进行比较以确定智能弹药在集群内的排序;以信念变换矩阵调整个体的任务认知。如果智能弹药认为自己在预选目标的 A 型或 B 型任务的排序上足够靠前,该智能弹药将预选转化为正式分配并转入任务执行模式,否则返回第一阶段进行下一次迭代。

定义 $target_{i,g}$ 为 $target_{i,g} \triangleq (pos_g, type_g, \tilde{w}_g, \lambda_g^A, \lambda_g^B)$,其中,$pos_g$ 表示估计位置;$type_g$ 表示估计类型;$\tilde{w}_g$ 表示估计价值。λ_g^A 表示该目标在 A 型任务上所需的智能弹药的估计数量,λ_g^B 代表该目标在 B 型任务上所需的智能弹药的估计数量。以 $\overline{target}_i$ 表示智能弹药 $i \in I$ 的"预选"目标。进一步定义 $BID_i \triangleq \{bid_{i,0}, bid_{i,1}, \cdots\}$ 为智能弹药 $i \in I$ 所携带的出价清单。以 $target_{i,g}[i] \rightarrow bid_{i,g}$ 表示智能弹药 i 就 $target_{i,g}$ 的出价为 $bid_{i,g}$。显然,BID_i 的长度与 $TARGET_i$ 相同。

定义 $PRICE_i \triangleq \{price_{i,r_1}, price_{i,r_2}, \cdots\}$ 为智能弹药 $i \in I$ 所携带的比价表,收集整理邻近智能弹药 $[\varphi_{ir}(t) = 1]$ 的出价。第二阶段的具体过程(当第 z 次迭代起使于时刻 t_0 时)展现于概率导引分配第二阶段算法描述。收标持续至 t_c($> t_0$)。这种设计(收标的持续性)为智能弹药提供了在参考邻近出价后调整出价的机会,并增强了集群在通信有限环境下的算法稳定性。比价更新机制(t_0 到 t_c)试图在跟踪变化和维持稳定间取得适当的平衡。存储的旧值并非简单地被覆盖,而是不断地贡献于比价表的更新。

在时刻 t_c,各智能弹药将自己的比价表进行降序排列,以确定自身在邻域中对预选目标采取行动的优先权($rank_i$)。与此同时,Q 矩阵用于调整关于任务需求的认知($\overline{target}_i[3]$,$\overline{target}_i[4]$)。通过比较这些需求与优先权,各智能弹药自主选择接受 A 型任务,或接受 B 型任务,或回绝该预选目标。如前所述,智能弹药更新认知使用的 Q 矩阵是在计算分配前产生的。

在定理 1 的证明中构建的"默认"Q 矩阵 $[Y = (1/N_R) \cdot 1_{N_R N_R}]$ 能够确保在一些特定 P 矩阵上带来性能改进,不过,仍然可能存在其他 Q 矩阵,在这些 P 矩阵上能够带来更好的分配效果。此外,对于定理 1 中没有论及的 P 矩阵,也可能存在合适的 Q 矩阵使性能提升。在这两种情形下,Q 矩阵可以综合利用 (I, J, R, P) 中所含先验信息进行优化来近似求解。下一节将以遗传算法为例介绍 Q 矩阵的生成。

概率导引分配第二阶段
1： 根据 $R[2,\text{type}_g]$ 降序排列 $\textbf{TARGET}_i$
2： $\overline{\text{target}_i} \leftarrow \textbf{TARGET}_i[0]$.
3： while $t_0 < t < t_c$ do
4：　　for all $\text{target}_{i,g}$ in $\textbf{TARGET}_i$ do
5：　　　　对于 $\text{target}_{i,g}$ 出价 $\text{bid}_{i,g} \rightarrow \textbf{BID}_i[g]$。
6：　　end for
7：　　发送 $\textbf{BID}_i$ 至邻域个体 r，判据 $\varphi_{ir}(t) = 1$。
8：　　接收 $\textbf{BID}_r$ 自邻域个体 r，判据 $\varphi_{ir}(t) = 1$。
9：　　for all $\textbf{BID}_r$ do
10：　　　for all $\textbf{BID}_r[h]$ do
11：　　　　if $\overline{\text{target}_i[i]} \rightarrow \text{target}_{r,h}$ then
12：　　　　　$\text{price}_{i,r} \leftarrow U(\textbf{BID}_r[h]), \text{price}_{i,r})$ //融合 $\textbf{BID}_r[h]$ 与 $\text{price}_{i,r}$ 存储值。//
13：　　　　end if
14：　　　end for
15：　　end for
16： end while
17： 降序排列 $\textbf{PRICE}_i$
18： $\text{rank}_i \leftarrow \text{price}_{i,i}$ 在 $\textbf{PRICE}_i$ 中的排序
19： $\text{rand}_i(t) \leftarrow (0,1)$ 区间的随机数
20： for all $v \in \{1,2,\cdots,N_R\}$ do
21：　$e_i \leftarrow \overline{\text{target}_i[2]}$
22：　if $\sum_{n=1}^{v-1} Q[e_i,n] < \text{rand}_i(t) \leq \sum_{n=1}^{v} Q[e_i,n]$ then
23：　　$e_i^* \leftarrow v$
24：　end if
25：　if $\sum_{m=3}^{[v]+1} R[m,e_i^*] < \text{rand}_i(t) \leq \sum_{m=3}^{[v]+2} R[m,e_i^*]$ then
26：　　$x_{ik} \leftarrow 1$，其中 $k = k_{\text{target}_i}^v$
27：　end if
28： end for

4）遗传算法生成 Q 矩阵

遗传算法借鉴了自然界中进化的现象。进化是自然界最广为人知的优化方法。遗传算法采纳以下生物概念：自然选择、交叉、变异。遗传算法不需要梯度信息，不依赖反向传播和差分，就可以探索参数空间和减少误差，这在处理离散而非连续问题时至关重要。

自然选择除去不适应环境的生物，令适应环境的生物蓬勃生存繁衍。交叉操作产生配子，来自父母双方的染色体将在孩子身上结合；含有遗传信息的片

集群弹药智能组群理论与方法

段进行交换，创造出全新的基因序列。突变是基因表达中的"错误"，突变可能导致单个生物体的损伤或死亡，但确保了族群的多样性，从而使得一个物种能够探索诸多可能的基因组合。在遗传算法中，这些自然现象得到了适当的模仿。

适应度函数的设计借鉴了引理1中所证明的$E(S^Q)$的简化形式，从而大大节省了计算时间。h_{mn}中的δ_{mn}近似为0.5进一步加速了计算。由于$U(\cdot)$并不是先验信息的一部分，所以在$(\mathbb{Z}_{N_R})^{N_J}$上随机生成多个$U(\cdot)$（总共N_{shot}个）并产生相应的期望值，然后取平均。因此，该标量适应度函数的表达如下：

$$\hat{S} = \sum_{s=1}^{N_{shot}} \frac{E(S^Q)\mid_{U=U_s}}{N_{shot}} = \sum_{s=1}^{N_{shot}} \sum_{j=1}^{N_J} [w_j \cdot D_{1N_R}^{(1)(U,(j))}(PQ \circ H)1_{N_R1}]/N_{shot} \quad (3-13)$$

用遗传算法生成Q矩阵的详细步骤如下：

第1步：随机生成N_{seed}个Q矩阵作为初始种群。个体Q表示为$\boldsymbol{Q}^e = [q_{mn}^e]_{N_R \times N_R}$。

第2步：在给定的(I, J, R, P)情境下根据式（3-13）评估每个$\boldsymbol{Q}^e$。

第3步：以$\gamma_{crossover}$的概率选择$\boldsymbol{Q}^e$进行交叉操作。交叉搭档$\boldsymbol{Q}^c$从其他$\boldsymbol{Q}^e$中随机选择。$\boldsymbol{Q}^e = [q_{mn}^e]_{N_R \times N_R}$，$\boldsymbol{Q}^c = [q_{mn}^c]_{N_R \times N_R}$，$b$为随机整数（$1 < b < N_R$）。交叉操作的原始结果如下。交叉操作的最终结果$\boldsymbol{Q}^e_{crossover}$从修剪$\boldsymbol{Q}^{'e}_{crossover}$以满足$\sum_{n=1,\forall m}^{N_R} q_{mn} = 1$的要求而得到：每个元素除以它所在行的行和。

$$\boldsymbol{Q}^{'e}_{crossover} = \begin{bmatrix} q_{11}^e & \cdots & q_{1b}^e & q_{1(b+1)}^c & \cdots & q_{1N_R}^c \\ q_{21}^e & \cdots & q_{2b}^e & q_{2(b+1)}^c & \cdots & q_{2N_R}^c \\ \vdots & \vdots & \vdots & \vdots & \ddots & \vdots \\ q_{N_R1}^e & \cdots & q_{N_Rb}^e & q_{N_R(b+1)}^c & \cdots & q_{N_RN_R}^c \end{bmatrix}$$

第4步：以$\gamma_{mutation}$的概率选择$\boldsymbol{Q}^e$进行变异操作。如果一个$\boldsymbol{Q}$矩阵个体既被交叉操作选中，又被变异操作选中，那么将$\boldsymbol{Q}^e_{crossover}$作为（更新后的）$\boldsymbol{Q}^e$进行变异。$\boldsymbol{Q}^e = [q_{mn}^e]_{N_R \times N_R}$，$b$是一个随机整数（$1 \leq b \leq N_R$）。变异操作的最终结果$\boldsymbol{Q}^e_{mutation}$从修剪$\boldsymbol{Q}^{'e}_{mutation}$以满足要求$\sum_{n=1,\forall m}^{N_R} q_{mn} = 1$而得到：每个元素除以它所在行的行和。

$$\boldsymbol{Q}^{'e}_{mutation} = \begin{bmatrix} q_{11}^e & \cdots & q_{1b}^e(new) & \cdots & q_{1N_R}^e \\ q_{21}^e & \cdots & q_{2b}^e(new) & \cdots & q_{2N_R}^e \\ \vdots & \vdots & \vdots & \ddots & \vdots \\ q_{N_R1}^e & \cdots & q_{N_Rb}^e(new) & \cdots & q_{N_RN_R}^e \end{bmatrix}$$

第5步：在给定的(I, J, R, P)情境下根据式（3-13）评估每个$\boldsymbol{Q}^e_{crossover}$和每个$\boldsymbol{Q}^e_{mutation}$（如果一个$\boldsymbol{Q}$矩阵先进行交叉而后进行变异，则只评估后

者,即变异结果)。比较原始 Q^e 与更新后的 Q^e 的性能高低。在每对比较中,得分较高的 Q^e 被保留为下一代种群的一部分,得分较低的则被抛弃,从而保持种群大小不变。

第6步:重复第3~5步(交叉、变异、选择)连续 $N_{\text{iteration}}$ 次,对候选 Q^e 进行充分进化。最后再执行一次第2步(评估)找出群体中得分最高的 Q^e 作为算法最终输出。

3. 数值实验

本节介绍了评估 PTMA 性能的三组数值实验,涉及有效性、稳健性、稳定性和可扩展性等方面。我们所提出的 PTMA 算法在自研集群仿真环境(Multi-Agent Aircraft Environment,MAE)[48]中进行编程。该环境内嵌有智能弹药的内外环控制结构,对智能弹药的任务决策和航迹规划也进行分离处理。

1)有效性和稳健性测试

在本节中,对 PTMA 的有效性和稳健性进行联合测试。设置20个测试实例(由5个不同的 N_I 值和4个不同的 P 矩阵构成),以如下定义的(I, J, R, P)表示。采用前述流程为每个测试实例生成一个相应的 Q 矩阵。$Q_{N_I=30}^{\varphi=0.3}$ 表示与测试实例 $N_I=30$,$\varphi=0.3$ 相关的 Q 矩阵。

测试实例:

- $I=\{1,2,\cdots,N_I\}$ 其中 $N_I = 20$,25,30,35,40;
- $J=\{1,2,\cdots,10\}$;
- $R = \begin{bmatrix} 1 & 2 & 3 \\ 70 & 30 & 90 \\ 3 & 4 & 2 \\ 2 & 0 & 3 \end{bmatrix}$;
- $P: p_{mn} = \begin{cases} \varphi, & m=n \\ \dfrac{1-\varphi}{2}, & m \neq n \end{cases}$ 其中 $\varphi = 0.1$,0.2,0.3,0.4。

生成 $Q_{N_I}^{\varphi}$ 的遗传算法参数如表3-11所示。这些参数是根据遗传计算的常规做法经验选取的,其适用性将与 PTMA 的有效性一起被证明(见后续讨论)。每个测试实例拥有 $10^3 = 1\,000$ 个可行的样本(因为有10个目标,每个目标有3个可行的类型),从中随机选择4个样本(见表3-12)作为算法性能的评估基准。请注意,训练中使用的 U 和测试中使用的 U 是不同的,并且在测试中目标的位置也不是固定的,以此避免过拟合问题,增强性能的说服力。

表 3-11　生成 Q 矩阵的遗传算法参数

参数	取值
N_{shot}	100
N_{seed}	100
$N_{iteration}$	100
$\gamma_{crossover}$	0.9
$\gamma_{mutation}$	0.1

表 3-12　测试 PTMA 的有效性和稳健性所用的目标类型赋值样本

目标	$U_1(\cdot)$	$U_2(\cdot)$	$U_3(\cdot)$	$U_4(\cdot)$
#1	1	1	2	1
#2	3	1	2	1
#3	1	2	3	1
#4	1	2	3	3
#5	3	2	2	2
#6	2	3	2	3
#7	1	1	2	1
#8	2	1	1	2
#9	2	1	2	1
#10	1	3	2	3

我们将 PTMA 与三种拍卖类算法进行了比较，即 CBAA[18]、CBAA-CC[21] 和 PTMA-I。CBAA 是一种著名的分配算法，其使用拍卖算法，并辅以共识协议，特别适用于生成实时无冲突的分配方案。CBAA-CC 是其机会约束的扩展，利用情境参数的不确定性模型来创建稳健计划。PTMA-I 是我们所提出的 PTMA 算法的退化版本，其中以单位矩阵 I 替代转换矩阵 Q（即实质性无变换），PTMA-I 的所有其他步骤与 PTMA 相同。CBAA 和 CBAA-CC 提供了分配方案的整体比较，而 PTMA-I 特别评估了转换矩阵的有效性。

在任意测试实例的任意样本上，任意分配算法的单次运行都会受到不确定性（P）的影响。因此，算法的性能以箱形图的方式进行可视化（见图 3-10），在既定测试实例上体现每个样本-算法对的 N_{run}（=30）次独立重复运行的得分。每个规模 N_t 对应于一个单独的子图，不同的样本 U 在 X 轴上分别标记，

不同的 $P(\varphi)$ 矩阵以不同的颜色表示（蓝色：$\varphi=0.1$，红色：$\varphi=0.2$，黄色：$\varphi=0.3$，紫色：$\varphi=0.4$）。在每组相同颜色的结果呈现中，CBAA、PTMA－I、CBAA－CC 和 PTMA 依次从左到右排列。表 3－13 所示为 4 种算法在 (N_I, φ, U) 诸设置下的得分中位数，表中每行对应于一对 (N_I, φ)，进而对应 4 个样本 U，每个样本 U 的最高得分中位数加粗表示，体现了最佳性能。考虑了不确定性的分配算法，PTMA 和 CBAA－CC 通常比其相应的确定性版本能够获得更好的结果。在 PTMA 和 CBAA－CC 中则多是 PTMA 获胜。当 φ 值较低时，PTMA 相较于其他算法的优势尤其明显。

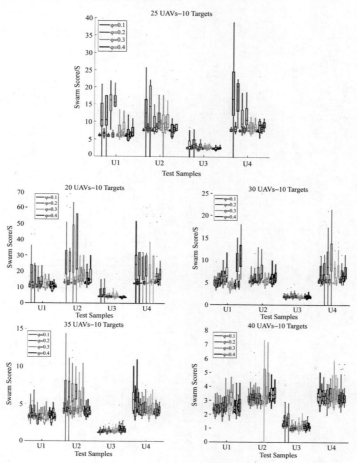

图 3－10　CBAA、PTMA－I、CBAA－CC 和 PTMA 在 5 种集群规模、4 种分类不确定性水平和 4 个测试样本上的性能比较结果。在每份同色结果中，CBAA、PTMA－I、CBAA－CC 和 PTMA 依次从左到右排列（附彩插）

表3-13 CBAA、PTMA-I、CBAA-CC和PTMA在5种集群规模、4种分类不确定性水平和4个测试样本上的性能（得分中位数）比较结果

样本	算法	CBAA				PTMA-I				CBAA-CC				PTMA			
	N_t	$U_1(\cdot)$	$U_2(\cdot)$	$U_3(\cdot)$	$U_4(\cdot)$	$U_1(\cdot)$	$U_2(\cdot)$	$U_3(\cdot)$	$U_4(\cdot)$	$U_1(\cdot)$	$U_2(\cdot)$	$U_3(\cdot)$	$U_4(\cdot)$	$U_1(\cdot)$	$U_2(\cdot)$	$U_3(\cdot)$	$U_4(\cdot)$
$P[\varphi=0.1]$	20	10.0	12.61	4.165	12.86	18.78	24.45	5.497	24.59	10.81	12.59	4.353	12.71	20.59	26.56	6.579	27.88
	25	6.088	7.5	2.662	7.5	10.36	12.43	3.067	16.72	6.538	7.923	2.709	8.001	10.43	14.37	3.71	20.45
	30	4.94	4.987	1.868	5.286	4.825	6.067	1.596	6.827	**5.301**	5.377	**1.963**	5.314	4.867	5.887	1.77	6.877
	35	3.182	4.017	1.154	5.597	3.671	4.954	1.233	4.552	3.38	4.126	1.22	**5.924**	**3.996**	**5.916**	**1.332**	4.715
	40	2.332	3.123	1.231	3.294	2.231	3.07	1.52	3.259	**2.539**	**3.243**	1.289	**3.347**	2.446	3.211	**1.753**	3.329
$P[\varphi=0.2]$	20	9.974	12.5	4.167	12.5	13.31	**22.92**	4.222	20.18	10.5	13.16	**4.307**	**13.43**	**13.45**	21.43	4.131	21.42
	25	5.892	7.478	2.938	7.487	**16.16**	8.326	2.228	9.548	6.296	7.839	**3.194**	7.54	15.48	**9.922**	**2.399**	10.63
	30	6.318	5.0	1.988	5.259	6.304	6.706	1.734	8.499	6.291	5.597	**2.096**	5.678	**6.598**	**7.085**	1.77	**9.32**
	35	3.282	3.75	1.498	4.091	2.879	6.078	1.201	4.175	**3.46**	4.073	**1.615**	4.289	3.14	**6.61**	1.239	**4.293**
	40	2.518	3.142	0.956	3.05	2.378	2.837	1.023	3.176	**2.619**	**3.328**	0.9892	3.111	2.492	2.981	**1.062**	**3.546**

续表

算法	样本	N_I	CBAA				PTMA-I				CBAA-CC				PTMA			
			$U_1(\cdot)$	$U_2(\cdot)$	$U_3(\cdot)$	$U_4(\cdot)$	$U_1(\cdot)$	$U_2(\cdot)$	$U_3(\cdot)$	$U_4(\cdot)$	$U_1(\cdot)$	$U_2(\cdot)$	$U_3(\cdot)$	$U_4(\cdot)$	$U_1(\cdot)$	$U_2(\cdot)$	$U_3(\cdot)$	$U_4(\cdot)$
样本 $P[\varphi=0.3]$		20	9.89	14.83	4.592	12.75	12.46	17.25	3.911	17.15	10.74	15.24	**5.085**	13.61	**13.38**	**17.31**	3.888	**19.29**
		25	5.96	8.392	2.891	7.692	6.848	**9.397**	2.474	8.49	6.361	8.433	**3.016**	8.231	**7.849**	9.361	2.575	**8.564**
		30	4.192	5.057	1.754	5.0	3.739	5.062	1.447	7.048	**4.564**	5.281	**1.848**	5.194	3.944	**5.29**	1.562	**7.539**
		35	3.182	4.065	1.304	3.982	2.862	**5.777**	1.221	4.123	**3.483**	4.377	1.388	**4.342**	3.167	5.353	**1.426**	4.068
		40	2.994	2.885	1.006	3.212	2.406	**4.106**	1.167	3.075	**3.218**	2.903	1.049	**3.503**	2.481	4.045	**1.255**	3.389
样本 $P[\varphi=0.4]$		20	10.56	12.5	3.868	12.5	10.14	**15.22**	3.532	17.18	**10.99**	12.89	**4.14**	13.77	10.0	14.99	3.73	**18.24**
		25	5.967	7.5	2.5	7.5	6.308	7.104	2.277	**9.189**	6.175	7.748	2.526	8.091	**6.961**	**8.005**	**2.717**	9.122
		30	4.259	5.182	1.786	5.921	10.08	5.891	1.582	**6.575**	4.425	5.601	**1.896**	6.11	**10.28**	**5.959**	1.698	6.517
		35	3.636	3.896	1.5	3.807	2.884	3.692	1.479	**4.407**	**3.755**	**3.989**	**1.609**	3.951	3.229	3.754	1.372	4.186
		40	2.333	3.327	1.159	3.129	2.593	3.419	1.033	3.037	2.538	3.376	**1.222**	**3.243**	**2.79**	**3.458**	1.092	3.159

表中每行对应于一对 (N_I, φ),进而对应 4 个样本 U,每个样本 U 的最高得分中位数加粗表示,体现最佳性能

每个 P 矩阵（即每个 φ）对应于 20 个不同 $U \times N_I$ 下的测试样本。对于 $\varphi = 0.1$，PTMA 在其中 65.0% 的样本上表现最好，PTMA – I 为 5.0%，CBAA – CC 为 30.0%；对于 $\varphi = 0.2$，PTMA 为 55.0%，PTMA – I 为 10.0%，CBAA – CC 为 35.0%；对于 $\varphi = 0.3$，PTMA 为 45.0%，PTMA – I 为 15.0%，CBAA – CC 为 40.0%；对于 $\varphi = 0.4$，PTMA 为 40.0%，PTMA – I 为 20.0%，CBAA – CC 为 40.0%。PTMA 更适用于有严重分类错误的低 φ 值样本。

每个目标类型映射 U 对应于 20 个不同 $P \times N_I$ 下的测试样本。在映射 U_1 上，PTMA 在其中 50.0% 的样本上表现最好，PTMA – I 为 5.0%，CBAA – CC 为 45.0%；在映射 U_2 上，PTMA 为 55.0%，PTMA – I 为 30.0%，CBAA – CC 为 15.0%；在映射 U_3 上，PTMA 为 40.0%，CBAA – CC 为 60.0%；在映射 U_4 上，PTMA 为 60.0%，PTMA – I 为 15.0%，CBAA – CC 为 25.0%。PTMA 的表现通常优于 CBAA – CC 和 PTMA – I，但偶尔也会看到 CBAA – CC 占优。

每个规模 N_I 对应于 16 个不同 $P \times U$ 下的测试样本。对于 $N_I = 20$，PTMA 在其中 62.50% 的样本上表现最好，PTMA – I 为 12.50%，CBAA – CC 为 25.0%；对于 $N_I = 25$，PTMA 为 68.75%，PTMA – I 为 18.75%，CBAA – CC 为 12.50%；对于 $N_I = 30$，PTMA 为 50.0%，PTMA – I 为 12.50%，CBAA – CC 为 37.50%；对于 $N_I = 35$，PTMA 为 37.50%，PTMA – I 为 12.50%，CBAA – CC 为 50.0%；对于 $N_I = 40$，PTMA 为 37.50%，PTMA – I 为 6.25%，CBAA – CC 为 56.25%。PTMA 适合于资源有限、误差空间小的低 N_I 情况。

总体而言，PTMA 在这 4 种算法中以最高的频率展现最好的表现。各算法的实际性能差异取决于 (N_I, P, U)。P 对性能的影响是直接到位且符合直觉的，因为更严重的分类错误意味着更多的改进空间。(N_I, U) 的影响则更为复杂，因为它们同时反映了集群的绝对能量上限和由于分配不当而造成的相对性能下降，这两个相反的因素共同决定了算法性能。

PTMA 稳健性体现在两方面：①PTMA 保证收敛到无冲突的分配上，由于其自决定的结构，无须考虑个体态势认知的不一致；②从上文分析可见，PTMA 在不同的集群规模、分类准确率、目标类型下普遍性地表现良好。

2）稳定性测试

Q 矩阵是 PTMA 算法的关键。在上一小节中，采用前述流程，为每个测试实例生成了一个相应的 Q 矩阵。在本小节中，我们为如下的测试实例生成了 $N_Z(=30)$ 个 Q 矩阵，以此说明 PTMA 方法的稳定性。

测试实例：

- $I = \{1, 2, \cdots, 30\}$；
- $J = \{1, 2, \cdots, 10\}$；

- $R = \begin{bmatrix} 1 & 2 & 3 \\ 70 & 30 & 90 \\ 3 & 4 & 2 \\ 2 & 0 & 3 \end{bmatrix}$;

- $P: p_{mn} = \begin{bmatrix} p_{11} & p_{12} & p_{13} \\ p_{21} & p_{22} & p_{23} \\ p_{31} & p_{32} & p_{33} \end{bmatrix} = \begin{bmatrix} 0.2 & 0.4 & 0.4 \\ 0.4 & 0.2 & 0.4 \\ 0.4 & 0.4 & 0.2 \end{bmatrix}$。

由于 Q 矩阵是右随机矩阵，因此 $Q \cdot 1_{N_g1} = 1_{N_g1}$ 始终成立，进而实数 1 是任意 Q 矩阵的特征值。图 3-11 所示为这 30 个 Q 矩阵的特征值和矩阵元素的分布情况，展现了良好的稳定性。元素 q_{13}、q_{23} 和 q_{33} 在各自行中取得最高值。

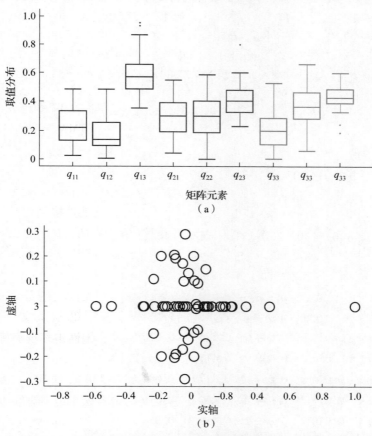

图 3-11 单个测试实例生成的 30 个 Q 矩阵的分布情况（附彩插）
(a) 矩阵元素的箱形图；(b) 矩阵复特征值的散点图

3）扩展性测试

本小节研究的分配问题在式（3-1）中进行整体定义，随后在式（3-2）中进行补充解释。通过调整问题参数可以对问题进行扩展。不过，并非所有的参数增量都会真正带来问题复杂性的增加。

（1）对于 N_J 较大的问题，可以将目标集分解成若干个较小的目标子集，每个目标子集中有数量适当的目标。每个目标子集对应于一个可以用 PTMA 解决的子问题。因此，整个问题可以被并行解决。由此而见，N_J 对问题的复杂性没有根本性的贡献。

（2）对于任务需求量大的问题，可以实施智能弹药之间的默认绑定。例如，在分配过程中，5 个真实智能弹药可以被视为 1 个虚拟实体，在同一目标上执行同一共享任务，从而减轻计算负担。因此，任务要求对问题的复杂性也没有根本性的贡献。同样，N_I 对问题复杂性的贡献也可以忽略不计。

（3）对于 N_R 较大的问题，P 矩阵和 R 矩阵的维度将随之比例增加。从式（3-2）中可见，高 N_R 的问题并不能用目标子集或智能弹药绑定的方式进行化简。因此，N_R 对问题的复杂性有很大的贡献。高 N_R 问题真正考验了分配算法的可扩展性。

提出如下的 (I, J, R, P) 所表达的分配测试实例，用以评估 PTMA 的可扩展性。

测试实例：

- $I = \{1, 2, \cdots, 40\}$；
- $J = \{1, 2, \cdots, 8\}$；
- $R = \begin{bmatrix} 1 & 2 & 3 & 4 & 5 & 6 & 7 & 8 \\ 840 & 420 & 280 & 210 & 168 & 140 & 120 & 105 \\ 7 & 6 & 4 & 3 & 5 & 2 & 8 & 1 & 4 \\ 3 & 7 & 8 & 1 & 5 & 4 & 6 & 2 \end{bmatrix}$；

- $P: p_{mn} = \begin{cases} 0.3, & m = n \\ 0.1, & m \neq n \end{cases}$ 其中 $m, n \in \{1, 2, \cdots, N_R\}$

$$Q = \begin{bmatrix} 0.2534 & 0.0397 & 0.0449 & 0.3252 & 0.0265 & 0.2419 & 0.0020 & 0.0664 \\ 0.2560 & 0.0566 & 0.0399 & 0.4114 & 0.0513 & 0.0798 & 0.0627 & 0.0423 \\ 0.1948 & 0.0048 & 0.0576 & 0.3170 & 0.0945 & 0.1308 & 0.1097 & 0.0908 \\ 0.1704 & 0.0757 & 0.0410 & 0.4639 & 0.0764 & 0.0946 & 0.0215 & 0.0565 \\ 0.2104 & 0.0302 & 0.0302 & 0.4598 & 0.0502 & 0.1443 & 0.0499 & 0.0250 \\ 0.2583 & 0.0114 & 0.0404 & 0.4703 & 0.0367 & 0.1302 & 0.0409 & 0.0118 \\ 0.2370 & 0.0069 & 0.0606 & 0.3366 & 0.0071 & 0.2394 & 0.0369 & 0.0755 \\ 0.3279 & 0.1005 & 0.0598 & 0.1319 & 0.0351 & 0.1797 & 0.1245 & 0.0406 \end{bmatrix}$$

为该测试实例生成的 8×8 的 $\boldsymbol{Q}$ 矩阵如下所示。测试样本列于表 3-14。PTMA-I 和 PTMA 的性能在图 3-12 中以箱形图表示。可以看出,PTMA 的性能稳定优于 PTMA-I,经验性地证明了 PTMA 对复杂问题的可扩展性。

表 3-14 测试 PTMA 的扩展性所用的目标类型赋值样本

目标	$U_1(\cdot)$	$U_2(\cdot)$	$U_3(\cdot)$	$U_4(\cdot)$
#1	3	5	3	1
#2	2	3	7	7
#3	3	1	2	5
#4	3	6	5	5
#5	3	3	5	3
#6	3	1	5	1
#7	1	5	3	4
#8	2	4	4	6

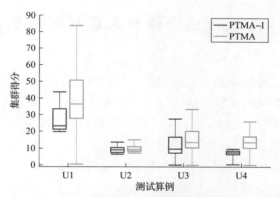

图 3-12 PTMA-I 和 PTMA 在高 N_R 问题上的性能比较(扩展性测试)(附彩插)

4. 小结

本小节所处理的内容是在战场环境下,集群弹药面临比较激烈的对抗状态,从而导致用来进行分配的输入信息面临准确率低的情况。例如,弹药的探测系统会因为光照、温度、湿度等因素给出不准确的判断,定位与导航系统也会随着电磁环境的干扰产生较大的测量误差,如何处理这些不确定性对决策的影响是一项关键的技术。将该影响放到集群中考虑,利用本书提出的概率方式去处理这些不确定因素目前来看是一种解决途径,对提升集群弹药的作战能力可能是新的思路。

针对融合不可靠观测和顺序软约束的任务分配问题提出了一种分布式的任务分配算法，该算法能够产生收敛良好的解决方案。本小节所提出的 PTMA 算法由局部认知构建阶段和市场式（嵌入了人为随机性的）局部分配生成阶段的迭代构成。PTMA 的关键思想是利用分配中的随机性来对抗认知中的随机性。这项工作的重点是利用对不确定性的部分先验知识来提高蜂群性能。本小节着重利用对于未知信息的已知了解以提升集群性能。

经推导得出未受 Q 矩阵作用的"自然"分配和经 Q 矩阵调整的"转换"分配之间得分差异的期望，证明了本小节所提出的信念转换方案在特定的分类不确定性假设下能够确保提升集群性能。进行了 3 组数值实验以验证 PTMA 方法的性能。第一组实验是在具有不同程度的分类不确定性的模拟任务场景中，将 PTMA 与 CBAA、CBAA-CC 和 PTMA-I 进行比较。第二组实验评估了 PTMA 的稳定性。第三组实验在扩充后的任务场景中测试 PTMA 的可扩展性。以上数值实验验证了 PTMA 在有效性、稳健性、稳定性和可扩展性方面的良好表现。

3.2 反应式个体行为规则驱动范式

当集群弹药系统的规模逐渐增加时，上述慎思式范式的集群面临很多技术难点，比如信息传递的难度越大、任务分解难度激增。反应式范式的出发点则完全不同：由许多"智能弹药个体"组成，每枚智能弹药个体是智能集群弹药系统中的一个节点，每个节点自身的运动特征又与其他节点的运动相关，体现了集群弹药系统的整体性与有机关联性。集群弹药系统中每枚弹药个体通过自身形态、其他个体的形态、威胁障碍的形态以及目标信息等，调节自身的运动方向和速度，维持适当的距离，这一反馈过程便形成了大规模集群弹药系统的自组织方式，也可以称为"涌现"。"涌现"是由许多底层原件组成的系统，底层原件通过接收其感知到的信息决定下一步的动作，原件间通过感知到的信息相互作用产生系统层面行为，从而达到比单一个体行动更好的效果。涌现这一概念源于自然界，通过自然生物的行为，可以更好地理解自组织的概念。正如之前提到的，蚂蚁寻找食物遵循了非常简单的规则，但数以万计的蚂蚁组成的蚁群进行狩猎则展现出了一种最优化的智慧。蚂蚁通过信息素来标明自己行走的路径，在寻找食物的过程中，蚂蚁根据信息素的浓度选择行走方向，向食物所在的地方移动，同时信息素会随着时间的推移逐渐挥发。蚂蚁在路上行走的过程中，不断解开信息素来辨别路径。随着时间的推移，有若干只蚂蚁找到了食物，此时便存在若干条从洞穴到食物的路径，而单位时间内短路上的蚂蚁数量比长路上的蚂蚁多，所以蚂蚁留下的信息素浓度也会增加，这就导致后方蚂蚁被引导到一个信息素浓度高的方向，从而导致更多的蚂蚁被引导到最短的路径上。单只蚂蚁行为很简单，但蚂蚁通过信息素进行个体间的交互，影响其行为，最终使蚁群整个系统找到食物与巢穴间的最短路径，实现了蚁群寻找最短路径的效果远强于单只蚂蚁。

大规模集群弹药自组织系统与一般的自组织系统类似，拥有以下特征：①系统拥有明确的宏观或全局目标；②由许多微观个体组成，个体间不断交互以产生集群行为；③集群行为优于个体单独行为的叠加；④个体根据"局部"感知信息来选择行为；⑤个体无法获得任何全局信息。利用受鸟类、昆虫、狼群以及经济学启发得来的自组织概念，大规模集群弹药系统够使大量结构简单且廉价的智能弹药在不需要人工操控的前提下完成复杂集群行为，并减少个体间的通信需求。本小节基于自组织理论和"涌现"概念建立适用于集群弹药的自底而上模式的数学模型，这一模型能够解释不同系统个体的分布和自组织性的需求，该模型图例具体如图 3–13 所示。

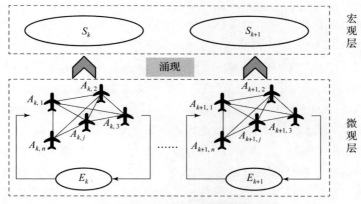

图 3–13　自底而上结构示意图

由反应式个体组成的集群，适应能力更强、资源消耗更低，因此具有更加广阔的应用前景，而这部分的研究尚处在起步阶段，本节内容是编者团队在经过大量调研后获得的目前可操作性最强的一条技术路线，为此我们在叙述过程中会加入一些相关的原理介绍，会相对冗余。但这一方式的适用性、最优性是值得讨论的，望读者悉知。此方法从涌现机理层面入手，理论基础则是信息的利用与基本集群行为存在紧密联系。我们将通过构建反应式个体的决策器来实现集群行为，其中对全局信息或局部信息的利用成为一个比较重要的技术分界线。

3.2.1 自组织行为演化流程

反应式集群的构成理念主要来源于仿生，由于尚未有成熟的理论和方法，大部分研究都是出于简单的模仿。从组织结构上说，许多生物集群中不存在中心控制节点，个体通过与邻近同伴进行信息交互改变自身的行为，从而改变集群行为。从行为主体上说，生物群体中单个个体的能力（感知/运动）遵循的规则非常简单，每个个体仅执行一项或者有限的几项动作，并针对外部情况做出简单的几种反应。从作用模式上说，生物群体对环境变化往往具有较强的适应性，在遇到威胁和变化时能够快速一致地应对，如鸟群/鱼群在遇到捕食者时能迅速做出集体逃避动作。从系统整体上说，群居性动物中，看似无序的个体行为通过相互协作组成的群体有着极高的效率，体现出智能的涌现。

出于上述考虑，对于人工集群系统而言，演化性是体现集群行为的基本属性，而演化性依赖于个体间的高度动态相互作用及系统内部个体之间的合作和博弈，并呈现为一个动态过程。然而对于生物界的模仿来说，现有理论对于指导设计自组织系统面临重重困难，本书倾向于采用基于行为原型架构来演化自组织行为。

所谓行为原型框架指：个体从环境中（包含被动的与主动的）获取感知信息，基于形式化的感知信息选择行为原型，进一步使用行为原型对行为规则进行加权组合，得到期望的外环控制量，最终根据预设规则转换为运动控制量，从而完成整个控制闭环。这一过程中个体之间的交互可以通过直接交互（例如使用通信手段），也可以是间接交互（例如共识主动性中提到的通过改变环境中的某一特征量）。行为原型的组合可以是人为设定的，也可以是通过启发式算法学习得到的优解，当然这里的优解是局部的。

从实际应用角度出发，同时基于目前通信技术的发展程度，实现反应式集群最大的障碍在于如何实现个体之间的信息交互，尤其是在规模巨大的情况下。能够获取足够的全局信息对于反应式集群中的个体来说无疑是最理想的情况，也是构建反应式集群的基础，下面我们将针对这一情况进行行为规则的建立。个体仅能获得局部信息的情况将在这一组模型的基础上进行重构，该部分的详细内容会在第 4 章中着重说明。我们再次强调，尽管不依赖全局信息的反应式个体是集群智能发展的最终目标，但是通过全局信息进行决策的反应式个体集群更加基础，在现阶段更具有可操作性。

3.2.2 个体行为规则

首先定义个体基本行为规则集 $\mathbb{R}$，基本行为可分为两类，分别为与集群中其他个体相关的行为子集$\mathbb{R}_{uav}$，以及与集群目标相关的行为子集$\mathbb{R}_{target}$，有$\mathbb{R}_{uav}$，$\mathbb{R}_{target} \in \mathbb{R}$。与个体相关的行为规则在飞行器、车辆中可以是列队、聚集、分散等，与目标相关的行为规则主要有抵近目标区域、撤离目标区域等。这二者之间的联系在于：均是对个体外环控制输入量进行描述，例如距离、速度大小与方向等。因此，在设计相关系统时，应时刻注意个体行为和集群行为之间的联系。目前，尚未有研究表明，毫无关联的个体目标和集群目标之间是否能够产生涌现/自组织行为。下面针对最常见的基于距离这一物理量的简单行为规则进行建模。读者同样可以根据面对的情境进行模型的构建。

1. 与友方个体相关的行为子集$\mathbb{R}_{uav}$

列队：最一般的集群行为，也是最容易联想到集群的一种行为。在这里，我们可以通过速度矢量的方向来进行约束。在能够获取其邻域范围内其他个体状态信息的前提下，将其他个体速度的矢量和作为自身的期望速度航向[57]，可实现列队效果，规则模型描述如下：

$$R_1 = \frac{\sum_{u_k \in \tilde{U}} v_{u_k}}{|\tilde{U}|}$$

式中，$\tilde{U}$为弹药u感知到的邻域内友方个体的集合；v为个体的速度矢量。通过趋同这一规则，个体能够实现基本的协调移动。

聚集：最基本的集群行为，是和位置、速度都直接产生关联。个体弹药u将感知邻域内其他个体位置的几何中心作为自身的期望速度航向[57-59]，聚集行为的模型描述如下：

$$R_2 = \frac{\sum_{u_k \in \tilde{U}} (p_{u_k} - p_u)\mathrm{dist}(p_{u_k}, p_u)}{|\tilde{U}|}$$

式中，p_u和p_{u_k}分别表示个体u和感知到的第k枚弹药的位置坐标，$\mathrm{dist}(p_{u_k}, p_u)$表示$p_u$和$p_{u_k}$两个坐标点之间的距离。

散开：散开是聚集行为的对应行为，能够使个体相互散开。个体u将聚集行为的反方向作为自身的期望速度航向，即为散开行为[59]，模型描述如下：

$$R_3 = \frac{\sum_{u_k \in \tilde{U}} (p_u - p_{u_k})\mathrm{dist}(p_{u_k}, p_u)}{|\tilde{U}|}$$

与友方个体相关的行为规则示意如图3-14所示，图中浅灰色飞机为当前个体u，黑色为个体u感知到的邻域范围内的友方个体。

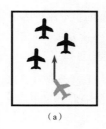  

(a)　　　　　　　(b)　　　　　　　(c)

图 3–14　与友方个体相关的行为规则示意

(a) 列队；(b) 聚集；(c) 散开

基于自组织行为和集群理论，多个个体以上述同样的规则进行决策，便形成了集群行为，而这种集群行为在通过距离和速度的观测下形成有规律的变化。

2. 与敌方目标相关的行为子集 $\mathbb{R}_{target}$

抵近目标：抵近目标行为会使弹药向目标方向靠近，实现对目标的侦察、跟踪与攻击。当个体 u 感知到一个或多个目标时，将多个目标相对自身矢量方向的矢量和作为自身的期望速度航向[60]，模型描述如下：

$$R_4 = \sum_{t_j \in \tilde{T}} (p_{t_j} - p_u)$$

式中，$\tilde{T}$ 为个体 u 感知到的邻域内地面目标的集合。

远离目标：远离目标行为与抵近目标相对应，将抵近目标规则的结果输出的反方向作为远离目标的规则[61]，模型描述如下：

$$R_5 = \sum_{t_j \in \tilde{T}} (p_u - p_{t_j})$$

与目标相关的行为规则示意如图 3–15 所示，图中飞机为当前弹药 u，标志为地面目标。

(a)　　　　　　　(b)

图 3–15　与目标相关的行为规则示意

(a) 抵近目标；(b) 远离目标

基于上述两类个体行为规则的组合，可以实现很多集群行为：①将聚集和抵近规则组合在一起，可以实现集群向某一区域靠近的效果。同样，散开和远离的规则组合会产生集群在区域内均匀分布的效果。②将散开、聚集、抵近、远离等规则组合在一起，可以实现对区域搜索（不断增加搜索覆盖率）并自动对感兴趣区域进行聚集的效果。3.2.3 节将会详细介绍相关的方法。

3.2.3 行为原型

行为原型是所有或部分行为规则的一种组合方式，通过对行为规则的输出进行加权求和，从而实现复杂的期望行为。每一个行为原型对应一种期望行为，在实际应用过程中，完成任务所必需的期望行为通常不止一个，因此需要多个行为原型满足不同情况下的期望行为的选择。一个行为原型除了具有多个规则（以 7 条规则为例）权重 W 外，还有多个感知权重 C，作为行为原型选择的根据，如图 3-16 所示。

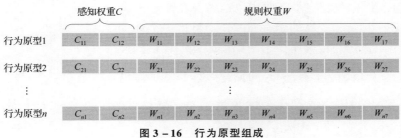

图 3-16 行为原型组成

感知权重 C 的个数并不固定，和弹药的感知信息有关；所有行为原型的感知权重组成单层感知机，用于选择行为原型。当有 m 个感知信息时，相应的每个行为原型有 m 个感知权重，行为原型的选择方式为：$BA = \forall_{b \in \overline{BA}} \max \left(\sum_{j=1}^{m} S_j \times C_j \right)$；其中，$\overline{BA}$ 为所有行为原型组成的集合；BA 为最终选择的行为原型。

3.2.4 基于启发式算法的多规则组合优化方法

个体行为规则用于指导个体进行决策，而如何组合则取决于对集群行为的期望。如前文所述，如何在多种规则中选择最适合某种集群行为的组合，最直观的方法就是加权求和。本节将通过行为原型的概念，进行规则的加权组合，并最终形成个体决策模型。需要指出的是，本节中使用的是进化算法，而基于神经网络的学习方法同样适用。

启发式算法具有结构设计简单、应用范围广等优势，因此拟采用遗传算法对多个行为的输出进行组合优化[58,60,63,64]。首先定义行为权重 $\mathbb{W} = \{W_i | i = 1,2,3,4,5\}$，其中，$W_i$ 表示对应规则 R_i 的权重，即行为 R_i 发挥作用的程度。则弹药 u 的最终行为 $\pi(u)$ 可表示为

$$\pi(u) = \mathbb{R} \times \mathbb{W} = \sum_{i=1}^{5} R_i \times W_i$$

在行为规则已知的条件下,集群行为涌现的结果取决于对行为权重设计的优劣。通过遗传算法对行为权重的优化,以使最终的集群行为满足作战的任务目标需求,达到预期的作战需求。定义使用集群 $\bar{U}$ 所要完成的任务目标为 $G(\bar{U})$, $G(\bar{U}) = \{G_k \mid k = 1, 2, \cdots\}$ 为一个或多个子目标的组合。子目标包括侦察搜索、跟踪监视、抵近攻击等。使用遗传算法对行为进行优化以实现 $G(\bar{U})$ 的流程如图 3 – 17 所示。

需要说明的是,在本问题中,遗传算法中种群的个体代表一种行为权重的组合方式,对种群中个体的评估即是对该行为权重所产生的集群效能的评估。设 $g_{i,j}(\bar{U})$ 为第 i 代种群中个体 j 的集群效能,即适应度值,则第 i 代种群中的最优个体的效能为 $g_i^*(\bar{U}) = \max g_{i,j}(\bar{U})$ $(i = 1, 2, \cdots, N)$,式中,N 为种群规模。最终的优化目标为 $\Delta = \min |G(\bar{U}) - g^*(\bar{U})|$, $\Delta \rightarrow 0$。最优解 $g^*(\bar{U})$ 为能够完成所设定任务目标的行为权重组合。

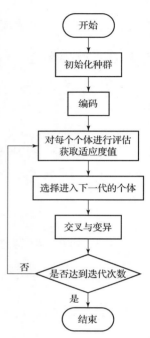

图 3 – 17 遗传算法优化流程

到此为止,我们建立了反应式的个体决策模型,注意到这里的公式仅包含了速度方向这一个可控的变量,因此想在实际的弹药中进行试验验证,还需要添加符合弹药控制规律的控制器和控制策略,以及明确的输入条件(例如通过视觉获取其他个体的位置和速度估计信息),这些内容都将构成独特的决策方法。这些模型很难进行移植,因此上述工作只能提供一些借鉴经验。下一节中的试验对比中,包含了研究目标的气动模型和相关传感器模型。

3.2.5 实验验证

1. 依赖通信条件下面向搜索任务的数值实验

本节主要展示了基于进化算法的分布式可通信算法的实际使用以及对基于进化算法的分布式可通信算法、以蛇形搜索为例的集中式算法、基于深度 Q 网络(Deep Q – Network,DQN)[64] 的分布式不可通信算法的对比。展示基于进化算法的分布式可通信算法计算过程中,参数设置以及每一代个体的进化过程;同时将进化结果与以蛇形搜索为例的集中式算法、基于 DQN 的分布式不可通信算法在同一条件下进行对比,包括在相同步数时的覆盖率、重复率比较,以及在相同覆盖率时的步数、重复率比较,并考虑了如果弹药发生损耗时集群鲁棒性的问题。充分模拟了在灾区搜索时,各算法的搜索效率与鲁棒性,证明了采用基于进化算法的分布式可通信算法的先进性。

1)实验参数设置

在基于进化算法的分布式可通信算法以及后续的算法比较中,弹药的个体能力都以表 3-15 中的数据进行实验。如表 3-16 所示,仿真环境为边长 4 km 的正方形,弹药位置在 $x \in [-1,9,-1.6]$,$y \in [-1,9,-1.6]$ 的区域内随机生成,速度方向完全随机。进化过程中的参数设置如表 3-17 所示。

表 3-15 弹药参数

弹药参数类型	数值
视觉区域边长	200 m
通信半径	1 000 m
速度大小	50 m/s
数量	10 枚

表 3-16 仿真环境参数

仿真环境参数	数值
区域边长	4 000 m
弹药初始位置	$x \in [-1,9,-1.6], y \in [-1,9,-1.6]$
弹药初始速度方向	随机

表 3-17 进化参数

进化算法参数	数值
种群数量	20
仿真步数	8 000 步
迭代次数	15
保留比例	0.5
交叉率	0.1
变异率	0.9
变异比例	0.05

集群的搜索性能指标以覆盖率（即已搜索面积占总面积的比值）、重复率（被重复搜索过的面积占总面积的比值）为指标。覆盖率反映了灾区搜救中的进展，重复率反映了的灾区搜索情况的更新速度，可以反映出搜索得到的信息是否及时有效。

2）感知矩阵进化过程

在进化过程中，每得到一代种群的感知矩阵，都代入仿真环境。通过仿真，得出在该权重的作用下，集群弹药在规定时间内能达到多大的覆盖率。再通过适应度函数，得出这个感知矩阵的得分。图 3 – 18 所示为经过进化得出的感知矩阵权重得分的进化过程。从图 3 – 18 中可以看到，进化算法的效果符合预期，种群的平均得分（灰色线条）由开始的 60 逐步上升并保持在 90 以上；每代种群的最大得分保持在 95 以上；最小得分由于变异的操作，并不稳定，但总体保持上升趋势。这体现了进化算法确实可以有效地给出合适的感知矩阵权重。

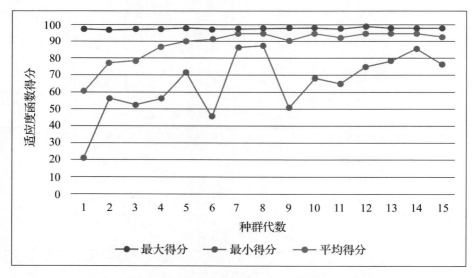

图 3 – 18　经过进化得出的感知矩阵权重得分（附彩插）

3）集群弹药搜索效能对比实验

为了证明基于进化算法的分布式可通信算法的先进性，将基于进化算法的分布式可通信算法得出的得分最高的感知矩阵权重代入仿真环境中进行仿真，并与 DQN 的分布式不可通信算法、以蛇形搜索为例的集中式算法的仿真结果进行对比，展示基于进化算法的分布式可通信算法的优越性。

(1) 对比算法描述。

算法一：以蛇形搜索[65]为例的集中式算法

针对给定的搜索区域，人为地设置各弹药的航点，弹药各自按预先设置好的航点飞行，对航迹附近的区域进行搜索，弹药没有自己设置飞行轨迹的能力，且弹药之间没有通信。

算法二：基于DQN的分布式不可通信算法搜索

在整个飞行过程中，弹药接收外界信息只通过视觉，以视觉来判断周围弹药的位置和速度；然后通过弹药各自搭载的基于DQN的分布式不可通信算法来控制弹药飞行的方向。在这整个过程中，没有人为地设置航点，完全通过弹药自身搭载的基于DQN的分布式不可通信算法完成。

算法三：基于进化算法的分布式可通信算法搜索

在整个飞行过程中，弹药接收外界信息通过视觉和通信，以这两种方式来获取周围弹药的信息，然后通过弹药行为规则与感知矩阵，获得最后的弹药飞行方向。在这整个过程中，同样没有人为地设置航点，完全通过弹药自身搭载的算法完成。

(2) 实验设计。

在上述三算法比较的背景下，为了更好地比较各算法性能，证明基于进化算法的分布式可通信算法的有效性，实验主要测试不同算法的搜索效率与集群鲁棒性，同时实验指标以覆盖率和重复率为准。

在搜索效率方面，通过指定步数计算不同算法的覆盖率和重复率的大小并进行比较，以及指定覆盖率计算到达该覆盖率时的步数大小并进行比较，从两方面判断不同算法的搜索效率。

从考量集群鲁棒性的角度，在仿真过程中指定步数时，设置20%、40%、60%、80%的弹药失去控制，停止飞行时，剩余弹药继续搜索指定区域，最后从指定步数比较覆盖率、重复率以及指定覆盖率比较步数两方面出发，比较各算法的集群鲁棒性。

4) 实验结果

(1) 搜索效率比较。

表3-18所示为当集群节点以不同损耗概率在不同阶段发生损耗时，各算法得到的任务覆盖率达到90%所需要的步数以及任务重复率。表3-19总结了当集群节点以不同损耗概率在不同阶段发生损耗时，各算法执行3 000步时得到的任务覆盖率和重复率。图3-19所示为三种算法在500、1 000、1 500步时发生20%、40%、60%、80%损耗时的覆盖率对比。

表 3-18 当集群节点以不同损耗概率在不同阶段发生损耗时，
各算法得到的任务覆盖率达到 90% 所需要的步数以及任务重复率

算法	算例	开始损坏步数	步数	重复率	总体排名
以蛇形搜索为例的集中式算法	20%弹药损坏	0	1 930/81.5%[3]	5.79%[3]	2.9
		500	1 930/86%[3]	7.57%[3]	
		1 000	1 930/90.4%[3]	8.62%[3]	
		1 500	1 910/95%[1]	9.09%[3]	
	40%弹药损坏	0	1 930/64.3%[3]	2.6%[3]	
		500	1 930/74%[3]	4.27%[3]	
		1 000	1 930/82.3%[3]	7.33%[3]	
		1 500	1 930/91.5%[3]	8.875%[3]	
	60%弹药损坏	0	1 930/45.5%[3]	1.6%[3]	
		500	1 930/60.1%[3]	3.1%[3]	
		1 000	1 930/74.4%[3]	5.95%[3]	
		1 500	1 930/88.2%[3]	8.32%[3]	
	80%弹药损坏	0	1 930/25.6%[3]	0.655%[3]	
		500	1 930/45.6%[3]	2.51%[3]	
		1 000	1 930/65.62%[3]	5.55%[3]	
		1 500	1 930/84.58%[3]	8.26%[3]	
基于进化算法的分布式可通信算法	20%弹药损坏	0	3 840[1]	269.5%[1]	1.15
		500	5 315[1]	461.4%[2]	
		1 000	3 610[1]	290.2%[2]	
		1 500	4 100[2]	336.7%[1]	
	40%弹药损坏	0	5 285[1]	304.5%[2]	
		500	5 380[1]	361.8%[2]	
		1 000	4 365[1]	300.7%[2]	
		1 500	4 095[1]	299.2%[1]	

续表

算法	算例	开始损坏步数	步数	重复率	总体排名
基于进化算法的分布式可通信算法	60%弹药损坏	0	6 565[1]	245.2%[2]	1.15
		500	8 650[1]	388%[2]	
		1 000	6 255[1]	308.3%[2]	
		1 500	7 500[1]	383.4%[2]	
	80%弹药损坏	0	9 995/82.1%[1]	173.9%[1]	
		500	9 340[1]	213.4%[2]	
		1 000	9 995/91.6%[1]	261.6%[2]	
		1 500	9 995/92.8%[1]	324%[2]	
基于DQN的分布式不可通信算法	20%弹药损坏	0	7 025[2]	318.75%[2]	1.84
		500	7 725[2]	280%[1]	
		1 000	6 310[2]	279.3%[1]	
		1 500	8 255[3]	376.8%[2]	
	40%弹药损坏	0	7 995/92.6%[2]	228%[1]	
		500	8 985[2]	279.5%[1]	
		1 000	7 825[2]	253.9%[1]	
		1 500	8 545[2]	299.2%[1]	
	60%弹药损坏	0	11 580[2]	233.3%[1]	
		500	11 630[2]	264.8%[1]	
		1 000	11 225[2]	266.8%[1]	
		1 500	9 615[2]	233.94%[1]	
	80%弹药损坏	0	19 995/91.2%[2]	197.8%[2]	
		500	19 995/90.47%[2]	199.89%[1]	
		1 000	19 995/93%[2]	208%[1]	
		1 500	19 995/90.7%[2]	262.4%[1]	

说明：在步数和重复率后给出了相同条件下的各算法排名，步数按照大小由低到高排名；重复率按照低于50%最差，高于50%时按接近150%的差值排名，越接近150%排名越高。总体排名按步数名次×0.8+重复率名次×0.2得出（针对以蛇形搜索为例的集中式算法未到3 000步就结束，给出最后时刻的覆盖率与重复率）。

表 3-19 当集群节点以不同损耗概率在不同阶段发生损耗时，各算法执行 3 000 步时得到的任务覆盖率和重复率

算法	算例	开始损坏步数	覆盖率	重复率	总体排名
以蛇形搜索为例的集中式算法	20%弹药损坏	0	81.5%[2]	5.79%[3]	2
		500	86%[1]	7.57%[3]	
		1 000	90.4%[2]	8.62%[3]	
		1 500	95.1%[1]	9.23%[3]	
	40%弹药损坏	0	64.3%[3]	2.6%[3]	
		500	74%[2]	4.27%[3]	
		1 000	82.3%[2]	7.33%[3]	
		1 500	91.5%[1]	8.88%[3]	
	60%弹药损坏	0	45.5%[3]	1.6%[3]	
		500	60.1%[1]	3.1%[3]	
		1 000	74.4%[2]	5.95%[3]	
		1 500	88.2%[1]	8.32%[3]	
	80%弹药损坏	0	25.6%[3]	0.655%[3]	
		500	45.6%[2]	2.51%[3]	
		1 000	65.62%[1]	5.55%[3]	
		1 500	84.58%[1]	8.26%[3]	
基于进化算法的分布式可通信算法	20%弹药损坏	0	88.61%[1]	205.39%[1]	1.46
		500	73.77%[2]	267.22%[2]	
		1 000	91.37%[1]	240.07%[2]	
		1 500	93.14%[2]	245.7%[2]	
	40%弹药损坏	0	77.3%[1]	160.38%[1]	
		500	83.07%[1]	196.57%[1]	
		1 000	92.96%[1]	216.26%[2]	
		1 500	85.67%[2]	223.72%[2]	

续表

算法	算例	开始损坏步数	覆盖率	重复率	总体排名
基于进化算法的分布式可通信算法	60%弹药损坏	0	68.09%[1]	95.5%[1]	1.46
		500	58.01%[2]	157.91%[1]	
		1 000	83.55%[1]	160.91%[1]	
		1 500	78.32%[2]	189.14%[1]	
	80%弹药损坏	0	37.74%[2]	45.71%[1]	
		500	68.35%[1]	82.8%[1]	
		1 000	58.41%[2]	128.53%[1]	
		1 500	66.55%[2]	181.85%[1]	
基于DQN的分布式不可通信算法	20%弹药损坏	0	80.56%[3]	158.32%[2]	2.54
		500	70.27%[3]	84.89%[1]	
		1 000	74.66%[3]	116.4%[1]	
		1 500	74.54%[3]	126.71%[1]	
	40%弹药损坏	0	74.65%[2]	125.37%[2]	
		500	52.53%[3]	88.57%[2]	
		1 000	70.14%[3]	84.3%[1]	
		1 500	70.66%[3]	97.8%[1]	
	60%弹药损坏	0	66.37%[2]	62.83%[2]	
		500	57.17%[3]	55.79%[2]	
		1 000	67.66%[3]	68.68%[2]	
		1 500	69.6%[3]	85.4%[2]	
	80%弹药损坏	0	47.66%[1]	44.59%[1]	
		500	36.35%[3]	41.29%[2]	
		1 000	53.69%[3]	50.49%[2]	
		1 500	62.05%[3]	70.7%[2]	

说明：在覆盖率和重复率后给出了相同条件下的各算法排名，覆盖率按照大小由高到低排名；重复率按照低于50%最差，高于50%时按接近150%的差值排名，越接近150%排名越高。总体排名按覆盖率名次×0.8+重复率名次×0.2得出（若搜索结束仍未达到95%，则给出最后时刻的覆盖率与重复率）。

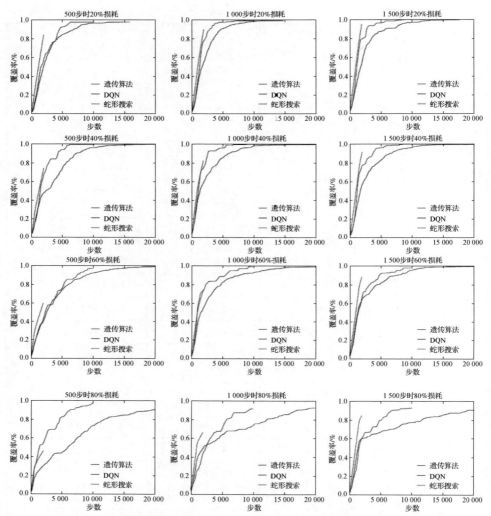

图 3-19　三种算法仿真在 500、1 000、1 500 步时发生 20%、40%、60%、80% 损耗时的覆盖率对比（附彩插）

从表 3-18、表 3-19 和图 3-19 可以看出，以蛇形搜索为例的集中式算法的覆盖率增速最快，且不会随着步数增加覆盖率增速变缓，始终呈现线性增长，即说明以蛇形搜索为例的集中式算法搜索效率最高，但发生损耗时，覆盖率下降严重，从而在表 3-18、表 3-19 中最终排名较低；基于进化算法的分布式可通信算法的覆盖率增速较快，但随着步数增加覆盖率增速变缓，搜索效率中等；基于 DQN 的分布式不可通信算法的覆盖率增速前期较快，但随着步数增加覆盖率增速明显变缓，搜索效率最差；同时各算法在发生损耗后，损耗率越大，覆盖率斜率变化越明显，覆盖率增长速度越小；损耗发生的步数越大，整体的覆盖率增长下降趋势越不明显；从图 3-19 中可以看出基于进化算法的分布式可通信算法（黑色）的表现不够稳定，大多数情况下覆盖率增速高于基于 DQN 的分布式不可通信算法，但仍有个别情况下在一定步数内基于 DQN 的分布式不可通信算法覆盖率增速高于或相当于基于进化算法的分布式可通信算法。

在图 3-19 中需要注意的是，其中以蛇形搜索为例的集中式算法运行步数短，是由于在仿真过程中，人为设置的航点在指定步数中准确运行完，弹药在该步数后不会有新的航点生成；同时在理想情况下，弹药按指定航点飞行即可完成全图覆盖，没有必要设置新的航点。

（2）集群鲁棒性比较。

表 3-20 所示为当集群节点以不同损耗概率在不同阶段发生损耗时，各算法在执行了 2 000 步时的任务覆盖率与无损耗的覆盖率相比的降幅。图 3-20~图 3-22 分别所示为三类算法在仿真 500、1 000、1 500 步时发生 0、20%、40%、60%、80% 损耗时的覆盖率和重复率对比。

表 3-20　当集群节点以不同损耗概率在不同阶段发生损耗时，各算法在执行了
2 000 步时的任务覆盖率与无损耗的覆盖率相比的降幅

算法	算例	开始损坏步数	降幅/%
以蛇形搜索为例的集中式算法	20% 弹药损坏	0	17.19
		500	12.62
		1 000	8.15
		1 500	3.37
	40% 弹药损坏	0	34.67
		500	24.81
		1 000	16.38
		1 500	7.03
	60% 弹药损坏	0	53.77
		500	38.94
		1 000	24.4
		1 500	10.39

续表

算法	算例	开始损坏步数	降幅/%
以蛇形搜索为例的集中式算法	80%弹药损坏	0	73.99
		500	53.67
		1 000	33.33
		1 500	14.06
基于进化算法的分布式可通信算法	20%弹药损坏	0	19.3
		500	33.42
		1 000	14.3
		1 500	13.24
	40%弹药损坏	0	48.76
		500	25.52
		1 000	17.73
		1 500	15.75
	60%弹药损坏	0	44.35
		500	52.45
		1 000	18.93
		1 500	26.28
	80%弹药损坏	0	73.33
		500	40.46
		1 000	51.95
		1 500	33.82
基于DQN的分布式不可通信算法	20%弹药损坏	0	10.47
		500	21.21
		1 000	17.93
		1 500	18.61
	40%弹药损坏	0	24.4
		500	30.73
		1 000	13.68
		1 500	16.5

续表

算法	算例	开始损坏步数	降幅/%
基于DQN的分布式不可通信算法	60%弹药损坏	0	48.17
		500	40.57
		1 000	18.81
		1 500	5.94
	80%弹药损坏	0	65.92
		500	55.94
		1 000	28.37
		1 500	13.19

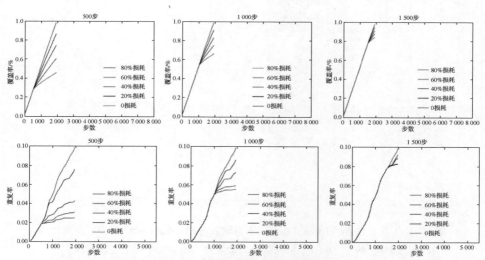

图3-20 以蛇形搜索为例的集中式算法在仿真500、1 000、1 500步时发生0、20%、40%、60%、80%损耗时的覆盖率和重复率对比（附彩插）

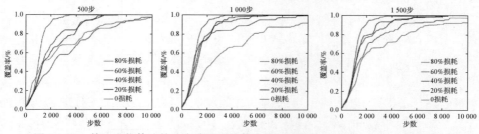

图3-21 基于进化算法的分布式可通信算法在仿真500、1 000、1 500步时发生0、20%、40%、60%、80%损耗时的覆盖率和重复率对比（附彩插）

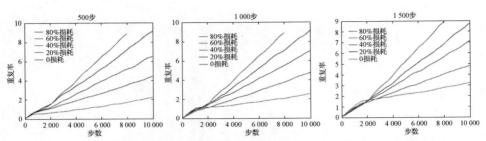

图 3 – 21 基于进化算法的分布式可通信算法在仿真 500、1 000、1 500 步时发生 0、20%、40%、60%、80%损耗时的覆盖率和重复率对比（附彩插）（续）

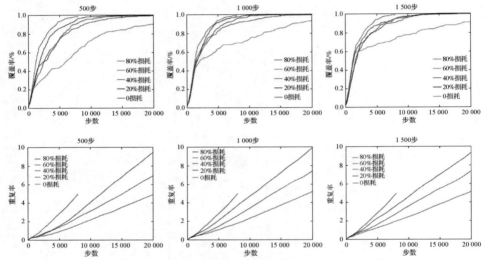

图 3 – 22 基于 DQN 的分布式不可通信算法在仿真 500、1 000、1 500 步时发生 0、20%、40%、60%、80%损耗时的覆盖率和重复率对比（附彩插）

由表 3 – 20、图 3 – 20 ~ 图 3 – 22 中可以得出，以蛇形搜索为例的集中式算法覆盖率降幅低于基于进化算法的分布式可通信算法，但是由覆盖率走势图片可以看到，以蛇形搜索为例的集中式算法中弹药损坏会导致覆盖率永久性下降，所以以蛇形搜索为例的集中式算法的集群鲁棒性最差；基于进化算法的分布式可通信算法的覆盖率降幅最大，但随着仿真进行，覆盖率逐渐上升，最后仍能达到 100% 的覆盖率，所以基于进化算法的分布式可通信算法集群鲁棒性中等；基于 DQN 的分布式不可通信算法的覆盖率降幅最小，并且随着仿真进行，覆盖率逐渐上升，最后同样可以达到 100% 的覆盖率，所以基于 DQN 的分布式不可通信算法集群鲁棒性最好。

通过上述仿真实验发现，以蛇形搜索为例的集中式算法的搜索效率最高，但集群鲁棒性最差;基于进化算法的分布式可通信算法的搜索效率中等,集群鲁棒性中等;基于 DQN 的分布式不可通信算法的搜索效率最差,集群鲁棒性最好。

出现这样的结果主要是由于三种方法所获得的信息量不同。以蛇形搜索为例的集中式搜索是已知区域的所有信息,人为地设定好航点飞行的,弹药严格按照规划的航点飞行,可以使搜索效率达到最高,但是由于弹药没有自主规划航点的能力,导致有弹药损毁时,损毁弹药的搜索区域无法被搜索,所以集群鲁棒性最差;基于 DQN 的分布式不可通信算法,获得信息量较少,所以航点规划不够合理,导致搜索效率较低,但其可以自主规划航点,所以集群鲁棒性高;基于进化算法的分布式可通信算法由于可以通信,获得的信息量大,所以规划的航点比较合理,搜索效率较高,同时由于可以自主规划航点,所以集群鲁棒性较高。

2. 仅依赖视觉条件下面向搜索打击任务的数值实验

本节展示了弹药单项规则有效性测试、全规则下集群搜索和打击行为测试,以及不同视场角对集群效果探究。

1) 基于行为规则的集群效能测试

集群弹药的底层组件为具有简单规则的弹药,其通过记忆自身微观状态与探测其他弹药个体的微观状态来决定自身的下一步行动。弹药对环境具有不完整的先验知识,在决策过程中也不掌握全局信息。集群仿真实验证实,通过适应度函数调控和优化系统行为,集群弹药可以协同完成作战任务,快速搜索区域并摧毁目标。

集群仿真实验涉及许多不同的参量,分别对应了实验中的弹药模型、目标、环境以及遗传算法的设计。就弹药而言,可变参量主要有物理模型、通信和传感器范围、协作能力和行为架构设置;就目标而言,可变参量主要有物理模型、通信和传感器范围等。

如前所述,弹药感知范围的描述继承 Boid 模型,个体的感知范围由个体位置及朝向、感知半径和角度共同决定。在本次系列实验中,设置弹药的视觉区域为半径 0.5 km、关于弹药朝向对称的、角度 120° 的扇形。弹药的巡航速度为 50 m/s,探索集群规律的弹药基本规模为 10 枚。

作为实际战场的抽象,本次系列实验设定模拟战场的区域边长为 4 km;弹药初始位置 $[x_U, y_U]$ 以 $x_U \in [-1.9, -1.6]$,$y_U \in [-1.9, -1.6]$ 随机分布,弹药初始速度的方向随机生成;一个目标需要三枚弹药打击摧毁。

本系列实验采用遗传算法进行集群行为的调节与优化,相关参数如表 3 – 21

所示。系统的目标通过适应度函数给出；集群的搜索性能指标以覆盖率（即已搜索面积占总面积的比值）为指标，反映目标区域搜索覆盖进度；集群联通性能以各时刻弹药探测到其他弹药的数量为标准；集群攻击性能以各时刻弹药发现的目标数为标准。

表 3-21 进化算法参数

遗传算法参数	数值
种群数量	10
迭代次数	20
保留比例	0.5
适应度统计	5
交叉率	0.1
变异率	0.9
变异比例	0.1

测试分为三个部分，分别是弹药行为规则的独立有效性、集群弹药的搜索性能、集群弹药的搜索打击性能。弹药规则的有效性验证中，采用一组行为原型，并设置待测规则对应权重为1，其余权重为0，通过设置特定的弹药初始位置和速度，观察弹药飞行方向的变化来验证规则的有效性；集群弹药搜索性能测试、集群弹药的搜索打击性能测试中，采用多组行为原型，各规则权重采用遗传算法进行优化，通过系统指标评估性能。

1) 单项规则有效性测试

列队：每枚弹药会将自身速度方向与其所看到的弹药的平均速度方向进行匹配。在测试中，令弹药初始时刻的速度方向随机，通过比较一段时间后弹药的速度方向是否一致，来对规则有效性进行验证。列队规则作用测试如图3-23所示。

图 3-23 列队规则作用测试

聚集：弹药朝向视场内其他弹药的平均方位移动，从而使弹药聚拢。在测试中，通过设置弹药初始各异的飞行方向，观察弹药后续方向变化趋势，来对规则有效性进行验证。聚集规则作用测试如图3-24所示。

图3-24　聚集规则作用测试

散开：弹药朝向视场内其他弹药的平均方位的反方向移动，从而使弹药散开。在测试中，仍然通过设置弹药初始各异的飞行方向，观察弹药后续方向变化趋势，来对规则有效性进行验证。散开规则作用测试如图3-25所示。

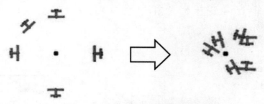

图3-25　散开规则作用测试

避碰：弹药通过预测计算规避视场内其他弹药的速度方向，具体计算与友方弹药速度方向和弹弹连线的夹角有关。在测试中，令多枚弹药飞向战场中心，观察弹药后续方向变化趋势，来对规则有效性进行验证。避碰规则作用测试如图3-26所示。

图3-26　避碰规则作用测试

目标吸引：弹药在视野内发现目标后飞向目标的能力。在测试中，令目标处于弹药探测范围的边缘，观察弹药后续方向变化趋势，来对规则有效性进行验证。目标吸引规则作用测试如图3-27所示。

图3-27　目标吸引规则作用测试

目标排斥：弹药在视野内发现目标后远离目标的能力。在测试中，令弹药朝向目标飞行，观察弹药后续方向变化趋势，来对规则有效性进行验证。目标排斥规则作用测试如图 3–28 所示。

图 3–28　目标排斥规则作用测试

转向：由于固定翼弹药无法悬停，如果弹药飞向目标且（因不满足条件而）未立刻进行攻击作用，可能会飞过目标，导致弹药视野内失去目标，因此设计了弹药转向规则，以使目标重新出现在视野内。在测试中，令弹药飞过目标，观察弹药后续方向变化趋势和重新发现目标的能力，来对规则有效性进行验证。转向规则作用测试如图 3–29 所示。

图 3–29　转向规则作用测试

2) 全规则 – 集群搜索行为测试

在集群搜索任务中，弹药需要以适宜的数量形成多个队列，进行分别搜索，这样搜索效率较高，同时又具有集群的特性。在这个需求下，设计了以下适应度函数：

$$\mathrm{UAVNUM}_s = \sum_{i=1}^{\mathrm{UAV\_num}} U_{i,s} \cdot \mathrm{known}_{\mathrm{uav}} \quad (s = 1, 2, \cdots, \mathrm{max}_{\mathrm{step}})$$

$$\mathrm{fitness}_1 = \sum_{s=1}^{\mathrm{max}_{\mathrm{step}}} \mathrm{UAVNUM}_s$$

$$\mathrm{fitness}_2 = \Omega_{\mathrm{coverage}} / \Omega_{\mathrm{area}} \in [0, 1]$$

$$\mathrm{fitness} = \mathrm{fitness}_1 / \mathrm{max}_{\mathrm{step}} + \mathrm{fitness}_2$$

式中，$U_{i,s} \cdot \mathrm{known}_{\mathrm{uav}}$ 表示编号为 i 的弹药在 s 步感知到的友方弹药数量；区域的总面积为 Ω_{area}；固定步长内被弹药覆盖的区域面积为 $\Omega_{\mathrm{coverage}}$。

集群搜索测试使用了两组行为原型，分别对应列队飞行和散开搜索。同时使用感知信息（最优列队的弹药个数 – 自身观测到的弹药数量）结合感知权重实现对行为原型的切换，最优列队的弹药个数设为 3。进化过程中，种群中各代的得分如图 3–30 所示。

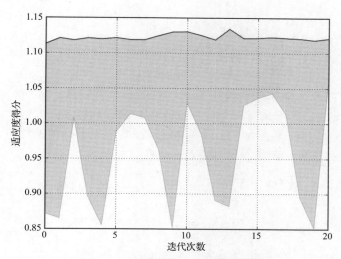

图 3-30　集群搜索行为-种群优化过程

图 3-31 所示为集群弹药随时间的变化情况,由图中可以看出,初始时弹药聚集在一起,之后逐步散开,形成多个集群,每个集群中弹药的数量较少。仿真结果满足了少量多队的集群弹药需求,形成了多个搜索队列。

图 3-31　集群搜索行为-集群弹药变化过程

3）全规则-集群打击行为测试

对整个区域内的目标进行搜索打击,需要集群弹药在列队飞行、散开搜索、靠近目标等多种行为间进行适时的切换,从而依序实现快速区域搜索、发现目标、靠近目标准备攻击等多种任务需求。为此设计三个适应度函数及其结合规则如下:

适应度函数 $fitness_1$:为了保证集群弹药靠近目标这个行为,设置的适应度函数 $fitness_1$ 以弹药发现的目标数量为基本参数,并考虑了摧毁单个目标所需的弹药数量,以避免一个目标周围聚集过多的弹药。

$$U\_NUM_{s1} = \sum_{i=1}^{U\_num} U_{i,s} \cdot known_{target} (s = 1,2,\cdots,\max_{step})$$

$$\text{fitness}_1 = \sum_{s=1}^{\max_{step}} \begin{cases} 1 - 0.3 \times (T.H - U\_NUM_{s2}), & 0 < U\_NUM_s \leqslant T.H \\ -1, & U\_NUM_s > T.H \end{cases}$$

式中，$U_{i,s} \cdot known_{target}$ 为弹药 i 在 s 步时发现的目标的数量；U_num 表示仿真环境中弹药的总量；$T.H$ 为摧毁单个目标所需要的弹药数量。

适应度函数 fitness_2：为了保证弹药以集群的形式进行搜索打击，适应度函数 fitness_2 以弹药感知到的友方弹药数量为基本参数。

$$U\_NUM_{s2} = \sum_{i=1}^{U\_num} U_{i,s} \cdot known_u (s = 1,2,\cdots,\max_{step})$$

$$\text{fitness}_2 = \sum_{s=1}^{\max_{step}} U\_NUM_{s2}$$

式中，$U_{i,s} \cdot known_u$ 为弹药 i 在 s 步时所知的友方弹药数量。

适应度函数 fitness_3：为了保证集群弹药的搜索效率，适应度函数 fitness_3 以搜索覆盖率为基本参数。

$$\text{fitness}_3 = \Omega_{coverage}/\Omega_{area} \in [0,1]$$

总适应度函数为上述三个适应度函数的归一化结合，即

$$\text{fitness} = \text{fitness}_1/\max_{step} + \text{fitness}_2/\max_{step} + \text{fitness}_3$$

进化过程中，种群中各代的得分如图 3 – 32 所示。图 3 – 33 所示为集群弹药随时间的变化情况。由图 3 – 33 可以看出，集群弹药经历了从初始位置到分成小队分散搜索再到发现目标并靠近目标，并呈现出围绕目标飞行的行为，符合提出的较快地对区域进行搜索，同时完成发现目标、靠近目标的要求。

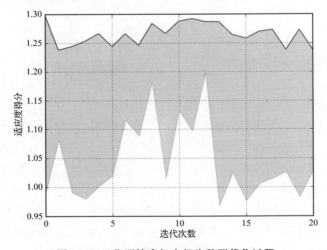

图 3 – 32　集群搜索打击行为种群优化过程

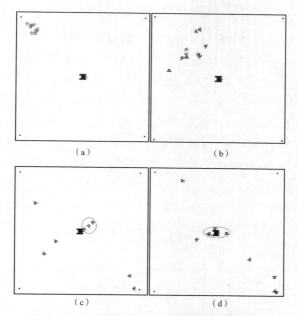

图 3-33　集群搜索打击行为集群弹药变化过程

2）不同视场角对集群效果的影响

在集群决策实验中，弹药的自身属性对集群效果的影响极大，弹药视场角与探测半径直接关系到集群的组群效果以及对目标的搜索效率。本节从区域内运动和区域边界运动两个方面介绍了关于不同视场角对集群效果影响的一些结论，如图 3-34 所示。

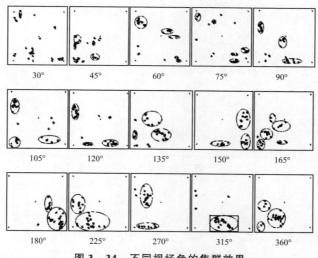

图 3-34　不同视场角的集群效果

(1) 区域内运动时的特性。

比较不同视场角的集群，得出结论：①随着视场角增大，形成群的规模越大、群个数越少；②随着视场角增大，形成群的速度越快、群稳定性越强（即越不容易飞散）；③随着视场角增大，所形成群样式从"列"变为"圈"；④当视场角度较小时，可看似飞机间距离很近，实则两者之间并未组群的情况出现；⑤视场角变得很大时，初始是一个群，后续运动过程中分散为多个群。出现这一现象的原因是由于视场角较大，能观测到的范围越大，越容易出现图3-35中间框所示的"关键节点"（具体定义为当移除该"关键节点"之后，会对原始单个群的连通性造成重大影响；参见图论中关键节点的概念，可以等价认为是这些"关键节点"将不同子群连成一个群）。因此，随着后续运动，当"关键节点"位置发生变化时，会出现单个群分散为多个群的情况，如图3-36所示。

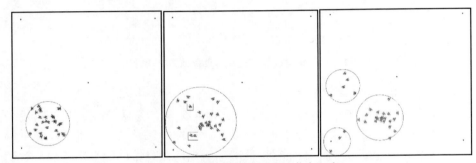

图3-35 集群弹药中的关键节点示意

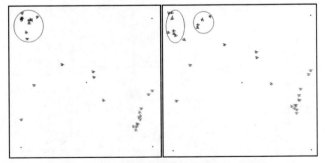

图3-36 弹药运动到区域边界的分离现象

(2) 区域边界运动时的特性。

集群分散——集群运动到边界/角时，会出现群重组的现象，一般是一个变多个。具体原因是飞行控制周期不一致和边界反射策略。具体地，群体飞到边界时，由于飞机控制等方面的问题，有的飞机会立即拐弯，有的会继续直行并飞出边界，一段时间后返回区域，这会导致群体到达边界后的分离，形成几个小集群。

集群交错——当两组集群的飞行夹角较大时，即两集群相向而行并相遇时，不易合并成新的集群。这是由于当两群体相遇时，需要根据视场中个体情况调整自身运动速度；但由于飞行夹角较大，调整几步之后，相遇群体又再次从视野中飞过，导致调整速度方向的行为中断，因此再次散成两个集群，如图 3 – 37 所示。

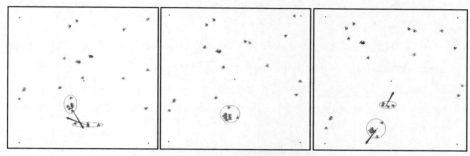

图 3 – 37　集群交错现象

集群合并——当两组集群的飞行夹角较小时，即两集群的飞行方向的夹角为 90°附近及以下，容易组成一个新的集群，如图 3 – 38 所示。原因同"集群交错"。

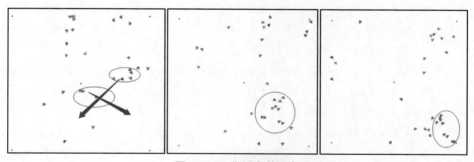

图 3 – 38　集群合并现象

参 考 文 献

[1] 王祥科, 刘志宏, 丛一睿, 等. 小型固定翼无人机集群综述和未来发展 [J]. 航空学报, 2020, 041 (004): 15 – 40.

[2] 汤治成. 用系统思维建立系统整体性的组织理性模型 [J]. 系统科学学

报，2011，19（3）：52-55.

[3] Lloyd S P, Witsenhausen H S. Weapons allocation is NP complete [J]. in Proc. IEEE Summer Simulation. Conference, Reno, NV, 1986, 1054-1058.

[4] Manne S. A target-assignment problem [J]. Operations Research, 1958, 6 (3): 346-351.

[5] Braford J C. Determination of optimal assignment of a weapon system to several targets [R]. Vought Aeronautics, Dallas, Texas, Technical Report, AEREITM-9, 1961.

[6] Day R H. Allocating weapons to target complexes by means of nonlinear programming [J]. Operations Research, 1966, 14 (6): 992-1013.

[7] Cai H, Liu J, Chen Y, et al., Survey of the research on dynamic weapon-target assignment problem [J]. Journal of Systems Engineering and Electronics, 2006, 17 (3): 559-565.

[8] Matlin S. A review of the literature on the missile allocation problem [J]. Operations Research, 1970, 18 (2): 334-373.

[9] Hosein P A, Walton J T, Athans M. Dynamic weapon-target assignment problems with vulnerable C2 nodes [R]. MIT Lab. Inf. Decis. Syst., Cambridge, Technical Report, LIDS-P-1786, 1988.

[10] Hosein P A, Athans M. Some analytical results for the dynamic weapon-target allocation problem [R]. MIT, Cambridge, U. K., Technical Report, LIDS-P-1944, 1990.

[11] Hosein P A, Athans M. Preferential defense strategies. Part I: The static case [R]. MIT Lab. Inf. Decis. Syst., Cambridge, MA, Technical Report, LIPS-P-2002, 1990.

[12] Hosein P A, Athans M. Preferential defense strategies. Part II: The dynamic case [R]. MIT Lab. Inf. Decis. Syst., Cambridge, MA, Technical Report, LIPS-P-2003, 1990.

[13] Wu L, Wang H Y, Lu F X, et al., An anytime algorithm based on modified GA for dynamic weapon-target allocation problem [C] //in Proc. IEEE World Congress on Computational Intelligence, Hong Kong, 2008, 2020-2025.

[14] Li J, Cong R, Xiong J. Dynamic WTA optimization model of air defense operation of warships' formation [J]. Journal of Systems Engineering and

Electronics, 2006, 7 (1): 126 – 131.

[15] Hosein P A, Athans M. Preferential defense strategies. Part II: The dynamic case [R]. MIT Laboratory for Information and Decision Systems with partial support, USA, Tech. Rep. LIPS – P – 2003, 1990.

[16] Karasakal O. Air defense missile – target allocation models for a naval task group [J]. Computers & Operations Research, 2008, 35 (6): 1759 – 1770.

[17] Roux J N, van Vuuren J H. Threat evaluation and weapon assignment decision support: a review of the state – of – the – art [J]. ORiON: The Journal of ORSSA, 2007, 23 (2): 151 – 187.

[18] Athans M. Command and control (C^2) theory: A challenge to control science [J]. IEEE Trans. Autom. Contr, 1987. 3, AC – 32 (4): 286 – 293.

[19] 崔海波. 基于 NSGA – II 的炮兵群火力分配问题研究 [D]. 长沙：国防科学技术大学, 2010.

[20] 王艳霞. 先期毁伤准则下的防空火力分配模型与算法 [D]. 南京：南京理工大学, 2008.

[21] Xin B, Chen J, et al. An Efficient Rule – Based Constructive Heuristic to Solve Dynamic Weapon – Target Assignment Problem [J]. IEEE Transactions on systems, man, and cybernetics – part A: systems and humans, 2011, 41 (3): 598 – 606.

[22] 唐奇, 杨新. 基于 NSGA – II 和多属性决策的防空火力分配 [J]. 指挥控制与仿真, 2011, 33 (1): 30 – 33, 38.

[23] Aravind Seshadri. A Fast Elitist Multi – objective Genetic Algorithm NSGA – II [EB/OL]. http://www.pudn.com/downloads178/sourcecode/math/detail828713.html. 2013 – 01 – 20.

[24] Srinivas N, Kalyanmoy Deb. Multi – objective Optimization Using Non – dominated Sorting in Genetic Algorithms [J]. Evolutionary Computation, 1994, 2 (3): 221 – 248.

[25] K. Deb and D. E. Goldberg. An investigation of niche and species formation in genetic function optimization [A]. In Proceedings of the Third International Conference on Genetic Algorithm, 1989, 42 – 50.

[26] 郭景录, 付平. 基于 NSGA – II 的 WTA 多目标优化 [J]. Fire Control & Command Control, 2010, 35 (3): 1 – 5.

[27] Kou Y X, Wang L, Zhou Z L. Study of Combat Task Allocation Model in Multi –

target Attack Condition [J]. Journal of System Simulation, 2008, 20 (16): 4408 – 4411.

[28] Miettinen K, Nonlinear Multiobjective Optimization [M]. Norwell, MA: Kluwer, 1999.

[29] Das I, Dennis J E. Normal – bounday intersection: A new method for generating Pareto optimal points in multicriteria optimization problems [J]. SIAM J. Optim., 1998, 8 (3): 631 – 657.

[30] Messac A, Ismail – Yahaya A, Mattson C. The normalized normal constraint method for generating the Pareto frontier [J]. Struct Multidisc. Optim., 2003, 25: 86 – 98.

[31] Mattson C A, Mullur A A, Messac A. Smart Pareto filter: Obtaining a minimal representation of multiobjective design space [J]. Eng. Optim., 2004, 36 (6): 721 – 740.

[32] Veldhuizen D A V, Lamont G B. Multiobjective evolutionary algorithms: Analyzing the state – of – the – art [J]. Evol. Comput., 2000, 8 (2): 125 – 147.

[33] Knowles J D, Corne D. Properties of an adaptive archiving algorithm for storing nondominated vectors [J]. IEEE Trans. Evol. Comput., 2003, 7 (2): 100 – 116.

[34] Zhang Q, Zhou A, Jin Y. Modelling the regularity in an estimation of distribution algorithm for continuous multiobjective optimization with variable linkages [R]. Dept. Comput. Sci., Univ. Essex, Colchester, U. K., Tech. Rep. CSM – 459, 2006, (a revised version of this paper has been accepted for publication by the IEEE Trans. Evol. Comput., 2007).

[35] Bosman P A N, Thierens D. The balance between proximity and diversity in multiobjective evolutionary algorithms [J]. IEEE Trans. Evol. Comput., 2003, 7 (2): 174 – 188.

[36] Zhang Q, Li H. MOEA/D: A multiobjective evolutionary algorithm based on decomposition [J]. IEEE Transaction on Evolutionary Computation, 2007, 11 (6): 712 – 731.

[37] Srinivas M, Patnaik L M. Adaptive probabilities of crossover and mutation in genetic algorithms [J]. IEEE Transactions on Systems, Man and Cybernetics, 1994, 24 (6): 656 – 667.

[38] Chen J, Li J, Xin B. DMOEA – εC: Decomposition – Based Multiobjective

Evolutionary Algorithm With the ε – Constraint Framework [J]. IEEE transactions on evolutionary computation, 2017, 21 (5): 714 – 730.

[39] Deb K. An efficient constraint handling method for genetic algorithms [J]. Computer Methods in Applied Mechanics and Engineering, 2000, 186 (2 – 4): 311 – 338.

[40] Krokhmal P, Murphey R, Pardalos P, et al., Robust decision making: addressing uncertainties in distributions [C] //in Cooperative Control: Models, Applications, and Algorithms. Boston: Kluwer, 2003, 165 – 185.

[41] Liefooghe A, Basseur M, Jourdan L. Combinatorial optimization of stochastic multi – objective problems: an application to the flow – shop scheduling problem [J]. Evolutionary Multi – Criterion Optimization. 2007, 457 – 471.

[42] Qi Y, Ma X, Liu F, et al. MOEA/D with adaptive weight adjustment [J]. Evolutionary Computation, 2014, 22 (6): 231 – 264.

[43] Ma X, Qi Y, Li L. MOEA/D with uniform decomposition measurement for many – objective problems [J]. Soft Computing, 2014, 18 (12): 1 – 24.

[44] Gu F, Liu H. A novel weight design in multi – objective evolutionary algorithm [C] //in Proc IEEE International Conference on Computational Intelligence and Security, Naning, P. R. China, 2010, 37 – 141.

[45] Jiang S, Cai Z, Zhang J. et al. Multiobjective optimization by decomposition with Pareto – adaptive weight vectors Pareto – adaptive weight vectors [C] //in Proc IEEE International Conference on Natural Computation, Shanghai, P. R. China, 2011, 1260 – 1264.

[46] Liu H, Gu F, Cheung Y. T – MOEA/D: MOEA/D with objective transform in multi – objective problems [C] //in Proc IEEE In International Conference of Information Science and Management Engineering, Washington DC, USA, 2010, 282 – 285.

[47] Deng Z, Liang S, Hong Y. Distributed Continuous – Time Algorithms for Resource Allocation Problems Over Weight – Balanced Digraphs [J]. IEEE Transactions on Cybernetics, 2018, 48 (11): 3116 – 3125.

[48] Turner J, Meng Q, Schaefer G, et al. Distributed Task Rescheduling With Time Constraints for the Optimization of Total Task Allocations in a Multirobot System [J]. IEEE Transactions on Cybernetics, 2018, 48 (9): 2583 – 2597.

[49] Alighanbari M, How J P. Decentralized Task Assignment for Unmanned Aerial

Vehicles [C] //in Proceedings of the 44th IEEE Conference on Decision and Control, Seville, Spain, 2005, 5668 – 5673.

[50] Zhao W, Meng Q, Chung P W H. A Heuristic Distributed Task Allocation Method for Multivehicle Multitask Problems and Its Application to Search and Rescue Scenario [J]. IEEE Transactions on Cybernetics, 2016, 46 (4): 902 – 915.

[51] Wang W, Jiang Y. Community – Aware Task Allocation for Social Networked Multiagent Systems [J]. IEEE Transactions on Cybernetics, 2014, 44 (9): 1529 – 1543.

[52] Fitzgerald J, Griffin C. Pareto Optimal Decision Making in a Distributed Opportunistic Sensing Problem [J]. IEEE Transactions on Cybernetics, 2019, 49 (2): 719 – 725.

[53] Gerkey B P, Matari'c M J. A Formal Analysis and Taxonomy of Task Allocation in Multi – Robot Systems [J]. The International Journal of Robotics Research, 2004, 23 (9): 939 – 954.

[54] Sarvapali D Ramchurn, Maria Polukarov, Alessando Farinelli, et al. Coalition Formation with Spatial and Temporal Constraints [C] //in Proceedings of the 9th International Conference on Autonomous Agents and Multiagent Systems, 2010, 3: 1181 – 1188.

[55] Ernesto Nunes, Marie Manner, Hakim Mitiche, et al. A taxonomy for task allocation problems with temporal and ordering constraints [J]. Robotics and Autonomous Systems, 2017, 90: 55 – 70.

[56] Reynolds, Craig W Flocks. Herds, and Schools: A Distributed Behavioral Model. Maureen C. Stone (editor), Computer Graphics 4, volume 4, 25 – 34. SIGGRAPH, July 1987.

[57] Price Ian. Evolving Probabilistic UAV Behavior. Technical report, Air Force Institute of Technology [R]. Wright – Patterson Air Force Base, Dayton, OH, 2005.

[58] Kadrovich Tony. A Communications Modeling System for Swarm – based Sensors [D]. WPAFB, OH: Air Force Inst. of Tech., March 2003.

[59] Price Ian. Self – Organization in UAVs. Technical report, Air Force Institute of Technology [D]. Dayton, OH: Wright – Patterson Air Force Base, 2005.

[60] Crowther W J. Flocking of autonomous unmanned air vehicles [J]. Aeronautical Journal, 2003, 107 (1068): 99 – 110.

[61] Dorigo Marco, Vito Trinni, Erol Sahin, et al. Evolving Self – Organizing Behaviors for a Swarm – bot [R]. Technical Report TR/IRIDIA/2003 – 11, Universite Libre de Bruxelles, Institut de Recherches Interdisciplaires et de Developpements en Intelligence Artificielle, June 2004.

[62] Marocco Davide, Stefano Nolfi. Emergence of Communication in embodied agents: co – adapting communicative and non – communicative behaviours. Technical report, Institute of Cognitive Science and Technologies [R]. CNR, Viale Marx 15, Rome, 00137, Italy.

[63] Mnih V, Adrià Puigdomènech Badia, Mirza M, et al. Asynchronous Methods for Deep Reinforcement Learning [J]. 2016, 2850 – 2869.

[64] Gao, Chen, Zhen, et al. A self – organized search and attack algorithm for multiple unmanned aerial vehicles [J]. Aerospace Science & Technology, 2016, 54 (Jul.): 229 – 240.

第 4 章

仿生组群原理及关键技术

反应式集群范式的好处对于集群弹药而言是毋庸置疑的：行为自发、简单高效、自我学习等。这些特征的灵感来源于自然界中的智能集群生物，因此借用仿生技术构建集群弹药是一个不错的尝试。而视觉作为生物界和弹药最常见的感知手段，如何在集群弹药中发挥作用是一项具有重要意义的研究。因此，视觉信息的处理以及基于视觉信息的仿生决策是本章的主要内容。当然,该项研究内容尚不能独立支撑集群弹药的构建,仅仅是组群、涌现机理的探索,是构建反应式集群弹药的一种尝试。

4.1 概述

生物学和交叉学科的研究者在解释鸟类和昆虫如何在复杂的自然环境中自适应地通过视觉信号来引导飞行方面，已经取得了很大进展。从鸟类、昆虫的视觉驱动行为中得到启发，本章将提出并深入探讨视觉导向的集群协作模型(Visually Oriented Flight and Coordination of Unmanned Aerial Vehicle Swarms Without Explicit Communication, VOFC)，用于在不依赖通信的前提下实现智能弹药集群的协作。该模型特别针对通信不能随智能弹药数量的增加而很好地扩展，从而无法可靠使用的情况。为了实现该模型，本章设计了一个四层结构，其中包括视觉原始输入、视觉提示、行为规则和输出动作。其中，视觉原始输入包括全范围的投影和近距离的观察，结合成视觉线索，以忠实地反映环境动态和集群变化；行为规则由视觉提示和随机扰动产生，汇总为输出动作，决定弹药个体的运动；弹药集群行为则通过VOFC模型中的视觉规则优化产生。通过大量的仿真和实验证明VOFC模型在弹药集群基于视觉的非通信协调上做出了有益探索。

如前文所述，将集群概念引入弹药是很自然的。虽然智能弹药可以采用自主或远程控制的方式高效执行困难任务[1-15]，但单枚智能弹药负载有限且升级成本高，因此弹药集群协作能力至关重要[16-20]。弹药集群的特点是集群内的弹药协调其行动以实现共同的目标，可以分为直接协调和间接协调两种类型。直接协调以通信为手段[21-23]，集群通信网络为弹药提供信息流骨架，将信息传输给相邻的个体，形成集群共识量，进而协商各自的行动方案。通信方法实施简单，但可扩展性不强。间接协调则利用涌现现象[24-26]，也就是社会性生物群体中的重要概念。涌现是一个整体论的概念，指的是通过简单的规则进化出复杂的结构或行为。涌现依托于局部相互作用，以"自下而上"而非"自上而下"的方式运作。自然界有许多涌现系统的实际例子[27-30]，如蚂蚁觅食、鸟类成群、鱼群分散聚合等。涌现方法在不同自由度和复杂度的各类人造集群上已经得到初步实践。

弹药的集群涌现协调又可以体现为弹药个体的反应式决策模型。而基于规则的决策模型是最常见、最实用的集群涌现方式。基于规则决策模型的核心特征在于规则设计、规则前感知、规则后处理。以下从这三个方面介绍现有研究：

首先，规则设计是弹药集群行为的最核心部分。经典的 Boids 模型[31]采用三个简单的规则，即内聚规则、排列规则和分离规则。Vicsek 模型[32]采用两个简单规则，即速度排列规则、随机扰动规则。Couzin 模型[33]包含三个不重叠的球状行为区，即斥力区、共向区和吸引区，斥力区具有最高的优先权，共向区与吸引区共同工作。为了进一步扩展弹药集群的适应能力，本章特别关注鸟类和昆虫的视觉驱动行为[29]和相关假说[34]。大黄蜂在通过狭窄通道的飞行过程中，通过平衡两侧产生的光流的大小来调整两侧距离[35]。蜜蜂保持在着陆点目标附近的光流大小不变，以达到平滑着陆的效果[36]。蜂鸟使用一种平衡视觉扩张速度的策略来控制它们的侧向飞行轨迹[37]。果蝇通过偏离快速扩张的图像源以躲避即将发生的碰撞[38]。百灵鸟会使用两种不同的飞行速度，即在开放环境中的"巡航"速度和在杂乱环境中的安全"机动"速度[39]。鸽子在途经多个障碍物时，尽量选择空隙大并飞行方向连续一致的路径[41]。这些自然集群的视觉驱动行为策略对弹药集群的视觉行为有良好的启发性。

其次，规则前感知决定了集群对外部因素的反应能力。Boids 模型中的个体[31]能够获得环境中其他物体的确切位置和速度信息。许多其他的仿生集群模型[32-34]也采用类似的假设模拟动物的感知和认知过程。然而，这对于集群弹药来说是相当不现实的[42]。从外部设备传输的绝对状态或自我监测型弹药处获取的绝对状态可以提供丰富的集群特征信息，其代价是当系统置于通信干扰和网络拥堵的约束下方法将失效。即使将绝对状态转换为相对状态且根据拓扑约束部分传输仍然不能良好反映战场上的复杂情况[24]。有实际应用意义的集群模型需要更"简单"的方法[43-46]。例如，在鸟类研究中发现，作为集群成员的飞鸟在向外观测集群及外界时，很可能只看到绝大多数个体的剪影[47]，由于飞行速度太快，集群中的其他个体难于追踪甚至分辨。研究者通过定义个体的投影图，在仿真研究中再现了鸟类的基于视觉的集群行为[47]。此类基于生物启发和视觉实际的感知表征比个体绝对或相对的精确状态更适合作为弹药集群的规则前置。

最后，规则后处理过程最终决定了集群的行为组成模式。规则通常表示对环境动态和集群变化的一种响应[47-50]。这些反应式的行为之间可能存在冲突，因此需要进行仲裁、排序、结合，以用于引导弹药运动。对于具有相同形式的规则，例如各种方向矢量规则或加减速规则，加权平均是一个简单有效的规则组合方式。规则的权重可代表反应的强度，在规则的后处理中是至关重要的。规则权重可以通过工程经验、仿生模拟、优化训练等方式确定。未来状态最大化原则[51]以及常见的启发式方法[52-54]均可用于确定规则权重的优化训练。实际上，在任务导向下，在驱动集群行为方面，规则权重往往和规则本身一样重要。

4.2 视觉驱动的集群协作模型

如前所述，模型采用四层结构，以处理视觉信息而产生弹药动作。前两层是规则前的感知，第三层是具体规则，第四层则是规则后的处理。其模型如图4-1所示。具体来说，第一层是视觉输入层，包括全范围投影和近距观测。全范围投影以整数0、1、2表示，传达了外界实体的分布情况。观测值是有限数量的邻近实体的状态。第二层是视觉信息层，包括标量信息和方向信息。视觉信息是视觉原始输入的结构化组合，表现弹药集群的高层级感知。第三层是

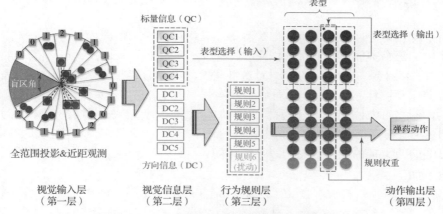

图4-1　基于视觉信息的组群模型（附彩插）

行为规则，其中五个行为规则从视觉信息中自然衍生得到，还有一个代表随机扰动的噪声规则。第四层是 输出动作，结合表型进行计算。在生物学中，表型的含义是生物通过基因和环境影响的结合而表现的特征。在 VOFC 模型中，表型表示为含有 10 个十进制数的数值串。数值串中的前四个值是"标量信息权重"，后六个值是"规则权重"。对于多个表型，通过比较不同权重下标量信息的加权平均，选出最佳表型。进而采用最佳表型下含有的规则权重，计算行为规则的加权平均，得到输出动作。基于表型的双加权平均计算，是基因结合环境表现特征过程的模拟。

4.2.1 视觉输入层

详细说明模型的第一层，其基本组成为全范围投影[47]和近距观测[30]，如图 4-2 所示。其中，弹药集群表示为 $I \triangle \{1, 2, \cdots, N_A\}$，目标集合表示为 $T \triangle \{1, 2, \cdots, N_T\}$。弹药和目标在下文中统称为实体。实体是不透明的，因此对于投影和观测而言，较近的实体会遮挡较远的个体，如图 4-2（a）中的 A 情形所示。此外，远处实体往往难以分辨，如图 4-2（a）中的 B 情形所示。投影和观察都被限制在前侧向的可视空间内，在后方存在盲区。以 γ_i 表示弹药 U_i 的盲角。弹药的 $(2\pi - \gamma_i)$ 可视空间划分为 N 个扇形区域。每个投影区 $P_h(i)$，$h = 1, 2, 3, 4, \cdots, N$ 对应一个整数值 $Q_h(i)$，表示投影区的主要特征。m_i 是弹药 U_i 在盲区外的可识别实体的数量，$m_i^* = \min(m_i, 7)$ 此处数值 7 来源于研究者观察大规模鸟群飞行的发现；鸟群中的个体通常与固定数量（6~7个）的相邻个体互动，而不是与固定距离内的所有个体互动[30]。实体 $E_s(i)$，$s = 1, 2, 3, \cdots, m_i^*$ 由四元数组表示，包含实体的若干观测值。

1. 近距观测

近距观测是对邻近个体的相对测量，从中可以反映集群的部分趋势。近距观测中的每个实体 $E_s(i)$ 由一个四元数组 $[e_s(i), \beta_s(i), d_s(i), \varphi_s(i)]$ 表示，表征相对观测结果。类型描述符 $e_s(i)$ 对观察实体进行分类。其中，$e_s(i) = 1$ 表示友方实体（同伴），$e_s(i) = 2$ 表示敌方实体（目标）。$-\pi \leq \beta_s(i) \leq \pi$ 表示观察实体的相对方位，$d_s(i)$ 表示观察实体的相对距离。当被观察的实体同为弹药时，具有方向描述符 $\varphi_s(i)$，否则，为缺省值 $\varnothing$。朝向和个体均在以弹药 U_i 自身朝向为零轴的极坐标系内表示，如图 4-2（a）所示。综上所述，近距观测表示如下：

$$E_s(i) = \begin{cases} [e_s(i), \beta_s(i), d_s(i), \varphi_s(i)], & e_s(i) = 1 \\ [e_s(i), \beta_s(i), d_s(i), \varnothing], & e_s(i) = 2 \end{cases}, \quad s = 1, 2, 3, \cdots, m_i^*$$

(4-1)

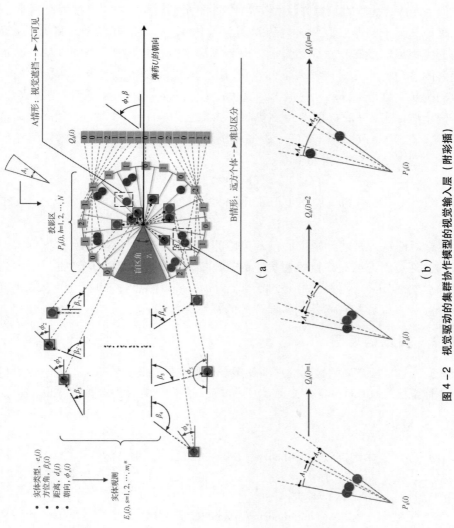

图 4-2 视觉驱动的集群协作模型的视觉输入层（附彩插）
(a) 全范围投影和近距离观测图示；(b) 投影扇形区域主要特征提取方法示意

2. 全范围投影

通过投影[47]可以提供对集群远端状态的快速更新，且扩展性良好。如前所述，弹药的可视空间均匀划分为 N 个投影扇区。每个扇区 $P_h(i)$ 对应于一个特征值 $Q_h(i)$。Q 值的计算方法如下：首先将 $P_h(i)$ 扇区内的可视弹药投影到一个虚拟圆弧上，得到该扇区内的弹药覆盖角 $A_1(h,i)$。同样地，将 $P_h(i)$ 扇区内的可视目标投影到虚拟圆弧上，得到该扇区内的目标覆盖角 $A_2(h,i)$。每个扇区的总角度为 $A_i=(2\pi/N-\gamma_i/N)$。扇区内既未被弹药也未被目标的投影覆盖的圆弧角度为 $A(i)-A_1(h,i)-A_2(h,i)$。图 4-2（b）所示为三种 Q 值的不同示例。当 $A_1(h,i)$ 在 A_i 中占优时，该扇区由 $Q_h(i)=1$ 表示；当 $A_2(h,i)$ 占优时，该扇区由 $Q_h(i)=2$ 表示；其他情况下，$Q_h(i)=0$。全范围投影总计包含 N 个整数，计算方式如下：

$$Q_h(i)=\begin{cases}2, & A_2(h,i)>A_i/2 \\ 1, & A_1(h,i)>A_i/2, \quad h=1,2,\cdots,N \\ 0, & \text{其他}\end{cases} \quad (4-2)$$

视觉原始输入是基于视觉的行动策略的源点。全范围投影提供了集群状态感知的快速更新方法。尽管投影表达的是压缩后的信息，但它仍然是一个难以取代的远端感知源。近距观测是对于邻近个体的相对观测，从中可以反映集群的部分趋势。投影和观测共同构成弹药的视觉原始输入。

4.2.2 视觉信息层

视觉信息是视觉原始输入的结构化组合，表现弹药高层级感知。视觉信息包括四个标量信息（Quantitative Cue，QC）和五个方向信息（Directional Cue，DC）。

1. 标量信息

（1）邻域实体距离（Neighbouring Entity Distance，NED）：

$$p_1(i)=\frac{1}{m_i^*}\sum_{s\in S}d_s(i), \quad S=\{\mathbb{N}\mid 1\leqslant s\leqslant m_i^*\} \quad (4-3)$$

（2）邻域友方比率（Neighbouring Agent Ratio，NAR）：

$$p_2(i)=\frac{1}{m_i^*}\sum_{s\in S_1}e_s(i), \quad S_1=\{\mathbb{N}\mid 1\leqslant s\leqslant m_i^*, e_s(i)=1\} \quad (4-4)$$

（3）投影友方比率（Projected Agent Ratio，PAR）：

$$p_3(i)=\frac{1}{N}\sum_{h\in H_1}Q_h(i), \quad H_1=\{\mathbb{N}\mid 1\leqslant h\leqslant N, Q_h(i)=1\} \quad (4-5)$$

(4) 投影目标比率（Projected Target Ratio，PTR）：

$$p_4(i) = \frac{1}{N} \sum_{h \in H_2} \frac{1}{2} Q_h(i), \quad H_2 = \{\mathbb{N} \mid 1 \leq h \leq N, Q_h(i) = 2\} \quad (4-6)$$

标量信息包括邻域实体距离（NED）、邻域友方比率（NAR）、投影友方比率（PAR）和投影目标比率（PTR），如式（4-3）~式（4-6）所示。其中，NED、NAR 与近距观测相关，PAR、PTB 与投影相关。NED 值 p_1 是邻域实体的平均距离。NAR 值 p_2 是邻域实体中弹药个体的比例，由此可知，$(1-p_2)$ 是邻域实体中目标个体的比例。PAR 值 p_3 是以弹药为主的投影扇区的比例，PTR 值 p_4 是以目标为主的投影扇区的比例。因此，$(1-p_3-p_4)$ 是以干净天空为主的投影扇区的比例，也是"集群边缘不透明度"的表征[47]。

2. 方向信息

(1) 邻域友方朝向（Neighbouring Agent Orientation，NAO）：

$$p_5(i) = \frac{\sum_{s \in S_1} \varphi_s(i)}{m_i^* \cdot p_2(i)}, \quad S_1 = \{\mathbb{N} \mid 1 \leq s \leq m_i^*, e_s(i) = 1\} \quad (4-7)$$

(2) 邻域友方的方位（Neighbouring Agent Bearing，NAB）：

$$p_6(i) = \frac{\sum_{s \in S_1} \beta_s(i)}{m_i^* \cdot p_2(i)}, \quad S_1 = \{\mathbb{N} \mid 1 \leq s \leq m_i^*, e_s(i) = 1\} \quad (4-8)$$

(3) 邻域目标方位（Neighbouring Target Bearing，NTB）：

$$p_7(i) = \frac{\sum_{s \in S_2} \beta_s(i)}{m_i^* - m_i^* \cdot p_2(i)}, \quad S_2 = \{\mathbb{N} \mid 1 \leq s \leq m_i^*, e_s(i) = 2\} \quad (4-9)$$

(4) 投影友方的方位（Projected Agent Bearing，PAB）：

$$p_8(i) = \frac{A_i}{2} + \frac{\sum_{h \in H_1} \theta_h(i)}{N \cdot p_3(i)}, \quad H_1 = \{\mathbb{N} \mid 1 \leq h \leq N, Q_h(i) = 1\} \quad (4-10)$$

(5) 投影目标方位（Projected Target Bearing，PTB）：

$$p_9(i) = \frac{A_i}{2} + \frac{\sum_{h \in H_2} \theta_h(i)}{N \cdot p_4(i)}, \quad H_2 = \{\mathbb{N} \mid 1 \leq h \leq N, Q_h(i) = 2\} \quad (4-11)$$

视觉信息是视觉原始输入和弹药行为规则之间的桥梁。视觉信息是视觉技术获取得到的高层收弹药感知，既有标量也有矢量。方向信息包括邻域友方朝向（NAO）、邻域友方的方位（NAB）、邻域目标方位（NTB）、投影友方的方位（PAB）、投影目标方位（PTB）。其中，NAO、NAB、NTB 与近距观测相关，PAB、PTB 与投影相关。NAO 值 p_5 是邻域个体的平均朝向，NAB 值 p_6 是邻域个体的平均方位，NTB 值 p_7 是邻域目标的平均方位。PAB 值 p_8 为以弹药为主的投影扇区的平均方位，PTB 值 p_9 为以目标为主的投影扇区的平均方位，表现了全范围内弹药与目标的分布情况。

4.2.3 行为规则层

固定翼弹药需要遵循某些运动学和动力学约束[55-57]。例如，固定翼弹药需要保证最小的前进速度提供足够的升力以抵消重力[58]。因此，VOFC 模型采用飞行方向作为弹药行为规则的基本形式。总计有六条行为规则，其中五条规则来自基于视觉的方向信息，第六条规则是启发于 Vicsek 模型的一个随机扰动项[32]。行为规则经组合形成弹药动作。不难看出，下面的基本行为可以映射到弹药的作战任务。例如，快速搜索任务可以通过邻域友方朝向和方位来完成快速散开从而达到搜索的目的；饱和攻击任务可以通过目标方位和友方方位来完成。

（1）邻域友方朝向（NAO）：

$$a_1(i) = p_5(i) = \frac{\sum_{s \in S_1} \varphi_s(i)}{m_i^* \cdot p_2(i)}, \quad S_1 = \{\mathbb{N} \mid 1 \leqslant s \leqslant m_i^*, e_s(i) = 1\}$$

(4-12)

（2）邻域友方的方位（NAB）：

$$a_2(i) = p_6(i) = \frac{\sum_{s \in S_1} \beta_s(i)}{m_i^* \cdot p_2(i)}, \quad S_1 = \{\mathbb{N} \mid 1 \leqslant s \leqslant m_i^*, e_s(i) = 1\}$$

(4-13)

（3）邻域目标方位（NTB）：

$$a_3(i) = p_7(i) = \frac{\sum_{s \in S_2} \beta_s(i)}{m_i^* - m_i^* \cdot p_2(i)}, \quad S_2 = \{\mathbb{N} \mid 1 \leqslant s \leqslant m_i^*, e_s(i) = 2\}$$

(4-14)

（4）投影友方的方位（PAB）：

$$a_4(i) = p_8(i) = \frac{A_i}{2} + \frac{\sum_{h \in H_1} \theta_h(i)}{N \cdot p_3(i)}, \quad H_1 = \{\mathbb{N} \mid 1 \leqslant h \leqslant N, Q_h(i) = 1\}$$

(4-15)

（5）投影目标方位（PTB）：

$$a_5(i) = p_9(i) = \frac{A_i}{2} + \frac{\sum_{h \in H_2} \theta_h(i)}{N \cdot p_4(i)}, \quad H_2 = \{\mathbb{N} \mid 1 \leq h \leq N, Q_h(i) = 2\}$$

$$(4-16)$$

（6）随机扰动项：

$$a_6(i) = \text{rand}[-\pi, \pi) \qquad (4-17)$$

4.2.4 动作输出层

弹药输出动作的计算是任务驱动的，包括离线准备环节和在线计算程序。离线程序预先产生几个表型，每个表型包含四个标量信息权重和六个规则权重。如前所述，表型在生物学中的含义是通过基因和环境影响的结合而表现特征。表型的总数是一个可变参数 λ。第 $\xi(1 \leq \xi \leq \lambda)$ 个表型 ph_ξ，包含标量信息权重 $c_r(\xi)$，$r = 1, 2, 3, 4$ 和规则权重 $w_r(\xi)$，$r = 1, 2, \cdots, 6$，如下所示：

$$ph_\xi = [c_1(\xi), c_2(\xi), c_3(\xi), c_4(\xi), w_1(\xi), w_2(\xi), w_3(\xi),$$
$$w_4(\xi), w_5(\xi), w_6(\xi)], \xi = 1, 2, \cdots, \lambda \qquad (4-18)$$

在线计算程序包含两段加权平均计算。首先，用所有表型中的标量信息权重对标量信息进行加权，比较加权和的大小从而确定最佳表型 $\xi^*(i)$。进而采用最佳表型 $\xi^*(i)$ 中的权重规则对行为规则进行加权，得到弹药的输出动作 $a(i)$。

$$\xi^*(i) = \underset{1 \leq \xi \leq \lambda}{\arg\max} \left[\sum_{t=1}^{4} c_t(\xi) \cdot p_t(i) \right] \qquad (4-19)$$

$$a(i) = \sum_{t=1}^{6} a_t(i) \cdot w_t(\xi) \Big|_{\xi = \xi^*(i)} \qquad (4-20)$$

两段加权平均的计算方案确保了在线计算的低复杂度和实时性。在动态环境中，弹药可以在不同的表型间迅速切换从而快速适应新的环境。每个由标量信息权重和规则权重组成的表型，编码了一种独特的对外界的反应，通过在线计算进行激活。弹药的编码行为可以通过工程经验、仿生模拟、优化训练等方式确定。

4.3 任务导向的表型优化

在完成模型的构建后，真正使之可以运作的是方法，而弹药通过在不同表型间的快速切换从而可以适应环境。表型是弹药个体处理视觉信息生成行为的关键支撑。设表型集合总计含有 λ 个表型，每个表型含有 4 个标量信息权重和

6个规则权重。则表型集合可作为优化对象,优化目标是找到一组表型集合,使得采用该组表型的弹药集群能够最大化某个任务导向的奖励函数。在后续的实验部分,任务场景及相应的任务奖励函数将一起阐明。

本章采用简单的遗传算法对表型进行优化,因为遗传算法实施简单,且不要求函数的连续性。优化对象是 λ 个表型,即 10λ 个实数的有序集合,编码为 50λ 比特的二进制数组。交叉和变异操作在二进制下实现,确保对于表型的全面探索。采用精英策略消除每一代优化中的冗余个体。其优化流程如图 4-3 所示。

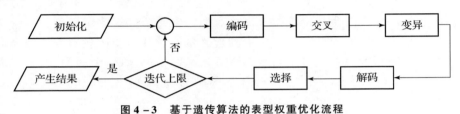

图 4-3 基于遗传算法的表型权重优化流程

简单说明一下,在初始化时随机产生 N_p 套表型集合,每个集合包含 λ 个表型,即 10λ 个(-1,1)内的十进制实数。在每个优化周期内,首先将表型集合编码为二进制数,进而通过交叉和变异操作产生新的种群成员,随后进行解码和评估,对种群进行选择。在多代优化后,从产生的种群成员中选择最佳成员。

4.3.1 编码与交叉变异

编码操作:编码操作中通过以下步骤将一个(-1,1)内的十进制实数编码为一个五位二进制数,也称一个数据点。首先,将该十进制数乘以16并加15,向上取整,得到[0,31]内的十进制整数;然后,将十进制整数转换成二进制。例如,十进制数0.56乘以16加15得到23.96,四舍五入得到十进制数24,进而转换成相应的二进制数11000。每个表型含有10个十进制数,编码得到50个二进制位,即10个数据点。每套表型集合内,λ 个表型首尾相连,得到 50λ 个二进制位的种群成员。

交叉操作:在每代交叉操作中,产生 $\lceil N_p \cdot \sigma_c \rceil$ 个新个体,其中 $\lceil \ \rceil$ 表示向正无穷方向取整,σ_c 满足 $0 \le \sigma_c \le 1$。交叉的过程,首先是从当前种群中选择 $2\lceil N_p \cdot \sigma_c \rceil$ 亲本个体,选择过程允许重复,并将选择出的个体随机配对。然后,每一对这样的亲本个体 Q^{p_1} 和 Q^{p_2} 通过多点交叉操作产生一个子本个体 Q^c,如图4-4所示。具体来说,交叉以 $\lceil 10\lambda \cdot \rho_c \rceil$ 个数据点作为交叉点,其中 $0 \le \rho_c \le 1$。子本 Q^c 中在交叉点上的数据点来自亲本 Q^{p_1},其他数据点来自亲本

Q^{P_1}。综上所述,交叉操作表示如下:

$$\text{Point}_c = \text{random}\{k \in \mathbb{N} \mid 1 \leq k \leq 10\lambda\}, c = 1, 2, \cdots, \lceil 10\lambda \cdot \rho_c \rceil \tag{4-21}$$

$$Q^C = \text{crossover}(Q^{P_1}, Q^{P_2}) \text{ 其中 } Q^C = \{Q_k^C\}, Q_k^C = \begin{cases} Q_k^{P_2}, & k = \text{Point}_C \\ Q_k^{P_1}, & k \neq \text{Point}_C \end{cases} \tag{4-22}$$

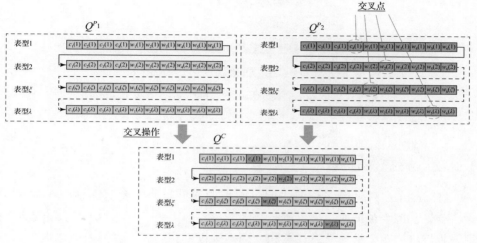

图 4-4 表型优化之多点交叉操作

变异操作:在每代变异操作中,产生$\lceil N_P \cdot \sigma_m \rceil$个新个体,其中,$\sigma_m$满足$0 \leq \sigma_m \leq 1$。变异的过程,首先是从当前种群中选择$\lceil N_P \cdot \sigma_m \rceil$亲本个体。然后,每个亲本个体$Q^M$通过多点变异操作产生一个子本个体$Q^M$,如图 4-5所示。具体来说,亲本中的$\lceil 10\lambda \cdot \rho_m \rceil$个数据点作为变异点,其中$0 \leq \rho_m \leq 1$。在每个变异点中,随机选择$\lceil 5 \cdot s_m \rceil$个位点取反(1 变成 0,0 变成 1),其他的$(5 - \lceil 5 \cdot s_m \rceil)$个位点保持原值。"⊗"表示数据点变异,"~"表示二进制位点取反。综上所述,变异操作表示如下:

$$\delta_m = \text{random}\{k \in \mathbb{N} \mid 1 \leq k \leq 5\}, m = 1, 2, \cdots, \lceil 5 \cdot s_m \rceil \tag{4-23}$$

$$\otimes c = \text{mutation}(c), \otimes c = \{(\otimes c)_i\}, (\otimes c)_i = \begin{cases} \sim c_i, & k = \delta_m \\ c_i, & k \neq \delta_m \end{cases} \tag{4-24}$$

$$\otimes c = \text{mutation}(c), \otimes c = \{(\otimes c)_i\}, (\otimes c)_i = \begin{cases} \sim c_i, & k = \delta_m \\ c_i, & k \neq \delta_m \end{cases} \tag{4-25}$$

$$\text{Point}_m = \text{random}\{k \in \mathbb{N} \mid 1 \leq k \leq 10\lambda\}, m = 1, 2, \cdots, \lceil 10\lambda \cdot \rho_m \rceil \tag{4-26}$$

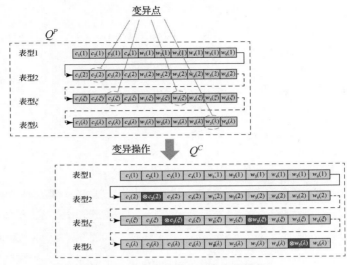

图 4-5 表型优化之多点变异操作

4.3.2 解码与选择

解码操作：解码操作是前述编码操作的逆向过程。解码操作分为两个步骤。首先，每个种群成员被分割成二进制形式的 λ 个表型。然后，每个表型被解码为相应的四个标量信息权重和六个规则权重，得到十进制的表型集合。

选择操作：由于交叉和变异操作会在种群中增加子本，因此需要进行选择操作来消除冗余个体，保持各代之间的种群规模恒定。采用精英策略来选择下一代的种群成员（适应度高的个体）。选择参数记为 $\sigma_s \in [0,1]$，表示选择后余下个体的种群规模与当前实际种群规模的比例，σ_s 的取值如下式所示。

$$\sigma_s = \frac{N_P}{N_P + \lceil N_P \cdot \sigma_c \rceil + \lceil N_P \cdot \sigma_m \rceil} \qquad (4-27)$$

选择操作是每一代优化的最终操作。优化循环重复直至达到最大代数 G_M，然后选择最优个体作为优化输出。在选择操作中，任务导向的适应度函数用于评估个体质量。将解码得到的表型集合应用到弹药集群上，在特定任务场景下运行一段时间，得到相应的评估分数，这种应用过程称为评估段。个体评估适应度值是多段评估的平均分数。$S(Q_u, x_h)$ 表示个体 Q_u 在评估段 x_h 中的评估得分，个体评估总计需要 N_C 个评估段，如下式所示。

$$\text{Fitness}(Q_u) = \sum_{x_h=1}^{N_C} S(Q_u, x_h) \qquad (4-28)$$

使用多段评估来评价种群个体的原因是，基于 VOFC 模型的集群行为是涌现式的,系统发展并不完全由初始值决定。多段评估的平均值能够更好地表现种群个体在执行任务方面的能力,尤其是在复杂情景下。

4.4 数值实验与结果分析

本节将展现仿真结果并对关键因素进行分析。从而在三个不同的任务场景下比较 VOFC 方法与混合投影模型(Hybrid Projection Model,HPM)[47]方法的性能。在场景 A 中,弹药集群在预定区域内集群搜索。在场景 B 中,弹药集群搜索并持续追踪多个目标,即目标在可见范围内。在场景 C 中,弹药集群搜索并均分锁定多个目标。VOFC 模型采用表型优化的方式为在线权重计算提供预先准备,而 HPM 采用文献[47]中推荐的规则权重。通过不同的集群规模、弹药盲角、任务场景可以设计多个测试算例。而集群性能主要由任务导向的适应度函数、位置熵和速度秩进行评估。此外,将特定算例下优化得到的表型推广应用到近似算例下,进而测试 VOFC 模型的泛化能力。最后,分析了集群规模、弹药盲角大小的性能影响。

4.4.1 算例构建

本节介绍 21 个主要测试算例,在每个测试算例中,有 N_A 架智能弹药和 N_T 个目标,分布于 Ω 行动空间内。每个弹药的盲角是 γ,每个弹药的($2\pi - \gamma$)可见区域分为 N 个扇形区块。N_A 架弹药初始化于整个区域的南侧,距最南部边缘 L_0 以内,弹药朝向的纵向分量指北。N_T 个目标初始化于对弹药未知的位置。

在场景 A 中,弹药集群在 Ω 行动空间内进行搜索。该场景的评分函数 S_A 是集群的累计覆盖率。

$$\text{Scoring}_A = \frac{\Omega_{\text{coverage}}(S_M, N_A)}{\Omega_{\text{area}}} \qquad (4-29)$$

式中,Ω_{coverage} 是 N_A 架弹药在 S_M 步内的累计覆盖面积;Ω_{area} 是行动空间的总面积。

在场景 B 中,弹药集群搜索并持续追踪多个目标,尽可能将目标锁定在视野中。该场景的评分函数 S_B 是式(4-30)中所示的感知分数,是 N_A 架弹药在 S_M 步内 PTR 值的加权和,其中权重是随步数变化的衰减因子。

$$\text{Scoring}_B = \sum_{s_t=0}^{S_M} \sum_{k=1}^{N_A} \left[p_4(k) \cdot \exp\left(\frac{S_M - s_t}{S_M}\right) \right] \quad (4-30)$$

在场景 C 中，弹药集群搜索并均分锁定多个目标。该场景的评分函数 S_C 是式（4-31）中所示的锁定分数。

$$\text{Scoring}_C = \frac{s^2 \cdot N_A^2}{s^2 \cdot N_A^2 + R_T^2}, \quad s = -\sum_{g=1}^{N_T} [w_g \cdot \ln w_g], \quad w_g = \frac{1}{\exp|J_T(g, s_M) - R_T| \cdot N_T}$$

$$(4-31)$$

式中，$R_T = \lfloor N_A/N_T \rfloor$ 表示每个目标的最佳分配弹药数量；$J_T(g, s_t)$ 是步骤 s_t 时分配给目标 g 的实际弹药数量；$\exp(\cdot)$ 是以 e 为底的自然指数函数；$\ln(\cdot)$ 是以 e 为底的自然对数函数。S_C 将局部熵融合得到整体评价。

测试算例取值如表 4-1 所示。目标的数量 N_T 随着情景 f 的变化而变化。场景 A 中没有目标，场景 B 中有两个目标，场景 C 中有四个目标。每个集群类型 r 对应于一种集群规模 N_A 和盲角 γ。测试算例由任务场景和集群类型确定，记为算例 $f-r$，即算例 $A/B/C-\mathrm{I}/\mathrm{II}/\mathrm{III}/\mathrm{IV}/\mathrm{V}/\mathrm{VI}/\mathrm{VII}$。例如，算例 $A-\mathrm{III}$ 表示 16 架盲角为 π 的弹药应用于场景 A 中。

表 4-1 测试算例取值

任务区域 Ω_{area} 初始分布宽度 L_0 投影分区数量 N	2 km × 2 km 0.1 km 10						
集群类型 r	I	II	III	IV	V	VI	VII
智能弹药数量 N_A	8	12	16	20	16	16	16
盲角大小 γ	π	π	π	π	$\pi/3$	$2\pi/3$	$4\pi/3$
场景 f 目标个数 N_T	A/B/C 0/2/4						

4.4.2 对比参数设置

HPM 方法采用文献 [47] 中推荐的规则权重，如表 4-2 所示。VOFC 模型通过简单遗传算法优化 λ 表型，优化过程的参数如表 4-3 所示。在每个测试算例下中，表型集合经过 N_G 代优化。在每一代中，$\lceil N_P \cdot \sigma_c \rceil$ 个体由交叉操作产生，$\lceil N_P \cdot \sigma_m \rceil$ 个体将由变异操作产生。所有的亲代和子代个体经过 N_c 段评估得到适应度值，进而通过精英策略选择留下 N_P 个体。最后，适应度值最高的表型集合成为优化结果。

表 4-2 在 VOFC 框架下实现 HPM 模型的相关参数

规则	NAO	NAB	NTB	PAB	PTB	噪声
权重	w_{ξ_1}	w_{ξ_2}	w_{ξ_3}	w_{ξ_4}	w_{ξ_5}	w_{ξ_6}
场景 A	0.75	0.00	0.00	0.10	0.00	0.15
场景 B、C	0.70	0.00	1.00	0.20	0.00	0.10

表 4-3 表型优化参数

进化代数 N_G	5
每代个体数量 G	4
每个体表型数量 λ	4
单次适应度计算需要的片段数 N_C	4
每片段的步数 S_M	1 000
交叉率 σ_c	75%
变异率 σ_m	25%
交叉的变化率 ρ_c	10%
变异的变化率 ρ_m	10%
变异的权重变化率 s_m	40%

4.4.3 弹药集群性能指标

本节介绍集群性能指标，主要包括前述的三个场景下的评分函数，用于评估集群在满足特定任务需求方面的表现，以及速度秩和位置熵，用于表征集群运动的整体特性。

速度秩[54]表示智能弹药飞行方向间的相关性。当所有的智能弹药都以同一方向飞行时，速度秩的值为 1；当智能弹药飞行方向两两相反时，速度秩的值为 0。越高的速度秩表征集群速度越高的均匀性。

$$\phi_{\text{order}} = \frac{1}{N_A} \sum_{i,j=1}^{N_A} \frac{v_i \cdot v_j}{N_A \|v_i\| \|v_j\|} \qquad (4-32)$$

位置熵表示智能弹药的空间分布，采用 $M-Y$ 位置熵。

$$S_{\text{entropy}} = \sum_{k=1}^{M} \left(\frac{-n_k}{Y}\right) \ln\left(\frac{n_k}{Y}\right) \qquad (4-33)$$

式中，M 表示任务空间被均匀分成 M 部分；n_k 是每个部分 k 中的智能弹药数量；Y 将 n_k 无量纲化。无特殊说明，本书中，取 $M=400$，$Y=100$。

4.4.4 实验结果与分析

本节从三个方面展现试验结果,分别是基于适应度函数、速度秩和位置熵的集群性能,泛化能力的测试,基于集群规模、弹药盲角的参数敏感性分析。

1. 集群性能比较

如前所述,优化表型是 VOFC 模型处理视觉信息产生集群行为的重要支撑。图 4-6 所示为 VOFC 模型的表型优化过程,表型通常在 5 代以内得到充分优化,最佳优化得分远远高于初始随机得分。

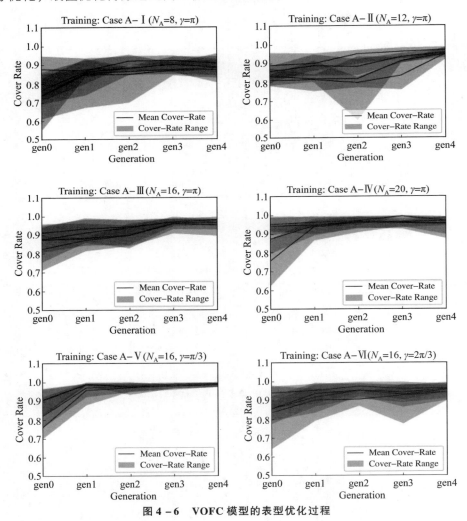

图 4-6 VOFC 模型的表型优化过程

第 4 章 仿生组群原理及关键技术

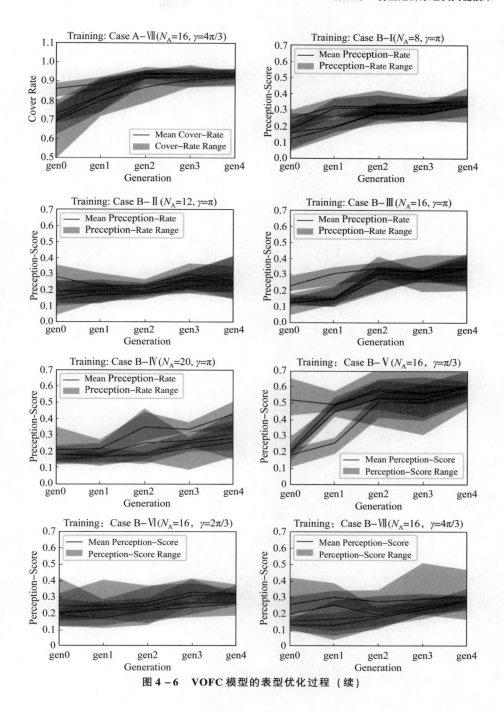

图 4-6 VOFC 模型的表型优化过程（续）

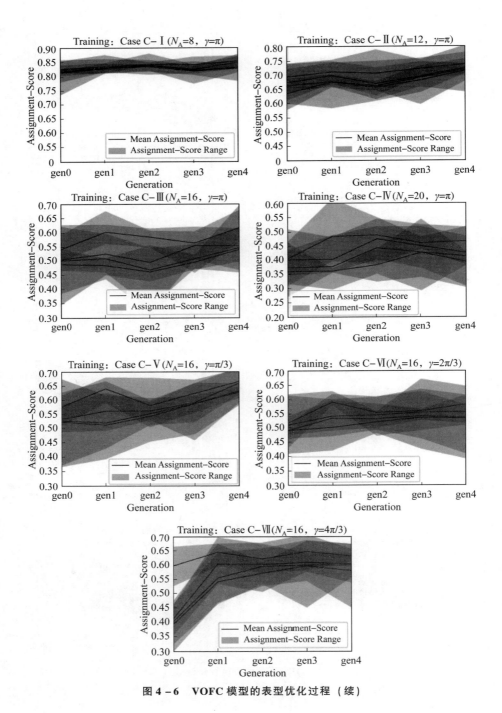

图4-6 VOFC模型的表型优化过程（续）

第 4 章 仿生组群原理及关键技术

表 4-4 所示为 VOFC 方法和 HPM 方法在 21 个算例下,在 4 段评估 ×1 000 步/段内的过程平均得分 ($S_A/S_B/S_C$) 和标准差,以及在 4 段评估的终末得分 ($S_A/S_B/S_C$) 平均值。进行 5% 显著性水平的 Wilcoxon 有序秩检验,以比较 VOFC 方法和 HPM 方法的性能显著性差异。†、•、≃ 分别表示 VOFC 性能显著优于、显著劣于、相当于 HPM 性能。方括号外的分数和符号与过程评分相关,方括号内的分数和符号与终末评分相关。在每个算例下的最优评分加粗表示。图 4-7~图 4-9 进一步可视化展现了 VOFC 方法和 HPM 方法的性能比较。图 4-7 所示为 VOFC 方法和 HPM 方法在所有算例下的性能比较。图 4-8 所示为部分算例下使用 VOFC 方法的集群的飞行轨迹。图 4-9 所示为三个场景下 VOFC 方法和 HPM 方法的集群运动特征。

表 4-4 VOFC 方法和 HPM 方法的性能比较,采用 5% 显著性水平下的 Wilcoxon 有序秩检验

场景	算例	VOFC 集群	HPM 集群	Wilcoxon 检验
场景 A	A-Ⅰ	**0.596 7 ± 0.270 2**[0.922 2]	0.551 4 ± 0.228 9[0.781 3]	†[≃]
	A-Ⅱ	**0.649 1 ± 0.276 4**[**0.967 5**]	0.566 1 ± 0.211 7[0.765 3]	†[†]
	A-Ⅲ	**0.736 9 ± 0.289 3**[**0.982 0**]	0.498 4 ± 0.230 1[0.670 1]	†[†]
	A-Ⅳ	**0.738 5 ± 0.288 9**[**0.993 8**]	0.625 2 ± 0.244 4[0.810 5]	†[†]
	A-Ⅴ	**0.708 0 ± 0.291 7**[**0.992 0**]	0.630 8 ± 0.238 8[0.827 3]	†[†]
	A-Ⅵ	**0.690 9 ± 0.296 7**[**0.972 3**]	0.609 7 ± 0.267 1[0.820 9]	†[†]
	A-Ⅶ	**0.639 8 ± 0.283 3**[**0.944 1**]	0.490 7 ± 0.223 0[0.666 3]	†[†]
场景 B	B-Ⅰ	**0.189 1 ± 0.124 4**[0.352 9]	0.153 9 ± 0.104 0[0.303 2]	†[≃]
	B-Ⅱ	**0.161 6 ± 0.109 2**[0.296 3]	0.147 1 ± 0.089 2[0.264 6]	†[≃]
	B-Ⅲ	**0.185 7 ± 0.130 8**[0.344 3]	0.168 6 ± 0.115 7[0.299 4]	†[≃]
	B-Ⅳ	**0.248 4 ± 0.172 2**[0.428 9]	0.213 6 ± 0.134 1[0.377 7]	†[≃]
	B-Ⅴ	**0.292 8 ± 0.207 1**[**0.605 1**]	0.226 8 ± 0.147 7[0.418 6]	†[†]
	B-Ⅵ	0.192 5 ± 0.112 6[0.330 3]	**0.222 5 ± 0.154 7**[**0.432 1**]	•[•]
	B-Ⅶ	0.176 3 ± 0.134 0[0.298 8]	**0.254 8 ± 0.164 4**[**0.469 8**]	•[≃]

续表

场景	算例	VOFC 集群	HPM 集群	Wilcoxon 检验
场景 C	C-Ⅰ	**0.835 7 ± 0.028 1 [0.854 7]**	0.778 2 ± 0.056 3 [0.793 6]	†[†]
	C-Ⅱ	**0.641 9 ± 0.095 8 [0.737 5]**	0.604 7 ± 0.045 9 [0.622 0]	†[†]
	C-Ⅲ	**0.489 5 ± 0.133 7 [0.618 0]**	0.338 8 ± 0.062 2 [0.352 8]	†[†]
	C-Ⅳ	0.312 6 ± 0.137 2 [0.489 1]	0.309 2 ± 0.171 3 [0.367 7]	≃[≃]
	C-Ⅴ	**0.483 2 ± 0.149 2 [0.665 6]**	0.438 7 ± 0.125 9 [0.522 3]	†[†]
	C-Ⅵ	**0.479 1 ± 0.136 7 [0.589 0]**	0.313 7 ± 0.057 3 [0.374 5]	†[†]
	C-Ⅶ	**0.520 8 ± 0.130 9 [0.649 1]**	0.461 8 ± 0.115 7 [0.588 8]	†[≃]

注：方括号外是过程得分的均值和标准差，方括号内是终末得分的平均值。

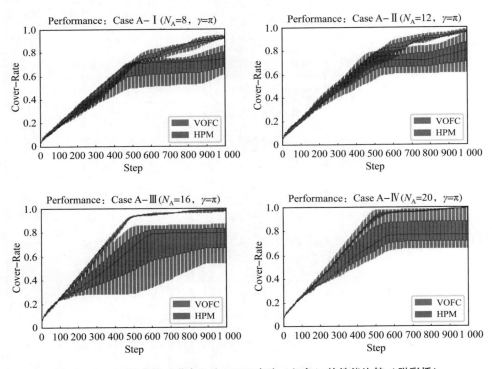

图 4-7 VOFC 方法（蓝色）和 HPM 方法（红色）的性能比较（附彩插）

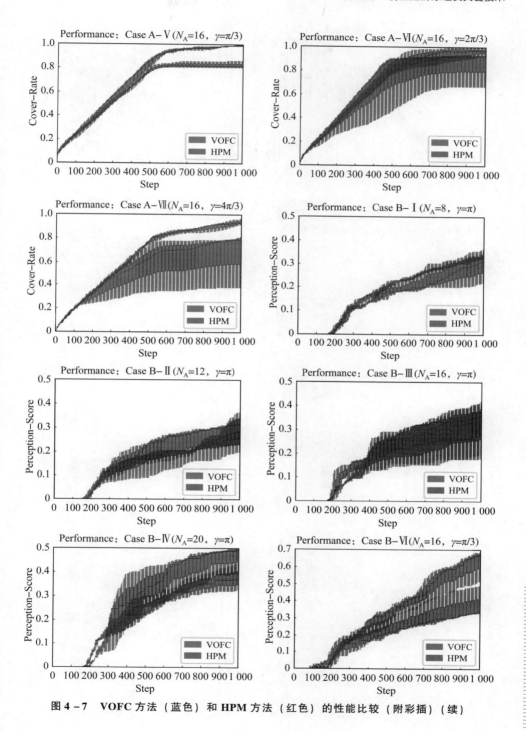

图 4-7 VOFC 方法（蓝色）和 HPM 方法（红色）的性能比较（附彩插）（续）

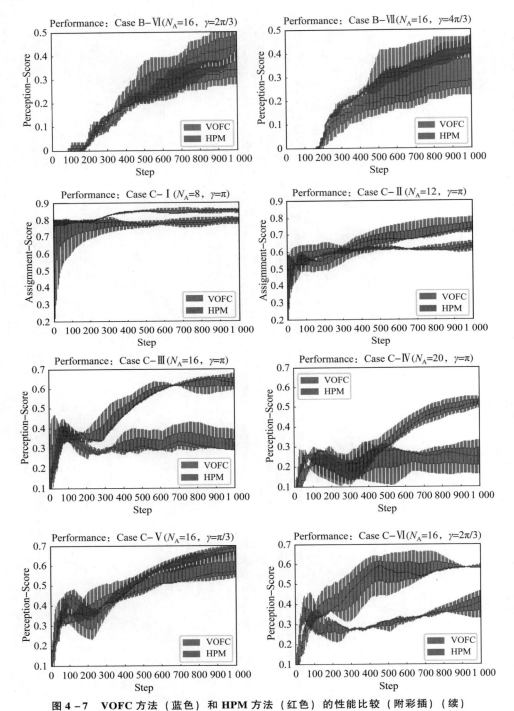

图 4-7 VOFC 方法（蓝色）和 HPM 方法（红色）的性能比较（附彩插）（续）

第4章 仿生组群原理及关键技术

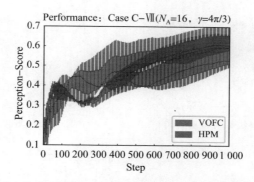

图4-7 VOFC方法（蓝色）和HPM方法（红色）的性能比较（附彩插）（续）

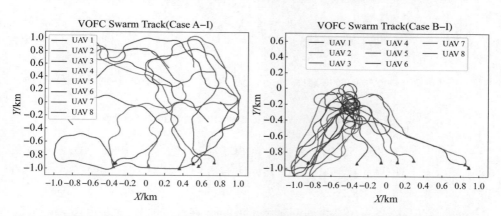

图4-8 算例A-Ⅰ和B-Ⅰ下的VOFC方法的集群飞行轨迹（三角为飞行起点）（附彩插）

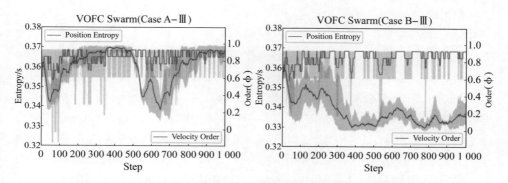

图4-9 算例A/B/C-Ⅲ下VOFC方法和HPM方法的集群运动特征

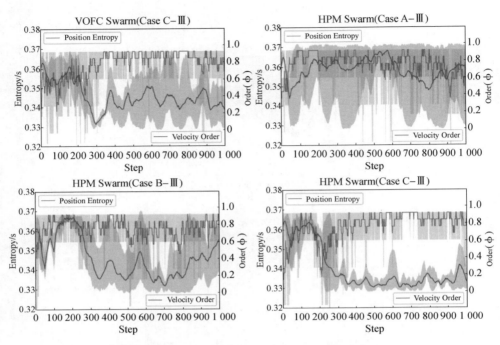

图 4-9 算例 A/B/C-Ⅲ下 VOFC 方法和 HPM 方法的集群运动特征（续）

在过程得分（$S_A/S_B/S_C$）方面，VOFC 方法明显优于 HPM，VOFC 方法在除了算例 B-Ⅵ/Ⅶ和算例 C-Ⅳ之外的所有算例上取得了比 HPM 方法更优的表现。在终末得分（$S_A/S_B/S_C$）方面，性能的差异与场景有关。在场景 A 下（算例 A-Ⅰ除外）VOFC 表现明显优于 HPM。在场景 C 下（算例 C-Ⅳ/Ⅵ除外）VOFC 表现也是明显优于 HPM。在场景 B 下（算例 B-Ⅵ/Ⅴ除外）VOFC 表现和 HPM 相当。

在不同场景下集群性能的演变过程值得关注。在场景 A 各算例的前 500 步中，VOFC 在算例 A-Ⅰ/Ⅵ以外的各算例下表现优于 HPM；在场景 A 的后 500 步中，VOFC 在所有算例下表现优于 HPM。可见，VOFC 的优越性随着时间的推移而增加。就最终得分而言，VOFC 方法通常在 1 000 步以内达到 90% 以上的覆盖率，而 HPM 方法仅能在算例 A-Ⅵ上在 1 000 步以内达到 90% 覆盖率。在场景 B 中，VOFC 方法的最佳得分在 0.7 左右，于算例 B-Ⅴ上取得。HPM 方法的最佳得分在 0.5 左右，于算例 B-Ⅵ上取得。VOFC 方法具有更高的追踪性能上限。在场景 C 中，VOFC 方法的最佳得分在 0.85 左右，HPM 方法的最佳得分在 0.80 左右，均在算例 C-Ⅰ上取得。VOFC 方法具有更高的锁定性能上限。

从图 4-8 可以看出，在场景 A 下，弹药集群分散开来以覆盖尽可能多的空间。在场景 B 下，由于固定翼弹药不能悬停，因此弹药在发现目标并飞至目标后绕目标盘旋飞行。VOFC 的位置熵通常高于 HPM 的位置熵，表明 VOFC 方法的集群空间分布更密集。VOFC 的速度秩通常低于 HPM 的速度秩，其波动也较小，表明 VOFC 方法的集群飞行有更好的协同性。可以说，VOFC 方法通常比 HPM 方法稳定。

2. 泛化能力测试

为了发挥集群的最优性能，通常希望在尽可能接近实际应用条件的算例下对表型进行训练。在实际应用条件难以确定或大规模应用的情形下，也可以在近似算例或典型算例下训练表型并泛化运用。本小节算例 C-Ⅲ 下训练得到的表型（以下简称 C-Ⅲ 表型）应用于算例 C-Ⅰ/Ⅱ/Ⅳ/Ⅴ/Ⅵ/Ⅶ。训练算例和测试算例隶属于同一场景，区别在于集群规模差异或弹药盲区角度差异。

图 4-10 所示为性能比较结果，绿色为 C-Ⅲ 表型，蓝色为各算例条件下训练得到的表型（专有表型）。在集群规模有所差异的算例下，C-Ⅲ 表型在集群中表现良好，与专用表型的性能相近。在弹药盲角有所差异的算例下，C-Ⅲ 表型仅能在初期获得与专用表型相近的性能，长时间后与专用表型的性能有显著差异。由此得出结论，在集群规模存在差异时，近似算例的表型仍然可以指向一般的正确方向。当弹药盲角存在差异时，近似算例的表型无法提供足够的处理细节。这个结论可以帮助在大规模应用下训练算例的设计，服务于实际应用。

3. 参数敏感性分析

显而易见，集群性能随着集群参数的变化而变化。集群规模（N_A）和弹药盲角（γ）是两个最重要的集群参数。图 4-11 所示为不同集群规模和弹药盲角下弹药集群性能的差异。在场景 A 和场景 B 中，规模更大、盲区更窄的弹药集群有着更好的性能，这也与直观相符，因为这样的集群有着更丰富的信息感知能力。由于具体的任务定义，场景 C 中的任务难度随着集群规模的增加而增加，因此规模更大的集群未必意味着更优的性能。不过，盲区更窄的集群仍然提供更优的表现。

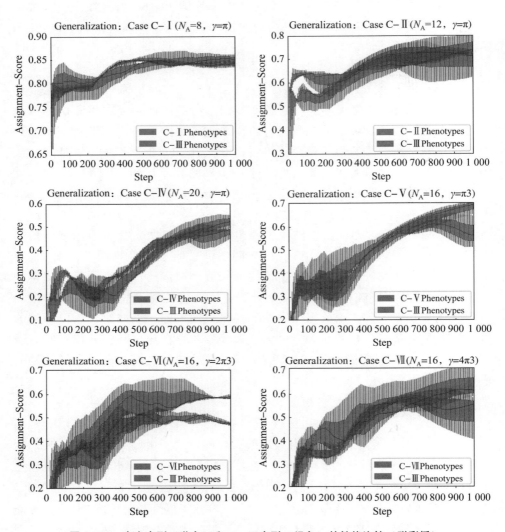

图4-10 专有表型（蓝色）和C-Ⅲ表型（绿色）的性能比较（附彩插）

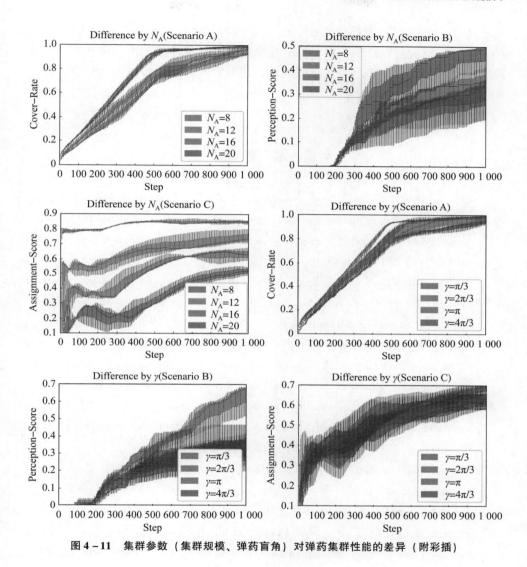

图 4-11 集群参数（集群规模、弹药盲角）对弹药集群性能的差异（附彩插）

4.5 小结

本章的内容是以前三章的理论和概念为基础，基于仿生技术、图像技术以及弹药控制技术的发展阶段进行的集群弹药构建尝试。尝试的结果还是令人鼓舞的，这意味着集群弹药可以依靠视觉（被动探测）的信息进行组群，而不需要依赖传统的电磁波通信方法。这个优势特别适合具有复杂电磁环境的战场，这一点需要特别注意。当前图像技术的发展已经可以初步满足该集群方法的视觉输入需求，主要难点在于算法的适应性和实时性。视觉驱动集群协作实现过程中的体积、功耗、延迟、误差、算力等一系列问题，对该方法的实现构成重大挑战。

参 考 文 献

[1] Chaofang Hu, Zelong Zhang, Na Yang, et al. Fuzzy multiobjective cooperative surveillance of multiple UAVs based on distributed predictive control for unknown ground moving target in urban environment [J]. Aerospace Science and Technology, 2019, 84: 329 – 338.

[2] Bin Di, Rui Zhou, Haibin Duan. Potential field based receding horizon motion planning for centrality – aware multiple UAV cooperative surveillance [J]. Aerospace Science and Technology, 2015, 46: 386 – 397.

[3] Xing Zhang, Jie Chen, Bin Xin, et al. A memetic algorithm for path planning of curvature – constrained UAVs performing surveillance of multiple ground targets [J]. Chinese Journal of Aeronautics, 2014, 27 (3): 622 – 633.

[4] Billie F Spencer Jr., Vedhus Hoskere, Yasutaka Narazaki. Advances in computer vision – based civil infrastructure inspection and monitoring [J]. Engineering, 2019, 5 (2): 199 – 222.

[5] Zhihao Cai, Longhong Wang, Jiang Zhao, et al. Virtual target guidance – based distributed model predictive control for formation control of multiple UAVs [J]. Chinese Journal of Aeronautics, 2020, 33 (3): 1037 – 1056.

[6] Yuhang Kang, Yu Kuang, Jun Cheng, et al. Robust leaderless time – varying formation control for unmanned aerial vehicle swarm system with Lipschitz nonlinear dynamics and directed switching topologies [J]. Chinese Journal of Aeronautics, 2022, 35 (1): 124 – 136.

[7] Yongbo Chen, Jianqiao Yu, Yuesong Mei, et al. Trajectory optimization of multiple quad – rotor UAVs in collaborative assembling task [J]. Chinese Journal of Aeronautics, 2016, 29 (1): 184 – 201.

[8] Zhongjie Lin, Hugh hong – tao Liu. Consensus based on learning game theory with a UAV rendezvous application [J]. Chinese Journal of Aero – nautics, 2015, 28 (1): 191 – 199.

[9] Peng Yao, Honglun Wang, Hongxia Ji. Multi-UAVs tracking target in urban environment by model predictive control and Improved Grey Wolf Optimizer [J]. Aerospace Science and Technology, 2016, 55: 131-143.

[10] Peng Yao, Honglun Wang, Zikang Su. Cooperative path planning with applications to target tracking and obstacle avoidance for multi-UAVs [J]. Aerospace Science and Technology, 2016, 54: 10-22.

[11] Wenhong Zhou, Jie Li, Zhihong Liu, et al. Improving multi-target cooperative tracking guidance for UAV swarms using multi-agent reinforcement learning [J]. Chinese Journal of Aeronautics, 2022, 35 (7): 100-112.

[12] Ziyang Zhen, Dongjing Xing, Chen Gao. Cooperative search-attack mission planning for multi-UAV based on intelligent self-organized algorithm [J]. Aerospace Science and Technology, 2018, 76: 402-411.

[13] Chen Gao, Ziyang Zhen, Huajun Gong. A self-organized search and attack algorithm for multiple unmanned aerial vehicles [J]. Aerospace Science and Technology, 2016, 54: 229-240.

[14] Zongxin Yao, Ming Li, Zongji Chen, et al. Mission decision-making method of multi-aircraft cooperatively attacking multi-target based on game theoretic framework [J]. Chinese Journal of Aeronautics, 2016, 29 (6): 1685-1694.

[15] Ziyang Zhen, Ping Zhu, Yixuan Xue, et al. Distributed intelligent self-organized mission planning of multi-UAV for dynamic targets cooperative search-attack [J]. Chinese Journal of Aeronautics, 2019, 32 (12): 2706-2716.

[16] Xiangming Zheng, Chunyao Ma. An intelligent target detection method of UAV swarms based on improved KM algorithm [J]. Chinese Journal of Aeronautics, 2021, 34 (2): 539-553.

[17] Claudio Piciarelli, Gian Luca Foresti. Drone swarm patrolling with uneven coverage requirements [J]. IET Computer Vision, 2020, 14 (7): 452-461.

[18] Jun Zhang, Jiahao Xing. Cooperative task assignment of multi-UAV system [J]. Chinese Journal of Aeronautics, 2020, 33 (11): 2825-2827.

[19] Jiang Zhao, Jiaming Sun, Zhihao Cai, et al. Distributed coordinated control scheme of UAV swarm based on heterogeneous roles [J]. Chinese Journal of

Aeronautics, 2022, 35 (1): 81-97.

[20] Qibo Deng, Jianqiao Yu, Ningfei Wang. Cooperative task assignment of multiple heterogeneous unmanned aerial vehicles using a modified genetic algorithm with multi-type genes [J]. Chinese Journal of Aeronautics, 2013, 26 (5): 1238-1250.

[21] Qiang Feng, Xingshuo Hai, Bo Sun, et al. Resilience optimization for multi-UAV formation reconfiguration via enhanced pigeon-inspired optimization [J]. Chinese Journal of Aeronautics, 2022, 35 (1): 110-123.

[22] Panpan Zhou, Ben M Chen. Semi-global leader-following consensus-based formation flight of unmanned aerial vehicles [J]. Chinese Journal of Aeronautics, 2022, 35 (1): 31-43.

[23] Yingxun Wang, Tian Zhang, Zhihao Cai, et al. Multi-UAV coordination control by chaotic grey Wolf optimization based distributed MPC with event-triggered strategy [J]. Chinese Journal of Aeronautics, 2020, 33 (11): 2877-2897.

[24] Pavel Petráček, Viktor Walter, Tomáš Báča, et al. Bio-inspired compact swarms of unmanned aerial vehicles without communication and external localization [J]. Bioinspiration & Biomimetics, 2020, 16 (2): 1748-2190.

[25] Antonio L Alfeo, Mario G C A Cimino, Nicoletta De Francesco, et al. Design and simulation of the emergent behavior of small drones swarming for distributed target localization [J]. Journal of Computational Science, 2018, 29: 19-33.

[26] Gonzalo A Garcia, Shawn S Keshmiri. Biologically inspired trajectory generation for swarming UAUs using topological distances [J]. Aerospace Science and Technology, 2016, 54: 312-319.

[27] John Toner, Yuhai Tu. Long-range order in a two-dimensional dynamical XY model: How birds fly together [J]. Physical Review Letters, 1995, 75 (23): 4326-4329.

[28] Andrea Flack, MátéNagy, Wolfgang Fiedler, et al. From local collective behavior to global migratory patterns in white storks [J]. Science, 2018, 360 (6391): 911-914.

[29] Douglas L Altshuler, Mandyam V. Srinivasan. Comparison of Visually Guided Flight in Insects and Birds [J]. Frontiers in Neuroscience, 2018, 12: 157.

[30] Ballerini M, Cabibbo N, Candelier R, et al. Interaction ruling animal collective behavior depends on topological rather than metric distance: Evidence from a

field study [J]. Proceedings of the National Academy of Sciences, 2008, 105 (4): 1232 – 1237.

[31] Craig W Reynolds. Flocks, herds and schools: A distributed behavioral model [J]. Computer Graphics, 1987, 21 (4): 25 – 34.

[32] Tamás Vicsek, András Czirók, Eshel Ben – Jacob, et al. Novel type of phase transition in a system of self – driven particles [J]. Physical Review Letters, 1995, 75 (6): 1226 – 1229.

[33] Iain Couzin, Jens Krause, Richard James, et al. Collective memory and spatial sorting in animal groups [J]. Journal of Theoretical Biology, 2002, 218 (1): 1 – 11.

[34] Huaxin Qiu, Haibin Duan. Multiple UAV distributed close formation control based on in – flight leadership hierarchies of pigeon flocks [J]. Aerospace Science and Technology, 2017, 70: 471 – 486.

[35] Jonathan P Dyhr, Charles M Higgins. The spatial frequency tuning of optic – flow dependent behaviors in the bumblebee Bombus impatiens [J]. The Journal of experimental biology, 2010, 213 (10): 1643 – 1650.

[36] Srinivasan M V, Zhang S W, Chahl J S, et al. How honeybees make grazing landings on flat surfaces [J]. Biological Cybernetics, 2000, 83: 171 – 183.

[37] Roslyn Dakin, Tyee K Fellows, Douglas L Altshuler. Visual guidance of forward flight in hummingbirds reveals control based on image features instead of pattern velocity [J]. Proceedings of the National Academy of Sciences, 2016, 113 (31): 8849 – 8854.

[38] Florian T Muijres, Michael J Elzinga, Johan M Melis, et al. Flies evade looming targets by executing rapid visually directed banked turns [J]. Science, 2014, 344 (6180): 172 – 177.

[39] Ingo Schiffner, Mandyam V Srinivasan. Direct evidence for vision – based control of flight speed in budgerigars [J]. Scientific Reports, 2015, 5.

[40] Steven N Fry, Nicola Rohrseitz, Andrew D Straw, et al. Visual control of flight speed in Drosophila melanogaster [J]. The Journal of Experimental Biology, 2009, 212 (8): 1120 – 1130.

[41] Huai – Ti Lin, Ivo G Ros, Andrew A Biewener. Through the eyes of a bird: modelling visually guided obstacle flight [J]. Journal of The Royal Society Interface, 2014, 11 (96): 239 – 241.

[42] You He. Mission – driven autonomous perception and fusion based on UAV

swarm [J]. Chinese Journal of Aeronautics, 2020, 33 (11): 2831 – 2834.

[43] Martin Saska, Tomas Baca, Justin Thomas, et al. System for deployment of groups of unmanned micro aerial vehicles in GPS – denied environments using onboard visual relative localization [J]. Autonomous Robots, 2017, 41: 919 – 944.

[44] Hongming Shen, Qun Zong, Hanchen Lu, et al. A distributed approach for lidar – based relative state estimation of multi – UAV in GPS – denied environments [J]. Chinese Journal of Aeronautics, 2022, 35 (1): 59 – 69.

[45] Yuwei Zhang, Xingjian Wang, Shaoping Wang, et al. Distributed bearing – based formation control of unmanned aerial vehicle swarm via global orientation estimation [J]. Chinese Journal of Aeronautics, 2022, 35 (1): 44 – 58.

[46] Wonsuk Lee, Hyochoong Bang, Henzeh Leeghim. Cooperative localization between small UAVs using a combination of heterogeneous sensors [J]. Aerospace Science and Technology, 2013, 27 (1): 105 – 111.

[47] Daniel J G Pearce, Adam M Miller, George Rowlands, et al. Role of projection in the control of bird flocks [J]. Proceedings of the National Academy of Sciences, 2014, 111 (29): 10422 – 10426.

[48] Felipe Cucker, Steve Smale. Emergent behavior in flocks [J]. IEEE Transactions on Automatic Control, 2007, 52 (5): 852 – 862.

[49] Herbert G Tanner, Ali Jadbabaie, George J Pappas. Flocking in fixed and switching networks [J]. IEEE Transactions on Automatic Control, 2007, 52 (5): 863 – 868.

[50] Reza Olfati – Saber. Flocking for multi – agent dynamic systems: algorithms and theory [J]. IEEE Transactions on Automatic Control, 2006, 51 (3): 401 – 420.

[51] Henry J Charlesworth, Matthew S Turner. Intrinsically motivated collective motion [J]. Proceedings of the National Academy of Sciences, 2019, 116 (31): 15362 – 15367.

[52] Enrica Soria, Fabrizio Schiano, Dario Floreano. Predictive control of aerial swarms in cluttered environments [J]. Nature Machine Intelligence, 2021, 3: 545 – 554.

[53] Chang Wang, Lizhen Wu, Chao Yan, et al. Coactive design of explainable

agent-based task planning and deep reinforcement learning for human-UAVs teamwork [J]. Chinese Journal of Aeronautics, 2020, 33 (11): 2930-2945.

[54] Hao Chen, Xiangke Wang, Lincheng Shen, et al. Formation flight of fixed-wing UAV swarms: A group-based hierarchical approach [J]. Chinese Journal of Aeronautics, 2021, 34 (2): 504-515.

[55] Ziquan Yu, Youmin Zhang, Bin Jiang, et al. A review on fault-tolerant cooperative control of multiple unmanned aerial vehicles [J]. Chinese Journal of Aeronautics, 2022, 35 (1): 1-18.

[56] Yang Liu, Xuejun Zhang, Yu Zhang, et al. Collision free 4D path planning for multiple UAVs based on spatial refined voting mechanism and PSO approach [J]. Chinese Journal of Aeronautics, 2019, 32 (6): 1504-1519.

[57] Yueqian Liang, Qi Dong, Yanjie Zhao. Adaptive leader-follower formation control for swarms of unmanned aerial vehicles with motion constraints and unknown disturbances [J]. Chinese Journal of Aeronautics, 2020, 33 (11): 2972-2988.

[58] Wei Liu, Zheng Zheng, Kaiyuan Cai. Adaptive path planning for unmanned aerial vehicles based on bi-level programming and variable planning time interval [J]. Chinese Journal of Aeronautics, 2013, 26 (3): 646-660.

第 5 章

集群弹药的博弈、制导与控制

本章的内容是作者课题组在解决上述问题过程中进行的一系列尝试：探索博弈理论对集群弹药的适用性；探索多约束条件下的协同制导律设计；探索在保证单体弹药制导精度基础上制导成本的降低。由于"协同末制导"是以集群弹药为前提提出的新概念，这方面尚未形成公认的、有效的知识体系和方法，因此读者可以通过后面的内容尝试理解集群弹药制导所面临的难点以及作者进行了一些尝试后所取得的经验和教训。

5.1 博弈和集群弹药的关系

如前所述,博弈和弹药任务之间存在天然的联系,这主要有两方面的原因:集群弹药具有自主的决策能力,能够执行目标行为收集和自主判断;另外,数量上的增加和个体弹药之间的通信也使得可以用来决策的信息增加。基于此,本书认为无论是在传统的弹药制导还是协同制导阶段,已经可以考虑博弈带来的相关问题。换一种说法,在原弹道的构成中,可以在中段导航和末段制导中间增加一步博弈决策过程,使得集群打击效能更高。本书将以追逃微分博弈为例进行博弈层面的问题建模及基本方法介绍。

追逃微分博弈的思想和理论体系并不仅局限于集群弹药的应用,而是可以扩展到足球比赛、经济研究、机器人控制等其他研究领域,因此吸引了许多学者或者科研机构开展追逃微分博弈的相关研究。2011 年,加州大学伯克利分校的 Tomlin 教授及其团队对于夺旗博弈模型进行了研究[1],如图 5-1 所示。在该模型中,攻方试图抢夺旗帜,而守方驱赶攻方阻止其夺旗,是追逃微分博弈理论发展的重要过渡。同年,Kostas Margellos 等利用上述博弈模型研究了有障碍物空间下的攻击拦截博弈[2],避免了涉及非线性系统求解这一复杂的问题。2014 年,美国莱特-帕特森空军基地的 Pachter 教授等分析了 TAD 问题(目标-攻击-防御,三方博弈问题),考虑了攻击者是对空导弹,目标是飞机,防御者是目标飞机发射的拦截导弹这样一个场景,并以航向角(速度方向)为决策变量解决了此类最佳控制的问题[3]。2017 年,Tomlin 教授及其团队对于 N_A 个攻击者、N_D 个防御者围绕固定目标区域的博弈场景开展了研究[4],研究团队以图论最大匹配方法将多对多博弈分解为一对一博弈,实现了攻击者尽可能多地到达目标位置而防御者尽可能捕获攻击者的博弈效果。

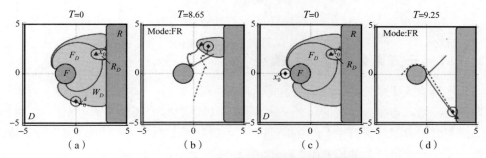

图 5-1 攻守方初始位置对于夺旗博弈结果的影响

相对于国外而言,国内对于追逃微分博弈的研究起步较晚。近十年来,国内研究者对于追逃问题的研究集中于定量微分博弈及其求解等问题,求解方法多为启发式算法等智能方法,应用背景多为机器人与导弹拦截等。2015年,中科院赵冬斌教授团队提出了一种基于经验重置算法的自适应动态规划(Adaptive Dynamic Programming,ADP)算法[5],用于求解耦合的非线性 Hamilton – Jacobi(HJ)方程组,并给出了一类多人动态非零和博弈模型的近似在线平衡解。2016 年,北京理工大学的陈杰教授及其研究团队提出了"捕鱼对策"这种新的博弈模型并对其进行了研究[6]。捕鱼对策是一种特殊的三方追逃博弈模型,由两个追捕者和一个逃逸者构成,逃逸者必须从两追捕者之间穿过以完成逃逸,因其类似于捕鱼时小鱼与渔网的追逃关系故被命名为捕鱼对策。2018 年,清华大学的石宗英及其团队研究了矩形区域内的双追捕者与一逃逸者的追逃博弈[7],给出了逃逸者位于优势区域时的最优逃逸策略生成方法。次年,该团队更为深入地研究了追捕者团队与逃逸者团队之间的有界区域追逃博弈[8],其中追捕者对逃跑者的拦截使用了任务分配中常用的方法。

由追逃微分博弈发展而来的目标-攻击-防御(TAD)微分博弈和集群弹药的制导决策非常相似。TAD 博弈模型最早出现于文献[9]中,作者设计了一个移动目标发射拦截导弹来防御来袭导弹的场景,目标保持固定航向沿直线运动,而攻击者和防御者使用航向(速度方向)制导。文献[10]的作者从追逃微分博弈的角度对飞机防御导弹的合作行为进行了分析,在假设线性运动学、对手任意阶线性动力学和完美信息的条件下,分析了导弹采取比例导引、增广比例导引或最优制导的情况,进而推导出了不同制导法则下的最佳一对一躲避导弹策略。美国莱特–帕特森空军基地的 Pachter 教授等给出了 TAD 微分博弈的一个闭环解[3],结合闭环状态反馈最优策略,求出了该对策的值函数,并刻画出目标的逃逸策略集,证明了值函数在策略集上是连续可微的,策略集中的所有元素在值函数中都满足 HJI(Hamilton – Jacobi – Isaacs)方程。这样,就有了构建弹药群博弈模型的基。

5.1.1　三方微分博弈决策模型

本节将基于微分博弈模型,建立弹药的目标–攻击–防御(TAD)三方微分博弈的模型。建立该模型的好处是可以将 TAD 模型作为基础单元进行理解,进而使用分配算法对集群中个体所需要的角色进行解算,再利用 TAD 模型进行求解,进而形成集群对弈的效果,是一种简单有效的集群博弈实现方案。

在 TAD 微分博弈模型中,目标的意图是努力逃避攻击者的追击,防御者的意图是尽力追击攻击者以保护目标免受打击,而攻击者的意图是在追击目标的同时逃离防御者。假设防御者与目标初始位置相同(例如防御者为目标发射的拦截弹),则在初始时刻交战三方的几何关系如图 5 – 2 所示,u 为 TAD 三方各自的速度。

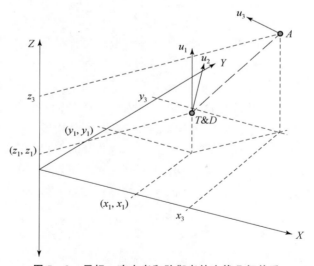

图 5 – 2　目标、攻击者和防御者的交战几何关系

对于攻击者和目标之间的交战,目标标记为 $j=1$,攻击者标记为 $i=3$;对于攻击者和防御者之间的交战,攻击者标记为 $j=3$,而防御者标记为 $i=2$。可设,a_1 仅包括目标 1 的逃避加速度 a_1^e,而 a_2 仅包括防御者 2 拦截攻击者 3 的

加速度 a_2^p, a_3 控制输入的目的是逃避防御者 2，并实现对目标 1 的拦截。因此同时包括加速度 a_3^p 和 a_3^e。因此，控制输入可以写为如下形式：

$$a_1 = a_1^e, \quad a_2 = a_2^p, \quad a_3 = a_3^p + a_3^e \tag{5-1}$$

进一步，分别推导 A-T、D-A 攻防组合的加速度方程并求解。记 A-T 组合编号为 $i=1$，D-A 组合编号为 $i=2$；由微分博弈求解定义可知，各加速度计算方程为下式，式中上标 e 代表逃逸方，P 代表追捕方：

$$a_1^e = -(R_1^e)^{-1} G^T P_1 y_{31} \tag{5-2}$$

$$a_3^p = -(R_3^p)^{-1} G^T P_1 y_{31} \tag{5-3}$$

$$a_2^p = -(R_2^p)^{-1} G^T P_2 y_{23} \tag{5-4}$$

$$a_3^e = -(R_3^e)^{-1} G^T P_2 y_{23} \tag{5-5}$$

式中，$R_1^e = r_1^e I$, $R_3^p = r_3^p I$, $R_2^p = r_2^p I$, $R_3^e = r_3^e I$；r_1^e、r_2^p、r_3^p、r_3^e 为需要自定义的追逃博弈权重，按经验取 1 附近的值；$G = \begin{bmatrix} 0 \\ I \end{bmatrix}$：$(6 \times 3)$ 控制输入系数矩阵；矩阵 P_1、P_2 为 6×6 待求解黎卡提矩阵，结构如下所示：

$$P_i = \begin{bmatrix} p_{11i} & 0 & 0 & p_{14i} & 0 & 0 \\ 0 & p_{22i} & 0 & 0 & p_{25i} & 0 \\ 0 & 0 & p_{33i} & 0 & 0 & p_{36i} \\ p_{14i} & 0 & 0 & p_{44i} & 0 & 0 \\ 0 & p_{25i} & 0 & 0 & p_{55i} & 0 \\ 0 & 0 & p_{36i} & 0 & 0 & p_{66i} \end{bmatrix}$$

将最终状态的权重矩阵（S_1, S_2, S_3）按照如下形式排列为新的权重矩阵

$$S = \begin{bmatrix} S_1 & S_2 \\ S_2 & S_3 \end{bmatrix} = \begin{bmatrix} s_{11} & 0 & 0 & s_{14} & 0 & 0 \\ 0 & s_{22} & 0 & 0 & s_{25} & 0 \\ 0 & 0 & s_{33} & 0 & 0 & s_{36} \\ s_{14} & 0 & 0 & s_{44} & 0 & 0 \\ 0 & s_{25} & 0 & 0 & s_{55} & 0 \\ 0 & 0 & s_{36} & 0 & 0 & s_{66} \end{bmatrix}$$

为简化模型减少计算复杂度，进一步假设矩阵 S 为对角阵，$S = \mathrm{diag}[s_1\ s_2\ s_3\ s_4\ s_5\ s_6]$，且 $s_1 = s_2 = s_3 = s$, $s_4 = s_5 = s_6 = 0$，则解为

$$p_{11_i} = p_{22_i} = p_{33_i} = \frac{3\gamma_i}{3\gamma_i + T^3} \tag{5-6}$$

$$p_{44_i} = p_{55_i} = p_{66_i} = \frac{3\gamma_i T^2}{3\gamma_i + T^3} \quad (5-7)$$

$$p_{14_i} = p_{25_i} = p_{36_i} = \frac{3\gamma_i T}{3\gamma_i + T^3} \quad (5-8)$$

式中,

$$\gamma_1 = r_{31} = \frac{r_3^p r_1^e}{r_1^e - r_3^p}, \quad \gamma_2 = r_{23} = \frac{r_2^p r_3^e}{r_3^e - r_2^p}$$

由于 r_{31} 和 r_{23} 必须为正,所以有 $r_1^e > r_3^p$,$r_3^e > r_2^p$,即逃避控制的加权必须大于追捕控制的加权,否则不能保证黎卡提方程解的存在。

所以用于生成加速度的反馈增益矩阵如下:

$$\boldsymbol{K}_1^e = \frac{1}{r_1^e} \boldsymbol{G}^T \boldsymbol{P}_1 \quad (5-9)$$

$$\boldsymbol{K}_1^e = \frac{1}{r_1^e} \boldsymbol{G}^T \boldsymbol{P}_1 \quad (5-10)$$

$$\boldsymbol{K}_3^p = \frac{1}{r_3^p} \boldsymbol{G}^T \boldsymbol{P}_1 \quad (5-11)$$

$$\boldsymbol{K}_2^p = \frac{1}{r_2^p} \boldsymbol{G}^T \boldsymbol{P}_2 \quad (5-12)$$

$$\boldsymbol{K}_3^e = \frac{1}{r_3^e} \boldsymbol{G}^T \boldsymbol{P}_2 \quad (5-13)$$

式中,

$$\boldsymbol{G}^T \boldsymbol{P}_1 = \frac{3 r_{31} T}{3 r_{31} + T^3} \begin{bmatrix} 1 & 0 & 0 & T & 0 & 0 \\ 0 & 1 & 0 & 0 & T & 0 \\ 0 & 0 & 1 & 0 & 0 & T \end{bmatrix} \quad (5-14)$$

$$\boldsymbol{G}^T \boldsymbol{P}_2 = \frac{3 r_{23} T}{3 r_{23} + T^3} \begin{bmatrix} 1 & 0 & 0 & T & 0 & 0 \\ 0 & 1 & 0 & 0 & T & 0 \\ 0 & 0 & 1 & 0 & 0 & T \end{bmatrix} \quad (5-15)$$

5.1.2 微分博弈控制的最优性分析

从原理上讲,博弈论控制和最优控制的突出区别就是博弈论控制考虑了对方的策略(控制器的输入量),是最优控制的更一般形式。下面将从加速度控制生成函数的形式简要说明这一结论的正确性。对于追逃博弈问题来说,如果只分析一方(以追捕者方为例)的控制输入生成过程,那么博弈论控制在追捕者的成本函数构造中含有逃逸者的逃避机动,而最优控制构造的成本函数中则不涉及另一方的决策(即加速度),最优控制成本函数的一般形式如下：

$$J = \frac{1}{2}(s_1 \|\mathbf{y}_{12}\|^2)_{t=t_f} + \frac{1}{2}\int_0^{t_f} r^p \|\mathbf{a}_1^p\|^2 \mathrm{d}t \qquad (5-16)$$

式中，$\mathbf{S} = \begin{bmatrix} s_1\mathbf{I} & \mathbf{0} \\ \mathbf{0} & \mathbf{0} \end{bmatrix}$ 为最终状态下 6×6 函数加权矩阵；$\mathbf{R} = r^p\mathbf{I}$，为追捕者的 3×3 加速度函数加权矩阵。

在此成本函数中，性能指标的第二项中不包括逃逸者的加速度。同样，在运动学方程中，假设无额外加速度输入 $\mathbf{a}_1^d$，由于不考虑另一方的加速度，最优控制模型下的相对运动模型方程可写为

$$\frac{\mathrm{d}}{\mathrm{d}t}\mathbf{y}_{12} = \mathbf{F}\mathbf{y}_{12} + \mathbf{G}\mathbf{a}_1^p \qquad (5-17)$$

依据最优化求解过程，可以得到最优控制中追捕者的最优控制为

$$\mathbf{a}_1^p = -(\mathbf{R}^p)^{-1}\mathbf{G}^\mathrm{T}\mathbf{P}\mathbf{y}_{12} = -\mathbf{K}_1^p\mathbf{y}_{12} \qquad (5-18)$$

求解上式涉及的矩阵黎卡提微分方程，得到黎卡提矩阵中的元素：

$$p_{11} = p_{22} = p_{33} = \frac{3r^p s_1}{3r^p + s_1 T^3} \qquad (5-19)$$

$$p_{44} = p_{55} = p_{66} = \frac{3r^p s_1 T}{3r^p + s_1 T^3} \qquad (5-20)$$

$$p_{14} = p_{25} = p_{36} = \frac{3r^p s_1 T^2}{3r^p + s_1 T^3} \qquad (5-21)$$

对比公式可以发现，最优控制中的解其实是将微分博弈解中的 r 替换为 r^p，且 $s_2 = s_3 = 0$ 时得到的结果。因此可以认为最优控制是博弈论控制的一个特例，或者说博弈论控制是最优控制的更一般情况。

5.1.3 基于双重拍卖的 TAD 匹配方法

在目标－攻击－防御三方博弈中，结合集群弹药的作战特征，可以认为目标群是攻击集群弹药的待分配目标，而防御者集群的待分配目标则是集群弹药。所以，一个简单的匹配框架就是：通过两次目标分配，实现攻击－目标、防御－攻击的一对一匹配，最终以集群弹药中的个体弹药为纽带，实现每个个体的 TAD 配对。为方便解释，在后续建模中会假设三个阵营的个体数量相同，即目标分配为等额分配。以各阵营个体数量 $N = 5$ 为例，分配效果如图 5-3 所示。相同颜色的弹药代表彼此相互匹配为一个 TAD 博弈单元，在同一阵营中不存在相同颜色的弹药。借用拍卖算法的概念，两次匹配中"竞拍者"和"物品"分别为攻击者和目标、防御者与攻击者。基于分组匹配算法以实现

TAD 三个体的配对，伪代码如算法 5-1 所示。

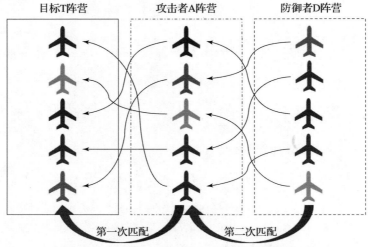

图 5-3　$N=5$ 时，TAD 配对过程示意图（附彩插）

算法 5-1：分组匹配算法（group matching）

```
输入：UAV_num, T_parameters, A_parameters, D_parameters
输出：AT_match, DA_match
 1  function auction(UAV_num, bidder_parameters, object_parameters)
 2      bidder_num = object_num = UAV_num
 3      for i = 0 to bidder_num do
 4          for j = 0 to object_num do
 5              value[i,j]//基于三维 Dubins 距离的价值函数
 6      while len(new_bid) > 0 do
 7          for i = 0 to bidder_num do
 8              if i 暂未竞拍到物品 do
 9                  new_bid//最大收益物品
10                  new_bidder//i 编号竞拍者
11                  new_price//最大收益 – 次大收益 + ε
12              for 产生新价格的物品 do
13                  current_prices ← max(new_price, current_prices)
14                  current_assignment//最大价格出价者
15      return current_assignment
16  AT_match = auction(UAV_num, A_parameters, T_parameters)
17  DA_match = auction(UAV_num, D_parameters, A_parameters)
```

在程序的输入中，数量代表每个阵营内的个体数量，而表达个体能力的参数包括集群内弹药的位置、姿态角以及速度；输出为 A-T 集群间的配对与 D-A 集群间的配对。而拍卖算法框架中的价值函数，可以参考 Dubins 路径（最优二

维、三维路径）等，这里不再详细说明。

目前来说，博弈在集群制导过程中最大的作用类似于任务分配，也就是按照某种规则将弹药分配给目标。这种分配具有一定的约束性且具有一定的预测性。当然在分配好目标后，还需要依靠弹药的制导模块控制弹药飞向目标。

5.2 集群协同末制导

有关单体制导的内容本书不再赘述，一些基本的概念可以参考相关的书籍。这里强调的是，本书主要从空对地的制导方法入手研究协同末制导可能涉及的相关内容，而空空导弹、地空导弹等对空中目标的协同末制导虽然机理类似，但是面临的场景则更加复杂，目前尚未发现有相关的成熟研究。从本质上讲，协同末制导是带有空间位置、弹着角度、时间等约束的控制问题，有时还会引入博弈决策的约束，因此从约束控制入手来进行说明可能会比较容易理解。

5.2.1 弹着角约束下的制导

比例导引假设法向加速度与视线角（Line of Sight，LOS）成正比，是最常见的制导方法，简单可靠。且根据经验可知，当比率系数 $N \approx 3$ 时，对大部分导弹拦截情景均可有效适用，因此本节将以该制导律设计为前提进行多弹药约束设计。

另外，滑模控制（Sliding Mode Control，SMC）是现代控制方法的一种，可以用来解决非线性、强外部扰动或参数误差的控制情景，鲁棒性强。由于引入了滑模面的符号函数项，系统在外界扰动时能够快速调转变化趋势使系统回归滑模面，因此收敛速度更快，这对于不断调整角度、时间、分解等过程是非常理想的。但也正因为这个符号函数的引入，导致滑模控制出现一种特有的抖振问题，当外界扰动中的切换增益为较大定值切换时系统超调将更加严重。为解决这问题，主要有两种思路：第一种方法是将切换增益设置为与滑模面函数有关的函数来替代标量，但由于滑模面函数值引入系统过程中，导致扰动的效应放大，牺牲了部分鲁棒性，因此并不完善；第二种方法是建立观测外部扰动模型，即非线性扰动观测器（Nonlinear Disturbance Observer，NDOB）反馈，用于抵消部分扰动带来的影响。

考虑一个对地面变加速度机动目标的固定角度拦截情景来说明制导律设计过程，为简化问题仅考虑垂直平面内的制导。包含时间角度约束命中目标示意图如图 5-4 所示。其中，T 为目标；M 为导弹；V_M、a_M 为弹药速度及法向加速度；V_T、a_T 为地面目标运动速度及切向加速度；α、ϑ、q_α、q_γ 分别为弹药飞行攻角、俯仰角、弹药弹体坐标系 BLOS 视线倾角、惯性系 LOS 视线倾角；r 为弹药到目标的直线段距离；q_D 为惯性系下期望命中目标时的 LOS 视线角；T_0、T_D 分别为制导开始时刻以及期望命中目标时刻。

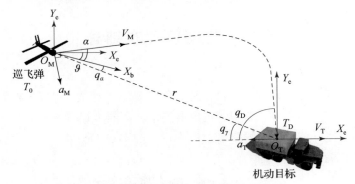

图 5-4　包含时间角度约束命中目标示意图

纵向通道的几何模型以及弹目相对运动的数学模型如下：

$$\begin{cases} r\dot{q}_\gamma = V_M \sin(\theta_M + q_\gamma) - V_T \sin q_\gamma \\ \dot{r} = -V_M \cos(\theta_M + q_\gamma) + V_T \cos q_\gamma \\ \dot{\theta}_M = \dfrac{a_M}{V_M} \end{cases} \quad (5-21)$$

对式（5-21）中第一方程求导，可得

$$\begin{aligned} r\ddot{q}_\gamma + \dot{r}\dot{q}_\gamma &= \frac{\mathrm{d}}{\mathrm{d}t}[V_M \sin(\theta_M + q_\gamma) - V_T \sin q_\gamma] \\ &= \dot{V}_M \sin(\theta_M + q_\gamma) + V_M(\dot{\theta}_M + \dot{q}_\gamma)\cos(\theta_M + q_\gamma) - \\ &\quad a_T \sin q_\gamma - V_T \dot{q}_\gamma \cos q_\gamma \\ &= \dot{V}_M \sin(\theta_M + q_\gamma) - \dot{q}_\gamma[-V_M \cos(\theta_M + q_\gamma) + V_T \cos q_\gamma] - \\ &\quad a_M \cos(\theta_M + q_\gamma) - a_T \sin q_\gamma \\ &= \dot{V}_M \sin(\theta_M + q_\gamma) - \dot{r}\dot{q}_\gamma - a_M \cos(\theta_M + q_\gamma) - a_T \sin q_\gamma \end{aligned} \quad (5-22)$$

式（5-22）引入 x_{2e}、$\dot{x}_{1e}$ 后，可得运动学模型

$$\begin{cases} x_{2e} = \dot{x}_{1e} \\ \dot{x}_{2e} = \dfrac{1}{r}[-2\dot{r}x_{2e} - a_M \cos(\theta_M + q_\gamma) + \dot{V}_M \sin(\theta_M + q_\gamma) - a_T \sin q_\gamma] \end{cases} \quad (5-23)$$

进一步，设置一个滑模面 S 的函数，结合系统模型，可得出包含 S 符号函

数及切换增益的控制函数,使得在该控制函数作用下,系统能快速收敛至滑模面($S=0$ 或收敛点)上。这样,滑模面的设置确保了只要系统收敛于该滑模面上,则控制目标就可以实现。

针对动目标含角度约束制导问题,关于 x_{1e}、x_{2e} 的积分滑模函数可设为

$$s_1 = x_{2e} - x_{2e}(0) + \int_0^t (k_1 x_{1e} + k_2 x_{2e}) \mathrm{d}t, \quad t \geq 0 \tag{5-24}$$

式中,s_1 为滑模面函数,$s_1 = 0$ 为滑模面;k_1、k_2 均为大于 0 的增益系数。滑模面的设置也是滑模控制方法的根本特征,对 s_1 求导得

$$\dot{s}_1 = \dot{x}_{2e} + k_1 x_{1e} + k_2 x_{2e} \tag{5-25}$$

将式(5-24)代入式(5-23)、式(5-21)可得

$$a_M = \frac{-2\dot{r} x_{2e} + \dot{V}_M \sin(\theta_M + q_\gamma) - a_T \sin q_\gamma}{\cos(\theta_M + q_\gamma)} \tag{5-26}$$

根据非线性系统的有限时间内收敛定理,将式(5-26)中非可直接观测的部分,即将目标加速度项视为扰动,并以切换增益与滑模函数之积的形式补偿,即 $a_T \sin q_\gamma$ 以 $\varepsilon \cdot \mathrm{sign}(s_1)$ 形式补偿于制导律公式中。同时,为了系统能在有限时间内收敛,在制导律中增加滑模面函数 $k_1 x_{1e} + k_2 x_{2e}$。因此对动目标的制导可以不依赖对目标速度及加速度的精确观测,利用滑模控制强鲁棒性的优势,确保在给予足够切换增益(也称开关增益)时,系统在数学层面必然能收敛于滑模面。代入式(5-26)从而可得线性滑模制导律:

$$a_M = \frac{1}{\cos(\theta_M + q_\gamma)}[-2\dot{r} x_{2e} + k_1 r x_{1e} + k_2 r x_{2e} + \dot{V}_M \sin(\theta_M + q_\gamma) + \varepsilon \cdot \mathrm{sign}(s_1)]$$

$$\tag{5-27}$$

为使系统在扰动后能收敛至滑模面,切换增益必须满足 $\varepsilon > |d_1|$。现在证明式(5-27)表示的制导律能够确保系统一定收敛于滑模面,即使弹目视线角速率 $\dot{q}_\gamma$ 在有限时间内收敛于 0,且弹目视线角收敛于 q_D。

将式(5-27)、式(5-23)代入系统函数式(5-25)得

$$\dot{s}_1 = \frac{1}{r}[-2\dot{r} x_{2e} - a_M \cos(\theta_M + q_\gamma) + \dot{V}_M \sin(\theta_M + q_\gamma) - a_T \sin q_\gamma] + k_1 x_{1e} + k_2 x_{2e}$$

$$= \frac{1}{r}[-a_T \sin q_\gamma - \varepsilon \cdot \mathrm{sign}(s_1)]$$

$$\tag{5-28}$$

令李雅普诺夫函数

$$V_1 = \frac{1}{2} s_1^2 \tag{5-29}$$

对该函数求导,并将式(5-28)代入得

$$\dot{V}_1 = s_1 \dot{s}_1 = \frac{s_1}{r}[-a_\text{T}\sin q_\gamma - \varepsilon \cdot \text{sign}(s_1)] \leqslant -\frac{\varepsilon - d_1}{r}|s_1| \quad (5-30)$$

由于假设中相对距离单调递减，代入式（5-29）可得

$$\dot{V}_1 \leqslant -\frac{\varepsilon - d_1}{r(0)}|s_1| = -\frac{\sqrt{2}}{r(0)}(\varepsilon - d_1)V_1^{\frac{1}{2}} \quad (5-31)$$

$$c = \frac{\sqrt{2}}{r(0)}(\varepsilon - d_1), \quad \alpha = \frac{1}{2} \quad (5-32)$$

可以证明李雅普诺夫函数即具备这种形式的 $V(x)$，而 $\dot{x} = f(x)$ 形式的系统必在原点处渐近收敛。因此，滑模面函数符合定理条件，必然在滑模面 $s_1 = 0$ 处收敛。令系统收敛至滑模面的时间为 t_1，可利用式（5-32）计算收敛时间为

$$t_1 \leqslant \frac{\sqrt{2}r(0)}{\varepsilon - d_1}V_1^{\frac{1}{2}}(0) = \frac{r(0)}{\varepsilon - d_1}|s_1(0)| = 0 \quad (5-33)$$

上式表明，即使有外部干扰，在不考虑系统滞后条件下滑模面函数在初始状态就应当收敛在滑模面上。当滑模函数收敛至原点，可以证明此时达到控制目标。令系统收敛至滑模面，即式（5-24）等于0：

$$s_1 = x_{2e} - x_{2e}(0) + \int_0^t (k_1 x_{1e} + k_2 x_{2e}) \mathrm{d}t = 0, \ t \geqslant t_1 = 0 \quad (5-34)$$

由于已证明滑模面函数在 s_1 原点有限时间内收敛，因此当其收敛后可视为常数，故其导数 $\dot{s}_1$ 也为0，代入式（5-25）得

$$\dot{s}_1 = \dot{x}_{2e} + k_1 x_{1e} + k_2 x_{2e} = \ddot{q}_e + k_2 \dot{q}_e + k_1 q_e = 0 \quad (5-35)$$

由于参数 k_1、k_2 均大于0，因此 x_{1e}、x_{2e} 均等于0，即视线角误差 $q_e = q - q_\text{D} = x_{1e}$ 趋近于0，视线角误差变化率 $x_{2e} = \dot{q}_e$ 趋近于0。证明完毕。

以上就是SMC制导律设计及收敛性证明。尽管可以达到收敛目标，但仅作为渐近收敛其收敛速度较差，因此设计一种新SMC制导律，即非线性积分滑模制导律，简写为NSMC，能够具有更好的收敛性能。这样基于角度约束的制导律设计就完成了，不过还要指明：滑模控制虽然能够解决角度约束下的制导过程，但是其本质还是基于精确的运动模型，这一点与实际构建制导律的过程还是有一定差异的。

5.2.2 时间约束下的末制导

本小节的目的是在对动目标实现含角度约束制导律的基础上，使智能弹药最终具备时间约束的制导能力。

增强型比例导引是一种比例导引律的变种形式，其变化是在制导律中增加和目标机动相关的补偿项，该补偿项可通过观测器获取对目标运动加速度的近似估计。其中，通过PID控制使智能弹药在最低空速 V_min 至最高空速 V_max 区间

内，维持指令飞行速度，直至命中目标，其具体流程如图 5-5 所示。

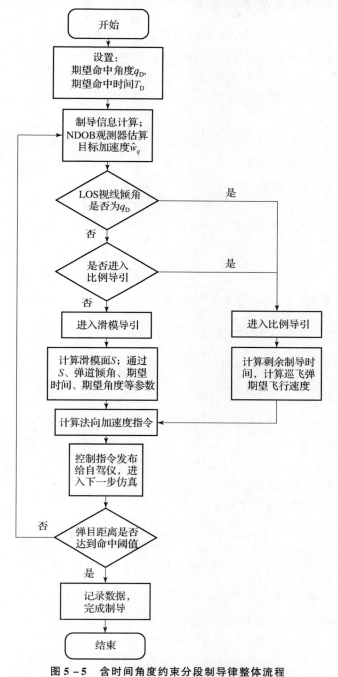

图 5-5 含时间角度约束分段制导律整体流程

1. 分段制导流程设计

该制导律整体可分为三个部分：观测器、滑模制导以及比例制导。

第一阶段为制导信息计算，该步骤为后续滑模制导律及比例导引等计算制导信息并发布。在每一次制导律计算中，根据变结构微分滤波器计算视线角坐标系下视线角、实现角速率信息，通过观测器估算目标加速度，并计算弹目相对距离及变化率。

第二阶段为滑模制导，该步骤利用上节中设计的滑模导引律使弹目视线角倾角趋近于设定的期望命中攻击角度 q_D。当弹目视线角倾角 q_γ 未收敛至 q_D 邻域 $U_q = [q_D - \delta q, q_D + \delta q]$，$\delta q > 0$ 时，执行滑模制导律，直到 $q_e = |q_\gamma - q_D| < \delta q$，滑模制导阶段结束，进入攻击时间反馈增强比例导引阶段。

第三阶段为攻击时间反馈的改进比例制导。基于第一阶段提供的目标运动加速度观测值、视线角变化率，弹药以期望的攻击角度及预期的攻击时间命中目标。

2. 含攻击时间反馈的改进比例导引律

改进比例制导律一般形式为

$$a_M = (n+3)V_r \dot{q}_\gamma + \frac{n+3}{2} a_T \qquad (5-36)$$

式中，a_M 为弹药法向过载指令；n 为大于 0 的比例导引常数；V_r 为弹目相对接近速度；$\dot{q}_\gamma$ 为视线角坐标系下弹目视线倾角变化率；a_T 为目标加速度垂直于弹目连线的分量。$a_M = (n+3)V_r \dot{q}_\gamma$ 为常规的比例导引律，即是针对机动目标设置补偿过载 $a'_M = [(n+3)/2] a_T$，从而使比例导引律在对机动目标制导场景下同样具备有效的制导能力。

式（5-36）中，V_r、$\dot{q}_\gamma$、a_T 的关系如下：

$$\begin{cases} V_r = \dot{r} = -V_M \cdot \cos(\alpha + \vartheta + q_\gamma) + V_T \cdot \cos q_\gamma \\ V_r = \left[\dfrac{\dot{q}_\alpha h_M}{R_{21} \sin q_\alpha + R_{23} \cos q_\alpha} + V_M \cdot \cos(\alpha + \vartheta) \sin q_\gamma - V_M \cdot \sin(\alpha + \vartheta) \cos q_\gamma \right] \\ \cot q_\gamma - V_M \cdot \cos(\alpha + \vartheta + q_\gamma) \end{cases} \quad (5-37)$$

$\dot{q}_\gamma$ 在通过变结构微分滤波器求取视线倾角变化率后获得。

将式（5-37）、$\hat{w}_q$ 代入式（5-36）可得

$$a_M = (n+3)[-V_M \cdot \cos(\alpha + \vartheta + q_\gamma) + V_T \cdot \cos q_\gamma] \dot{q}_\gamma + \frac{n+3}{2} \hat{w}_q \quad (5-38)$$

制导过程从 $t=0$ 开始，且要求在 $t=t_D$ 时刻命中目标，则剩余制导时间 t_1 表达式为

$$t_1 = t_D - t \tag{5-39}$$

在滑模导引律控制弹药弹体以期望视线角对准目标后，将优化积分比例导引下弹药攻击命中目标弹道视为直线段，弹药剩余飞行距离 r_1 的计算公式为

$$r_1 \approx r = \frac{h_M}{R_{21}\cos q_\beta \sin q_\alpha + R_{22}\sin q_\beta + R_{23}\cos q_\beta \cos q_\alpha} \tag{5-40}$$

为使弹药在 t_1 时间内飞行完成 r_1 的距离，因此可计算出弹药飞行速度指令 V_{MC}：

$$V_{MC} = k_{MC}\frac{r_1}{t_1} = k_{MC}\frac{t_D - t}{h_M}(R_{21}\cos q_\beta \sin q_\alpha + R_{22}\sin q_\beta + R_{23}\cos q_\beta \cos q_\alpha) \tag{5-41}$$

$$V_{MC} = \begin{cases} V_{MC}, & V_{MC} \in [V_{\min}, V_{\max}] \\ V_{\min}, & V_{MC} < V_{\min} \\ V_{\max}, & V_{MC} > V_{\max} \end{cases} \tag{5-42}$$

式中，k_{MC} 为制导弹道调节系数，$k_{MC} > 0$；$[V_{\min}, V_{\max}]$ 为弹药的安全飞行速度区间。将式（5-41）代入式（5-38），可得攻击时间反馈的增强比例制导律

$$a_M = (n+3)\left[-k_{MC}\frac{r_1}{t_1}\cos(\alpha + \vartheta + q_\gamma) + V_T \cdot \cos q_\gamma\right]\dot{q}_\gamma + \frac{n+3}{2}\hat{w}_q \tag{5-43}$$

接下来设计速度 PID 控制器，使通过推力调节，能使弹药速度 V_M 收敛至飞行速度指令 V_{MC}。由纵向通道方程可知

$$P - mg \cdot \sin\vartheta + \cos\alpha\cos\beta \boldsymbol{D}_v - \sin\alpha\cos\beta \boldsymbol{L}_v + \sin\beta \boldsymbol{Z}_v = (wr - vq + \dot{u})m \tag{5-44}$$

不考虑滚转角、侧滑角及偏航角的影响，则式（5-44）可转化为

$$P - mg \cdot \sin\vartheta + \cos\alpha \boldsymbol{D}_v - \sin\alpha \boldsymbol{L}_v = (-v\dot{\vartheta} + \dot{u})m \tag{5-45}$$

由于弹药在滑模制导阶段已经将弹药轴对准目标，因此攻角 α 为小量，$\cos\alpha \approx 1$，$\sin\alpha \approx 0$，代入速度分解公式得

$$\begin{cases} u = V\cos\alpha = V \\ v = V\sin\alpha = 0 \\ w = 0 \end{cases} \tag{5-46}$$

将式（5-46）代入式（5-45）可得

$$P - mg \cdot \sin\vartheta + \frac{1}{2}\rho V^2 S_w D_x = \dot{V}m \tag{5-47}$$

$$P = \dot{V}m + mg \cdot \sin\vartheta - \frac{1}{2}\rho V^2 S_w D_x \qquad (5-48)$$

由式（5-47）可求得推力 P 与 $\dot{V}$ 的计算关系，代入推力与油门关系公式

$$P = P_{\max} \cdot \delta_T, \delta_T \in [0,1] \qquad (5-49)$$

可求得油门计算公式

$$\delta_T = \frac{1}{P_{\max}}\left(\dot{V}m + mg \cdot \sin\vartheta - \frac{1}{2}\rho V^2 S_w D_x\right) = K_{TD}\dot{V} + K_{TI}V^2 + K_{TC} \qquad (5-50)$$

因此，设计 PID 控制器控制油门，使弹药达到期望空速。

令 $V_e = V_{MC} - V_M$，可得控制量计算公式为

$$\delta_T = K_{TD}\frac{dV_e}{dt} + K_{TI}\int V_e dt + K_{TP}V_e \qquad (5-51)$$

5.2.3 初步仿真验证

前两节完成了角度和时间约束的分段制导律设计，本节将通过仿真手段，对所设计的分段制导过程进行测试，设置如下两种仿真场景。

（1）场景一：弹药飞行高度 100 m，相距于地面静止目标的水平距离为 1 000 m，地面目标位于包含弹药弹道的纵向平面内。初始状态下，弹药水平飞行，飞行速度 $V_M = 30$ m/s。目标为地面固定目标，不作机动。此时分别要求弹药以 $q_D = 90°$、$60°$、$30°$的弹道倾角在 $t_D = 35$ s 时命中目标；以及要求弹药以 $q_D = 60°$ 的弹道倾角，在 $t_D = 35$ s、40 s、45 s 时命中目标。测算弹药命中目标的命中时间、命中角度误差，并统计各个场景下落点的圆概率误差（CEP）。

（2）场景二：弹药与目标的初始状态与场景一一致，但目标在水平面内机动躲避弹药制导，即假设地面目标运动速度为 $V_T = V_{T_0}[1 + \sin(t \times \omega_T)]$ m/s，$V_{T_0} = 5$，$\omega_T = 60$ °/s。要求弹药以 $q_D = 30°$、$60°$、$90°$的弹道倾角在 $t_D = 45$ s 时命中目标；以及要求弹药以 $q_D = 90°$的弹道倾角，在 $t_D = 40$ s、45 s、50 s 时命中目标。测算弹药命中目标的命中时间、命中角度误差，并统计各个场景下落点的圆概率误差（CEP）。

1. 弹药对地面静止目标包含时间角度约束的制导仿真

根据场景一中对地面固定静止目标的制导场景设置，首先设定攻击时间 $t_D = 35$ s，分别对期望攻击角度 $q_D = 90°$、$60°$、$30°$下进行末制导仿真。仿真的制导轨迹、过载曲线以及视线角曲线如图 5-6～图 5-8 所示。

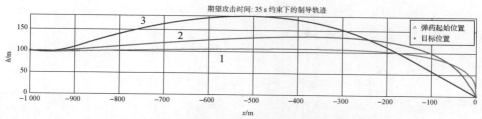

图 5-6 对静目标期望攻击时间为 35 s 的制导轨迹曲线

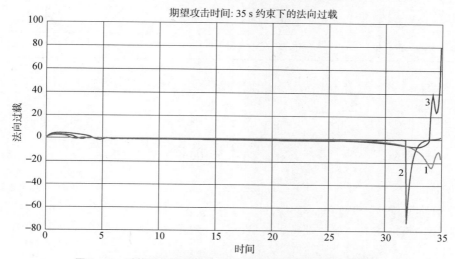

图 5-7 对静目标期望攻击时间为 35 s 的法向过载指令曲线

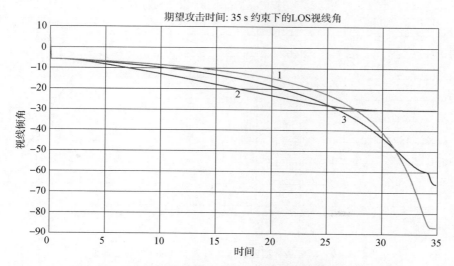

图 5-8 对静目标期望攻击时间为 35 s 的视线倾角 LOS 曲线

图 5-6～图 5-8 中,轨迹 1、轨迹 2、轨迹 3 分别为攻击角度 $q_D = 30°$、$60°$、$90°$时的仿真结果。场景一的攻击角度约束下制导效果分析如表 5-1 所示。

表 5-1 场景一多攻击角度约束下制导效果分析

结果项	攻击角精度 ε_q	攻击时间精度 ε_T	命中误差 ε_D
$t_D = 35\,\text{s}$,$q_D = 30°$	0.002%	0.28%	0.57
$t_D = 35\,\text{s}$,$q_D = 60°$	10.0%	0.42%	0.78
$t_D = 35\,\text{s}$,$q_D = 90°$	3.5%	0.42%	0.73

表 5-1 中,攻击角精度、攻击时间精度及命中误差计算公式如下:

$$\varepsilon_q = \frac{q_\gamma - q_D}{q_D} \times 100\% \qquad (5-52)$$

$$\varepsilon_T = \frac{t_m - t_D}{t_D} \times 100\% \qquad (5-53)$$

$$\varepsilon_D = \sqrt{\varepsilon_x^2 + \varepsilon_y^2} \qquad (5-54)$$

分别设定攻击时间 $t_D = 35\,\text{s}$、$40\,\text{s}$、$45\,\text{s}$,对期望攻击角度 $q_D = 60°$下进行末制导仿真。仿真的制导轨迹、过载曲线以及视线角曲线如图 5-9～图 5-11 所示。

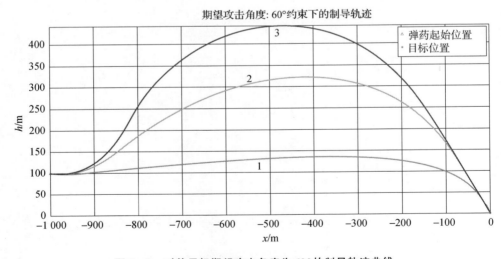

图 5-9 对静目标期望攻击角度为 $60°$的制导轨迹曲线

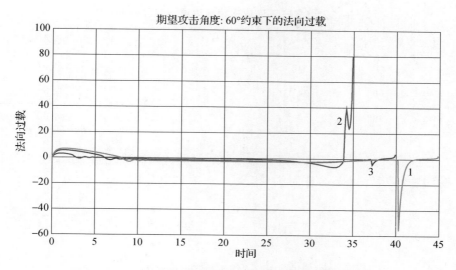

图 5-10　对静目标期望攻击角度为 **60°** 的法向过载指令曲线

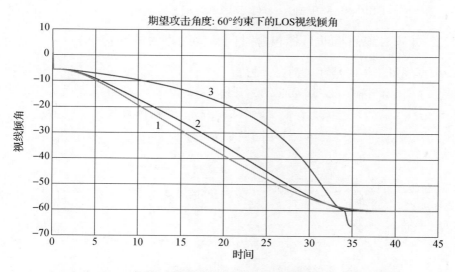

图 5-11　对静目标期望攻击时间为 **60°** 的视线倾角 LOS 曲线

图 5-9~图 5-11 中，轨迹 1、轨迹 2、轨迹 3 分别为攻击时间 $t_D = 35$ s、40 s、45 s 时的仿真结果。场景一不同攻击时间约束下制导效果分析如表 5-2 所示。

表 5-2 场景一不同攻击时间约束下制导效果分析

结果项	攻击角精度 ε_q	攻击时间精度 ε_T	命中误差 ε_D
$t_D = 35$ s, $q_D = 60°$	10.1%	0.14%	0.67
$t_D = 40$ s, $q_D = 60°$	0.03%	0.28%	0.53
$t_D = 45$ s, $q_D = 60°$	0.2%	0.98%	0.46

根据以上仿真结果可以计算出，该分段制导仿真针对地面固定静止目标的攻击平均角精度、平均攻击时间精度以及命中 CEP 分别为

$$\overline{\varepsilon_{qS}} = \frac{\sum_i^s \varepsilon_{qi}}{s} = 3.97\% \quad (5-55)$$

$$\overline{\varepsilon_{tS}} = \frac{\sum_i^s \varepsilon_{t_i}}{s} = 0.42\% \quad (5-56)$$

$$\mathrm{CEP} = 0.589 \times [(\mathrm{var}(\varepsilon_x) + \mathrm{var}(\varepsilon_y))] + \overline{\varepsilon_{dS}} = 0.689 \quad (5-57)$$

2. 弹药对地面机动目标包含时间角度约束的制导仿真

根据场景二中对地面机动目标的制导场景设置，即假设地面目标运动速度为 $V_T = V_{T_0}[1 + \sin(t \times \omega_T)]$ m/s，$V_{T_0} = 5$，$\omega_T = 60$ °/s。首先，要求弹药以 $q_D = 30°$、$60°$、$90°$ 的弹道倾角在 $t_D = 45$ s 时命中目标。仿真的制导轨迹、过载曲线以及视线角曲线如图 5-12~图 5-14 所示。

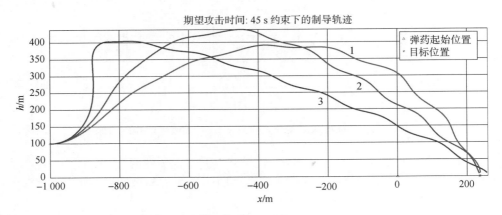

图 5-12 对动目标期望攻击时间为 60 s 的制导轨迹曲线

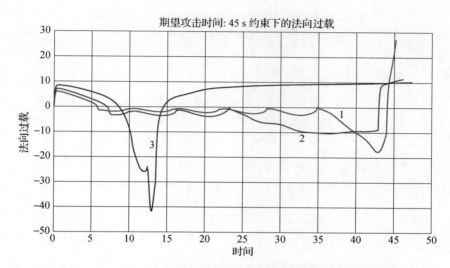

图 5 – 13 对动目标期望攻击时间为 45 s 的制导法向过载指令曲线

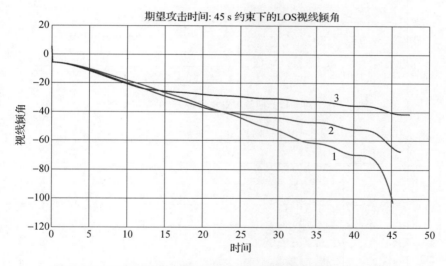

图 5 – 14 对动目标期望攻击时间为 45 s 的制导视线倾角 LOS 曲线

图 5 – 12 ~ 图 5 – 14 中，轨迹 1、轨迹 2、轨迹 3 分别为攻击角度 $q_D = 30°$、60°、90°时的仿真结果。场景二不同攻击角度约束下制导效果分析如表 5 – 3 所示。

表 5-3　场景二不同攻击角度约束下制导效果分析

结果项	攻击角精度 ε_q	攻击时间精度 ε_T	命中误差 ε_D
$t_D = 45$ s, $q_D = 30°$	38.4%	5.8%	1.75
$t_D = 45$ s, $q_D = 60°$	12.53%	2.44%	1.56
$t_D = 45$ s, $q_D = 90°$	14.3%	0.44%	0.87

要求弹药以 $q_D = 90°$ 的弹道倾角，在 $t_D = 40$ s、45 s、50 s 时命中目标。仿真的制导轨迹、过载曲线以及视线角曲线如图 5-15~图 5-17 所示。

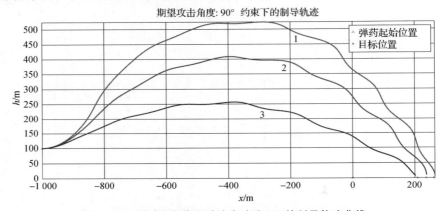

图 5-15　对动目标期望攻击角度为 90° 的制导轨迹曲线

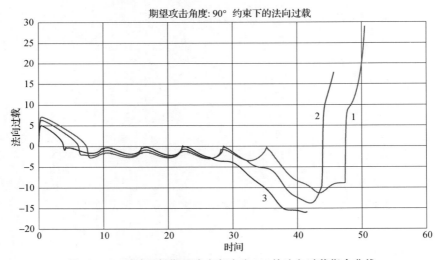

图 5-16　对动目标期望攻击角度为 90° 的法向过载指令曲线

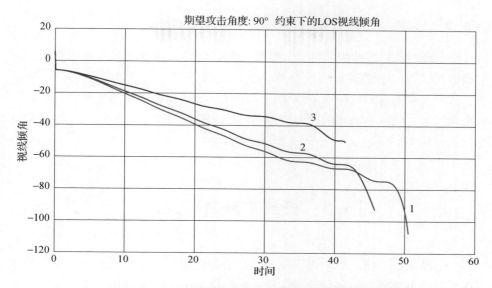

图 5-17 对动目标期望攻击角度为 90°的视线倾角 LOS 曲线

图 5-15~图 5-17 中，轨迹 3、轨迹 2、轨迹 1 分别为攻击时间 $t_D = 40$ s、45 s、50 s 时的仿真结果。场景二不同攻击时间约束下制导效果分析如表 5-4 所示。

表 5-4 场景二不同攻击时间约束下制导效果分析

结果项	攻击角精度 ε_q	攻击时间精度 ε_T	命中误差 ε_D
$t_D = 40$ s, $q_D = 90°$	45.8%	3.5%	2.32
$t_D = 45$ s, $q_D = 90°$	3.2%	1.56%	0.92
$t_D = 50$ s, $q_D = 90°$	18.9%	1.0%	1.20

根据以上仿真结果可以计算出，该分段制导仿真针对地面变加速度运动目标的攻击平均角精度、平均攻击时间精度以及命中 CEP 分别为

$$\overline{\varepsilon_{qS}} = \frac{\sum_i^s \varepsilon_{qi}}{s} = 12.6\% \tag{5-58}$$

$$\overline{\varepsilon_{tS}} = \frac{\sum_i^s \varepsilon_{ti}}{s} = 1.68\% \tag{5-59}$$

$$CEP = 0.589 \times [\text{var}(\varepsilon_x) + \text{var}(\varepsilon_y)] + \overline{\varepsilon_{dS}} = 1.40 \tag{5-60}$$

5.2.4 小结

虽然我们利用多约束条件以及滑膜控制等构建了协同制导的基本框架，同时也尝试了不同场景下制导效果的影响因素，但是这一技术的研究和期望甚远：从所面临的强对抗任务需求来讲，尚缺乏博弈相关理解和技术的应用；从实现角度讲，尚缺乏更多的信息获取技术来增加制导的输入。因此，协同末制导技术远比本书现在展示出来的内容更加复杂和深刻。

5.3 低成本末制导技术

在之前的章节中已经阐述了低成本对集群的重要性。低成本化是集群及其单体制导控制技术方案的设计与实现中必须面对的问题。从这一考虑出发，捷联制导方式凭借其低成本、高可靠性的优点已经成为小型智能弹药的首选方案。但是，捷联导引头的视场有限，且与弹体姿态强耦合，对制导律设计及目标跟踪提出了新约束与高要求。另外，可见光光学器件与图像处理模块的成本会直接影响成像性能（分辨率、视场角等）、图像算力，从而影响成像质量及制导信息精度等。进而，低成本惯性器件一般为商用级，其精度与环境适应性有限，仅可与卫星定位模块配合在常温环境下为慢速弹药进行组合导航控制，并与导引头配合进行制导控制。最后，全系统的信息传输质量（带宽、延时等）对制导来说也是十分重要的一环，对集群通信网络拓扑方案设计及通信模块选型时同样会受到成本的限制。综上，全系统使用低精度器件会限制智能弹药的制导精度。而对于集群来说，单体制导能力对协同制导能够产生何种影响，这也是本书的研究意义所在。本节所涉及的理论和技术都是为了实现集群弹药而展开的，因此成本和可实现性是主要的衡量标准。

基于图像的捷联制导相关工作主要分为以下四个方面：弹药位姿控制、目标探测、末端制导律以及制约制导效果的主要因素（调整参数修正）。基于捷联视觉的弹药飞行控制已经得到了广泛的研究，包括地面目标跟踪[12-16]、自动着陆[17-21]、图像制导[22-23]等。而地面目标跟踪的研究主要集中在通过图像估计目标的位置和运动。在自动着陆方面，由于着陆点是已知的，所以研究集中在着陆路径的形成。而图像制导同时需要目标检测和跟踪以及制导律设计。

一般来说，基于视觉的飞行器自动降落控制与基于视觉的弹药制导控制是类似的技术。文献［20］利用视觉算法对回收网进行检测并将定位角输入自动降落回收系统的制导算法中。飞行器在追踪制导律的控制下逐步接近探测到的回收网，完成自动降落。为了提高着陆精度，文献［19，26］提出了一种控制飞机的视觉伺服算法，在自动降落末段，通过前视摄像头直接反馈俯仰角和偏航角来控制飞行器飞入一个单调的半球形气囊。文献［21］使用一对鱼眼相机实现了一套自动降落引导体系，用于实现固定翼飞机在户外地形的自动降落。文献［18］基于一个层次行为利用全球定位系统和视觉输入提出了一种用于飞行器制导和安全着陆的控制器。不同于沿着预先设计的斜坡降落，文献［27］设计了跟踪制导律和自适应后退控制器实现自动降落，采用视觉对飞行器距离回收网的距离和视线角进行了测量。尽管自动着陆控制和图像制导控制的系统结构本质是相同的，且控制规律是可以相互借鉴的，但是它们的控制目标截然不同，制导期望更高的制导速度、严格的制导角度以及命中精度（CEP）。

在长期的研究中，作者所在团队一直致力于集群弹药捷联式图像制导的应用。最初在 2017 年阐述了捷联可见光制导的研究[23]，构建了一个具备人在回路干扰等功能的框架，并应用了侧滑转弯（Skid – To – Turn，STT）策略来实现简单且高精度的制导过程。2020 年，设计了一种用于智能弹药在制导中的速度调整方案。2021 年，使用倾斜转弯（Bank – To – Turn，BTT）策略代替了 STT 策略，在文献［23］初步框架的基础上采用了低成本、开源的组件，设计并实现了捷联可见光系统并应用在了两种不同类型的智能弹药上，并在实际试验中实现了对静止目标的良好制导精度（CEP 1.5 m）[22]。2022 年，引入自动目标识别代替了人在回路功能，实现了自动化的捷联可见光制导功能，并成功地进行了试验[25]。这里再次强调，本书所涉及的理论和技术都是为了实现集群弹药而展开的，因此成本和可实现性是主要的衡量标准。捷联末制导技术将大大降低末制导系统的成本，同时将有效降低末制导系统的体积，可以为集群弹药提供技术基础。

5.3.1　捷联制导回路系统模块化设计

以采用人在回路（Human in the Loop，HIL）与自动瞄准（又称自动寻的或者自寻的）制导结合的方式为例，常见的捷联制导工作流程如下：

（1）智能弹药在飞行过程中，通过捷联导引头实时拍摄第一视角视频，经图像处理模块处理后，由数据传输模块回传至地面控制终端；

（2）地面站操作人员通过回传至地面站的图像信息进行目标搜索，发现目标并锁定目标；

(3) 通过数据链将目标在图像中的坐标及攻击指令上传，弹药进入捷联末制导控制模式；

(4) 弹载图像处理模块的目标跟踪算法开始作用，进行目标跟踪，并解算出制导信息作为捷联末制导的输入；

(5) 飞行控制中的捷联末制导算法根据制导信息计算控制量；

(6) 控制量输出给舵机执行，对弹药的姿态进行控制，从而引导智能弹药精确打击目标；

(7) 重复步骤 (3)~(6)，直至弹药撞击到目标或取消攻击命令。

在这一过程中，捷联制导系统内的信息回路大致分为三个链路，如图 5-18 所示。

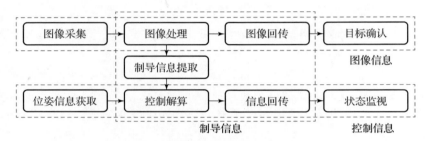

图 5-18 捷联制导系统信息链路

图像信息链路：包含采集、压缩、目标跟踪、图像回传、解压缩、显示、目标确认及选取等处理过程；

控制信息链路：包含惯性/卫星组合导航、外环控制、内环控制、监视信息发送、控制指令发送等处理过程；

制导信息链路：包含制导信息提取、制导控制量解算、信息与控制指令传递等处理过程。

当然，自动识别并攻击的弹药具有同样的信息链，不过目标检测、识别和跟踪等更加困难，为了方便地展示完整过程，后面的内容将以人在回路的模式为基础。

根据上述分析可以初步得出智能弹药捷联制导系统的电气模块组成如图 5-19 所示。其中，捷联可见光相机负责在飞行过程中获取视频数据递给图像处理模块；图像处理模块主要进行视频压缩与传输、目标跟踪和制导信息提取；自驾仪模块与空速测量模块和卫星定位模块配合工作，用于采集智能弹药的状态数据，并依据内外信息进行导航制导控制；数据链路模块负责智能弹药与地面站间通信；地面站是智能弹药的指挥控制中心。以此为基础，捷联制导系统电气模块的软件结构如表 5-5 所示。

第 5 章 集群弹药的博弈、制导与控制

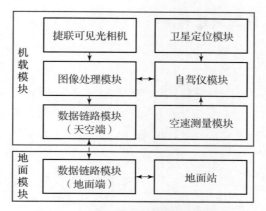

图 5-19 智能弹药制导回路系统组成

表 5-5 捷联制导系统电气模块的软件结构

硬件模块 软件模块	飞控	图像处理模块	地面站
应用层	飞行控制	图像处理	地面站系统（含图像显示）
中间层	uORB		H.264
	FastRTPS		NA
	MAVLink		
操作系统	Nuttx	Ubuntu	Ubuntu
外设驱动	传感器、作动器	相机	显示器、物理按键

其中，MAVLink（Micro Air Vehicle Link）是空中飞行器常用的链路通信协议。该协议是在串口通信基础上的一种更高层的开源通信协议，被广泛应用于地面站（Ground Control Station，GCS）与无人载具之间的通信，同时也可以应用在载具内部子系统的内部通信中，协议以消息库的形式定义了参数传输的规则。为了保证数据传输的可靠性，可按照 MAVLink 通信协议定义图像处理模块和自驾仪之间的数据包。控制模块会将姿态角及角速度传递给图像板供图像板进行稳定等预处理。MAVLink 通信协议也可应用于无人载具和地面站之间的通信，即将图像处理板传递的数据包同样传递给地面站，使得地面站可以实时显示视线角的变化曲线以供操作人员进行下一步操作。

同样，作为信息传递的载体，使用自定义的协议能够达到相同的目的，这里使用 MAVLink 是一种示例。

5.3.2 成像反馈回路设计

1. 捷联导引头特点

微小型可见光相机作为捷联制导控制的信息输入设备,以一定的角度安装在弹体的纵向对称平面上。弹体坐标系的 X 轴和摄像机坐标系的光轴(Z_c 轴)位于弹药的对称平面内,如图 5-20 所示。两轴之间的角度是 γ,即摄像机的垂直安装角度。

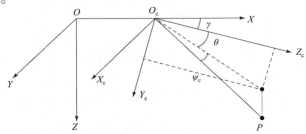

图 5-20 弹体坐标系与导引坐标系关系

固定于弹体的成像模块取消了平台成像模块的机械回转机构,使得跟踪速度和跟踪精度不受机械限制和摩擦力矩的影响,且提高了可靠性。加之微小型智能弹药大部分已经使用电动力,而电动机工作时机身的抖动要比油动力、涡喷动力有显著的降低,为固定式成像模块图像跟踪算法的使用提供了适合的环境。另外,高性能、高扩展性的应用处理芯片能够满足图像算法的运行和性能要求,可以在弹载端对图像信息进行实时处理,并传递至弹药自驾仪模块和地面站。

图 5-21 所示为两款智能弹药(巡飞弹)的头部捷联可见光导引头的实物图。其中左侧弹药安装导引头 1,右侧弹药安装导引头 2,其组成如表 5-6 所示。这两款不同的智能弹药和导引头也会用于捷联制导验证试验。

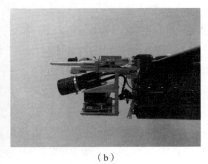

(a) (b)

图 5-21 两款智能弹药(巡飞弹)的头部捷联可见光导引头的实物图
(a) 安装导引头 1;(b) 安装导引头 2

表 5-6　两款捷联导引头的组成

项目	成像模块		图像处理模块
	FA fixed lens	工业相机	
1号捷联导引头	8mm 1：2.01/1.8″	HIKROBOT MV - CA020 - 10UC	NVIDIA Jetson Xavier NX
2号捷联导引头	12mm 1：1.42/3″	HIKROBOT MV - CA050 - 11UC	

2. 制导指令生成方法

在制导过程中，将目标中心点在图像中水平方向和垂直方向上的视线角作为反馈回路的输入，并通过消除两个方向上的视线角偏差来达到定点导引的效果。在此过程中并无目标与弹药之间的直接距离信息。实时变化的视线角通过坐标转换后便作为弹药的姿态控制回路输入传递给内环控制系统中的纵向控制通道及横向控制通道。垂直方向的视线角决定制导过程中弹药俯冲的轨迹，水平方向的视场角决定弹药通过调整姿态使其轴心正对目标，这就是捷联末制导的基本方法。

为了进一步简化流程，本节所述方法在对视线角的提取中未引入弹药姿态的任何数据进行补偿，比如陀螺仪测得的弹体俯仰角及陀螺仪自身的零位偏移造成的俯仰角误差。通过均值滤波、低通滤波、限幅、引入比例系数及统一数据传输频率等处理后直接将视场角作为弹药制导过程中内环控制回路的输入传递给姿态控制回路，同样可以达到理想的命中精度。视线角的测量误差由光学元件、图像处理以及跟踪算法中取特征区域中心点等因素决定，本书不做详细讨论，这里仅给出一般的计算方法。

其成像原理如图 5-22 所示。其中 O 是相机的光学中心（投影中心），X_c 轴和 Y_c 轴平行于成像平面 O_1XY 的 X 和 Y 轴，Z_c 轴是光轴并且垂直于成像平面。光轴与成像面的交点为图像的中心点 O_1。由点 O、X_c 轴、Y_c 轴和 Z_c 轴组成的直角坐标系统称为相机坐标系，OO_1 是相机的焦距。像素坐标系为 O_0UV，原点 O_0 位于图像的左上角，U 轴平行于 X 轴，V 轴平行于 Y 轴。

基于成像原理，可直接计算水平方向的视线角 λ_h 和垂直方向的视线角 λ_v 为

$$\begin{cases} \lambda_v = -\arctan(X_c/Z_c) = -\arctan(u/f_x) \\ \lambda_h = -\arctan(Y_c/Z_c) = -\arctan(v/f_y) \end{cases} \quad (5-61)$$

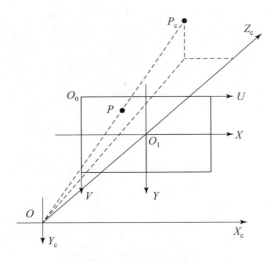

图 5-22 捷联相机成像原理

式中，$[u, v]^T$ 是图像中目标的位置坐标，单位是像素，u 和 v 更精确的值可以通过畸变校正来得到。f_x、f_y 是以像素为单位的焦距，可以通过摄像机标定得出。一般来说，摄像机固有参数在出厂后是固定的，在使用过程中不会改变。鉴于镜头标定和失真校正的算法也已成熟，本书不做详细的介绍。

3. 目标跟踪方法介绍

如前所述，智能弹药弹载端的图像处理模块和捷联成像模块组成了一个图像回路。在制导过程中，跟踪是图像处理的重要一环。简单而言，跟踪算法的输入是图像第一帧中所选定的目标区域，且具有一定特征，之后跟踪算法会在每一帧图像中标记出该区域的位置。对于整个制导回路来说，跟踪算法对所选目标区域在每一帧中的位置更新的同时也对视线角进行了更新。本节首先基于经典的中值流跟踪算法进行流程构建，进而提出一种基于视觉的方法来降低整个系统的延时和目标选择的误差，以达到提高目标跟踪的精度和效率。

1）基于中值流的跟踪算法

基于中值流的跟踪算法属于光流算法，是最近相当长一段时间内最优秀、最成熟的光流算法之一。它的运行速度快、耗时短，满足实时性、简单等要求。最著名的使用案例是 Zdenek Kalal 提出的跟踪 – 学习 – 检测（Tracking – Learning – Detection，TLD）算法[27]。TLD 是一种对视频中单个物体长时间跟踪的算法，其跟踪模块便采用 Median – Flow 追踪算法。

中值流算法的流程如图 5-23 所示，步骤解释如下：

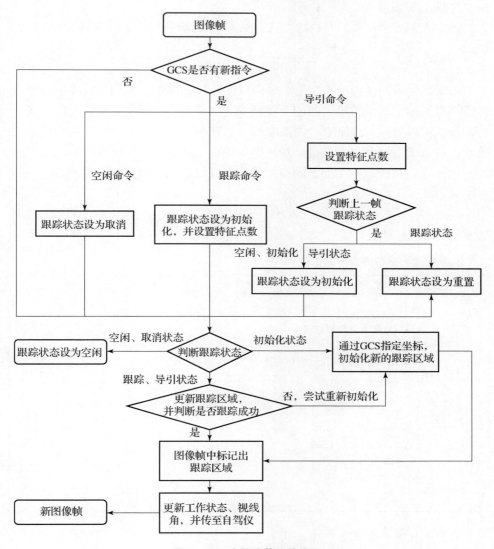

图 5-23 中值流算法的流程

（1）初始化第 n 图像帧中的目标 T，在 T 内均匀取点用于跟踪。

（2）利用 L-K 光流法确定第 n 帧与第 $n+1$ 帧之间的光流矢量。这一步使用了基于 Forward-Backward Error 方法进行特征点提取。

（3）计算每个跟踪点在第 n 帧与第 $n+1$ 帧之间的 NCC 值（Normal Cross Correlation）。

(4) 将 F – BE 和 NCC 进行排序，并得到中值。取同时小于 F – BE 中值和 NCC 中值的特征点。

(5) 利用步骤 (4) 得到的特征点估计第 n 帧中目标 T 在第 $n+1$ 帧中的位置和大小。

2) 时间补偿

锁定目标后，弹药上的控制器根据目标的特征自动形成制导指令，控制巡弹药飞向目标。对于整个回路的精度来说，时间延迟是一个系统误差的主要来源问题，可以尝试从以下三个方面来解决：首先，在软件设计中，减少图像传输延迟的有效方法是直接在机载对原始图像进行处理，然后将处理后的图像传输给地面站。其次，提高控制器与图像处理模块之间信息传输的鲁棒性，可以在中间层采用数据协议 FastRTPS (表 5 – 5)。最后，利用跟踪图像帧法 (Pursue Image – Frame Method，PIFM) 来补偿延迟时间。PIFM 的主要步骤在算法 5 – 2 中简述。

算法 5 – 2：跟踪图像帧算法 (PIFM)

输入：图像帧 (Image – frame)，目标在第 k 帧 (k_{th}) 中的坐标 $[u, v]_k$
输出：n_d (延时帧数)，目标在当前帧中的坐标 $[u, v]_{last}$
1   使用 $[u, v]_k$ 对跟踪器进行初始化
2   **for** $i = 1$ **to** n
3   **if** $(k+1)_{th}$ 帧 $\neq$ 最后一帧 **then**
4   计算 $d([u,v]_{k+i}$ 与 $[u,v]_{k+i-1}$ 之间的距离)
5               $d_{tv} = \overline{d} = \frac{1}{10}\sum_{j=0}^{10} d_j$，$d_{tv}$ 为阈值
6   **if** $d < d_{tv}$ **then**
7   跳过 $(k+1)_{th}$ 帧
8   **endif**
9   **endif**
10   **endfor**

在一组存储的图像序列中，使用第一帧中的目标进行快速跟踪初始化。然后，逐帧检测目标，获取并更新下一帧目标的位置，直到最新 (最后) 一帧。为了实现延迟时间的补偿，将最后一帧检测到的目标作为跟踪器的初始信息。$[u, v]_k$ 和 $[u, v]_{last}$ 的中心之间有一定的偏差。而且，正是该偏差弥补了目标选择误差和延迟时间，上述的几个步骤已经被证明可以有效提高捷联末制导的精度。

5.3.3 智能弹药纵向制导系统设计

捷联制导指令由水平视线角及垂直视线角生成,其控制结构也可分为纵向控制和横侧向控制进行研究。与飞行器控制结构类似,纵向通道的控制量主要由升降舵、油门构成,状态量为俯仰角、俯仰角速度、俯仰角加速度、轴向速度与位移等。对于横侧向通道来说,控制量有方向舵、副翼、油门量等,状态量为滚转角、偏航角、滚转角速度、偏航角速度、滚转角加速度、偏航角加速度、速度和位移等。而期望则是姿态和轴向视线角的重合。首先讨论纵向制导系统。

1. 制导过程的纵向系统模型

在纵向平面上,机体与目标的相对关系及弹药受力情况如图 5-24 所示。地面坐标系采用"北-东-地"坐标,俯仰角向上为正。这与第 4 章中的制导模型类似,为方便阅读,这里做简要介绍,并着重将与捷联末制导相关的内容呈现给读者。

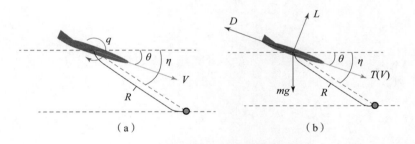

图 5-24 智能弹药与目标的制导关系示意
(a) 弹体与目标相对运动示意;(b) 弹体受力分析

弹体与目标的相对运动关系为

$$\dot{R} = -V\cos(\theta - \eta) \tag{5-62}$$

$$\dot{\eta} = -\frac{1}{R}V\sin(\theta - \eta) \tag{5-63}$$

纵向平面内,弹体轴力方程组为

$$\dot{V} = \frac{1}{m}(T - D - mg\sin\theta) \tag{5-64}$$

$$\dot{V}_r = \frac{1}{m}(mVq + mg\cos\theta - L) = 0 \tag{5-65}$$

式中,g 为重力加速度,取 9.8 m/s²;L 为升力,方向向上为正;D 为阻力,方向向后为正；T 为推动力，向前为正；V 为弹药速度；q 为俯仰角速度。式（5-65）表示采用弹体追踪制导律下弹体 Z 轴的平衡条件，此为约束条件。利用式（5-64）及式（5-65）控制弹体轴两个轴向的速度，弹体轴 X 轴速度用来保持所需要的升力以及接近目标，Z 轴速度为 0，用于保持弹体轴与速度轴重合，完成目标指向功能。

为化简运算，升力和阻力有如下简化表达式：

$$D = C_D Q S \tag{5-66}$$

$$L = C_L Q S \tag{5-67}$$

式中，C_D、C_L 分别为阻力系数、升力系数；S 为参考面；Q 为动压且 $Q = \frac{1}{2}\rho V^2$；ρ 为空气密度；V 为弹药速度。机体轴力矩方程组为

$$\dot{\theta} = q \tag{5-68}$$

$$\dot{q} = \frac{M}{I_y} \tag{5-69}$$

式中，

$$M = C_m Q S c_A \tag{5-70}$$

$$C_m = C_{mL} L + C_{m\delta_e} \delta_e + C_{mq}\left(\frac{qc_A}{2V}\right) \tag{5-71}$$

式中，c_A 为机翼平均气动弦长；δ_e 为升降舵角度；C_m、C_{mL}、$C_{m\delta_e}$、C_{mq} 分别为力矩系数，求解过程略。联立式（5-68）~式（5-71）可得

$$\dot{q} = \frac{\left[C_{mL}\left(\frac{1}{2}\rho V^2 C_L S\right) + C_{m\delta_e}\delta_e + C_{mq}\left(\frac{qc_A}{2V}\right)\right]\frac{1}{2}\rho V^2 S c_A}{I_y} \tag{5-72}$$

建立纵向制导过程的系统模型为

$$\begin{cases} \dot{R} = -V\cos(\theta - \eta) \\ \dot{\eta} = -\frac{1}{R}V\sin(\theta - \eta) \\ \dot{V} = -\frac{\rho C_D S}{2m}V^2 - g\sin\theta + \frac{1}{m}T \\ \dot{\theta} = q \\ \dot{q} = \frac{C_{mL}C_L\frac{1}{4}\rho^2 S^2 c_A}{I_y}V^4 + \frac{C_{mq}\frac{1}{4}\rho S c_A}{I_y}Vq + \frac{C_{m\delta_e}\frac{1}{2}\rho S c_A}{I_y}V^2 \delta_e \end{cases} \tag{5-73}$$

系统的状态量为 $X = [R, \eta, V, \theta, q]$；系统的控制量为 $U = [T, \delta_e]$。弹药的最终任务是撞击上目标，则系统状态目标值有如下设计：

$$\begin{cases} R_c = 0 \\ \eta_c = \eta_{\text{set}} \\ V_c = \dfrac{mq + \sqrt{m^2 q^2 + 2\rho C_L Smg\cos\theta}}{\rho C_L S} \\ \theta_c = \eta \\ q_c = 0 \end{cases} \qquad (5-74)$$

即

$$x_c = \left[0, \eta_c, \dfrac{mq + \sqrt{m^2 q^2 + 2\rho C_L Smg\cos\theta}}{-\rho C_L S}, \eta, 0\right] \qquad (5-75)$$

2. 系统控制量配平

为保证弹药末制导过程获得尽可能高的精确性，则需要末段弹药飞行状态稳定，弹药在瞄准目标后纵向通道受力平衡，方向稳定，即

$$\begin{cases} \dot{V} = -\dfrac{\rho C_D S}{2m} V^2 - g\sin\theta + \dfrac{1}{m} T = 0 \\ \dot{q} = \dfrac{C_{mL} C_L \frac{1}{4} \rho^2 S^2 c_A}{I_y} V^4 + \dfrac{C_{mq} \frac{1}{4} \rho S c_A}{I_y} Vq + \dfrac{C_{m\delta_e} \frac{1}{2} \rho S c_A}{I_y} V^2 \delta_e = 0 \end{cases} \qquad (5-76)$$

求解式（5-76）可分别得到油门和升降舵的配平量。

$$T_e = \dfrac{1}{2} \rho V^2 C_D S + mg\sin\theta \qquad (5-77)$$

$$\delta_{\text{ele\_e}} = -\dfrac{1}{2} \dfrac{C_{ml} C_L \rho S V_e^3 + C_{mq} c_A q_e}{C_{m\delta_e} V_e} \qquad (5-78)$$

仅实现纵向控制时，有

$$\delta_{\text{ele\_e}} = -\dfrac{1}{2} \dfrac{C_{ml} C_L \rho S V_e^2}{C_{m\delta_e}} \qquad (5-79)$$

式中，升力系数、阻力系数及三个力矩系数可以通过试验数据计算、气动仿真、风洞试验等途径获得。同样，利用智能弹药的飞行数据进行拟合也可得到相关数据。对于某些低速、小型弹药而言，通过飞行试验估计参数的精度比风洞试验的效果更佳。在这里简单说明数据拟合、参数辨识的要点。

在进行试飞获取纵向辨识数据时，应保证弹药滚转及偏航通道锁定，仅进行俯仰方向运动，即滚转角、偏航角、滚转角速度、偏航角速度均为 0。

阻力系数的计算公式为

$$C_D = \frac{T_{\text{fly\_data}} - m(x\_\text{acc}_{\text{fly\_data}} - g\sin\theta) - mg\sin\theta_{\text{fly\_data}}}{\frac{1}{2}\rho V_{\text{fly\_data}}^2 S} \quad (5-80)$$

升力系数的计算公式为

$$C_L = \frac{V_{\text{fly\_data}} q_{\text{fly\_data}} - (z\_\text{acc}_{\text{fly\_data}} + g\cos\theta_{\text{fly\_data}}) + g\cos\theta_{\text{fly\_data}}}{\frac{1}{2}\rho V_{\text{fly\_data}}^2 S/m} \quad (5-81)$$

三个力矩系数需要通过求解以下（超定）方程组辨识：

$$\begin{cases} \dfrac{C_L \frac{1}{4}\rho^2 S^2 c_A V_{\text{fly\_data1}}^4}{I_y}C_{mL} + \dfrac{\frac{1}{2}\rho S c_A V_{\text{fly\_date1}}^2 \delta_{e_{\text{fly\_data1}}}}{I_y}C_{m\delta_e} + \\ \qquad\qquad \dfrac{\frac{1}{4}\rho S c_A^2 V_{\text{fly\_data\_1}} q_{\text{fly\_data\_1}}}{I_y}C_{mq} = \dot{q}_{\text{fly\_data\_1}} \\[6pt] \dfrac{C_L \frac{1}{4}\rho^2 S^2 c_A V_{\text{fly\_data2}}^4}{I_y}C_{mL} + \dfrac{\frac{1}{2}\rho S c_A V_{\text{fly\_date2}}^2 \delta_{e_{\text{fly\_data2}}}}{I_y}C_{m\delta_e} + \\ \qquad\qquad \dfrac{\frac{1}{4}\rho S c_A^2 V_{\text{fly\_data\_2}} q_{\text{fly\_data\_2}}}{I_y}C_{mq} = \dot{q}_{\text{fly\_data\_2}} \\[6pt] \dfrac{C_L \frac{1}{4}\rho^2 S^2 c_A V_{\text{fly\_data3}}^4}{I_y}C_{mL} + \dfrac{\frac{1}{2}\rho S c_A V_{\text{fly\_date3}}^2 \delta_{e_{\text{fly\_data3}}}}{I_y}C_{m\delta_e} + \\ \qquad\qquad \dfrac{\frac{1}{4}\rho S c_A^2 V_{\text{fly\_data\_3}} q_{\text{fly\_data\_3}}}{I_y}C_{mq} = \dot{q}_{\text{fly\_data\_3}} \\ \qquad\qquad \cdots \end{cases} \quad (5-82)$$

式中，fly_data 下标表示飞行数据；x_acc 表示陀螺仪测得的 X 轴加速度；z_acc 表示陀螺仪测得的 Z 轴加速度。

3. 纵向通道控制器设计

控制回路采用经典双环控制，最外环为制导律与速度控制器，内环为俯仰角控制，本节主要对速度及俯仰角控制器进行设计。

1）外环速度控制

当飞行速度为 25~40 m/s 时，根据上一节，升力系数 C_L 和阻力系数 C_D 可以理解为已知常数。联立式（5-65）~式（5-67）可得

$$\dot{V}_\Gamma = \frac{1}{m}(mVq + mg\cos\theta - \frac{1}{2}\rho V^2 C_L S) = 0 \quad (5-83)$$

求解上式得到

$$V = \frac{mq + \sqrt{m^2q^2 + 2\rho C_L Smg\cos\theta}}{\rho C_L S} \quad (5-84)$$

此速度即为任意时刻智能弹药的配平速度,此配平值依赖于弹体轴俯仰角速度和姿态–俯仰角。当弹药进入稳定飞行或俯仰角变化很小时,可以假设

$$mq = 0$$

则有

$$V = \frac{\sqrt{2\rho C_L Smg\cos\theta}}{\rho C_L S} \quad (5-85)$$

此时,速度期望值仅依赖于弹药姿态的俯仰角。

2) 基于线性二次最优控制的速度控制器设计

在制导飞行过程中,还需要协调考虑角度控制回路与速度控制回路的带宽,才能保证速度控制的稳定性。这里推荐采用一体化控制方法,如二次型控制对速度进行控制。

已知系统状态方程为

$$\begin{cases} \dot{V} = -\dfrac{\rho C_D S}{2m}V^2 - g\sin\theta + \dfrac{1}{m}T \\ \dot{\theta} = q \\ \dot{q} = \dfrac{C_{mL}C_L \rho^2 S^2 c_A}{4 I_y}V^4 + \dfrac{C_{mq}\rho S c_A^2}{4 I_y}Vq + \dfrac{C_{m\delta_e}\rho S c_A}{2 I_y}V^2 \delta_e \end{cases} \quad (5-86)$$

对系统进行线性化后表示为状态空间形式为

$$\dot{X} = AX + BU \quad (5-87)$$

式中,

$$\begin{cases} A = \begin{bmatrix} -\dfrac{\rho C_D S}{m}V_e & -g\cos\theta & 0 \\ 0 & 0 & 1 \\ \dfrac{C_{mL}C_L \rho^2 S^2 c_A}{I_y}V_e^3 + \dfrac{C_{m\delta_e}\rho S c_A}{I_y}V_e \delta_e & 0 & \dfrac{C_{mq}\rho S c_A^2}{4 I_y}V_e \end{bmatrix} \\ B = \begin{bmatrix} \dfrac{1}{m} & 0 \\ 0 & 0 \\ 0 & \dfrac{C_{m\delta_e}\rho S c_A}{2 I_y}V_e^2 \end{bmatrix} \end{cases} \quad (5-88)$$

采用状态反馈控制器,记为 K,则有

$$U = -KX \tag{5-89}$$

采用遗传算法对参数矩阵进行优化,进而通过 MATLAB 求解黎卡提方程数值解得到优化控制量,具体过程本节不做赘述。

3) 俯仰角控制

俯仰角和升降舵控制回路采用经典比例－积分－微分（PID）控制器实现,仿真框图如图 5-25 所示。从图 5-25 可以看出,垂直方向上的视线角输入 θ_c 需要进行安装角与补偿角的修正。

不同的安装角会产生不同的视场区域,设计安装角输入是为了在仿真中对不同的安装角进行仿真,同时可以将测得的每发智能弹药真实的导引头安装角作为一个参数写入程序。同样,俯仰通道的控制策略是让 $\theta_c = 0$,因此目标的垂直视线角度 θ_c 的值等于 $-\gamma$（忽略补偿角 ϑ_{offset} 和安装角测量误差）。正常情况下,当摄像机安装完成后,将会测量安装角 γ 并写入程序。至此纵向通道相关内容已经完成。上述过程在作者所在团队的研究工作中已被验证,命中精度可达 CEP 1.5 m。

5.3.4　智能弹药横向制导系统设计

1. 基于视线角的制导律设计

在横向平面上,机体与目标的相对关系及智能弹药受力情况如图 5-26 所示。地面坐标还是采用"北－东－地"坐标,角度以顺时针为正。

弹体与目标的相对关系为

$$\dot{R} = -V\cos\gamma \tag{5-90}$$

$$\dot{\mu} = \frac{1}{R}V\sin\gamma \tag{5-91}$$

$$\gamma = \mu - \varphi \tag{5-92}$$

为降低系统实现难度,采用角度生成导引信号:

$$\dot{\varphi}_c = k\gamma \tag{5-93}$$

式中,k 为制导参数。制导参数的设计涉及 3 个问题:系统稳定性、系统的动态特征、飞行控制回路过载或姿态角变化约束。

1) 稳定性研究

对式（5-92）做微分,得

$$\dot{\gamma} = \dot{\mu} - \dot{\varphi} \tag{5-94}$$

将式（5-91）、式（5-93）代入式（5-94）得

$$\dot{\gamma} = \frac{1}{R}V\sin\gamma - k\gamma \tag{5-95}$$

第5章 集群弹药的博弈、制导与控制

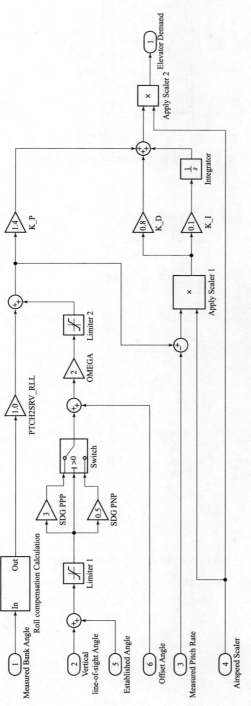

图 5-25 升降舵 PID 控制器仿真框图

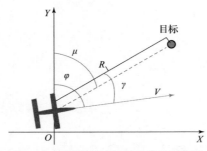

图 5 – 26　弹体与目标相对关系示意图

假设系统稳定，则有

$$\dot{\gamma} = \frac{1}{R}V\sin\gamma - k\gamma \begin{cases} <0, & \gamma>0 \\ >0, & \gamma<0 \end{cases} \quad (5-96)$$

显然 γ 与 $\dot{\gamma}$ 异号，即

$$k > \frac{1}{R\gamma}V\sin\gamma \quad (5-97)$$

已知

$$0 \leqslant \frac{\sin\gamma}{\gamma} \leqslant 1 \quad (5-98)$$

且系统稳定时必有

$$\lim_{t\to\infty}\gamma = 0 \quad (5-99)$$

则有

$$\lim_{t\to\infty}\frac{1}{R\gamma}V\sin\gamma = \frac{V}{R} \quad (5-100)$$

将式（5 – 100）代入式（5 – 97），结合系统稳定要求，可推知参数 k 需要满足条件

$$k > \frac{V}{R} \quad (5-101)$$

2) 系统动态特性分析

由于式（5 – 90）R 与纵向运动耦合，在制导飞行过程中一直变化，因此不存在理想的稳态，可以采用状态空间形式进行系统动态特征分析：

$$\begin{cases} \dot{\gamma} = \dfrac{1}{R}V\sin\gamma - k\gamma \\ \dot{R} = -V\cos\gamma \end{cases} \quad (5-102)$$

在不同初始条件下，相平面（系统 [R, γ]）内系统的根轨迹如图 5 – 27 所示。可知，系统应满足：①在攻击开始时刻，需要稳定瞄准，不应有大的振荡；②在瞄准后，随着距离的接近，要保证系统在奇点处是稳定的，不能在末端发生振荡。综合分析并结合实验调参情况，k 取 0.75，此时系统有较好的表现。

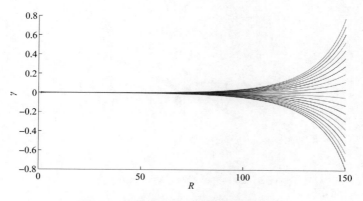

图 5-27 相平面系统根轨迹（附彩插）

2. 基于 BTT 的横向控制器设计

1) 基于 BTT 的外环控制设计

根据捷联导引头的成像特点，结合智能弹药的高机动性要求，基于倾斜转弯控制策略进行横侧向控制更加合理。现有横侧向控制技术大致可分为 STT 和 BTT 两种主要类型。通常情况下，倾斜转弯 BTT 的控制方式通过机身倾斜、靠升力分量来实现转弯（或机动），适用于一些要求飞行器阻力小、机动过载大（或升阻比大）的场合。BTT 控制模式更加适合外形和飞行更加类似的智能弹药，在实现高机动性的同时，弹药继续滚转以减小侧滑角，从而使其尾部的不对称涡旋最小化。这样，BTT 可以有效地消除弹药的大机动性的不利影响，从而完成 STT 难以实现的可操作性。实验证明在稳定性和机动性方面，BTT 飞行器比 STT 飞行器具有更大的优势，但 BTT 飞行器在制导律和控制器设计中仍有很多难题需要解决，如在制导控制过程中需要考虑运动耦合、气动耦合和惯性耦合等。

综上所述，本节选择参考倾斜转弯控制方法作为智能弹药制导阶段的控制方法有以下原因：

（1）BTT 相对 STT 具有更强的机动能力，能更快瞄准。

（2）机体具有良好的气动对称性，各通道耦合性低。

（3）机体轴向截面为原型，采用 BTT 能减少阻力，同时最小化机体尾部不对称涡流。

（4）忽略侧滑角，将输入指令转换为滚转角期望，适应姿态控制系统。

飞行器倾斜转弯受力示意图如图 5-28 所示。

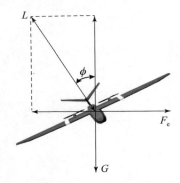

图 5-28　飞行器倾斜转弯受力示意图

建立力学平衡方程

$$\begin{cases} mg = L\cos\phi \\ mV\dot{\varphi} = L\sin\phi \end{cases} \quad (5-103)$$

式中，L 为升力；ϕ 为滚转角，求解可得

$$\dot{\varphi} = \frac{g}{V}\tan\phi \quad (5-104)$$

联立式（5-93）、式（5-104）可得

$$k\gamma = \frac{g}{V}\tan\phi_c \quad (5-105)$$

由此可得滚转角指令

$$\phi_c = \arctan\left(\frac{V}{g}k\gamma\right) \quad (5-106)$$

2）基于 BTT 的外环控制仿真验证

模型可简化为

$$\begin{cases} \dot{R} = -V\cos\gamma \\ \dot{\mu} = \frac{1}{R}V\sin\gamma \\ \gamma = \mu - \varphi \\ \phi_c = \arctan\left(\frac{V}{g}k\gamma\right) \\ \dot{\varphi} = \frac{g}{V}\tan\phi \end{cases} \quad (5-107)$$

将角度控制视为理想环节，加入滚转角限幅为 [-45°，-45°]，滚转角的限幅也是为了防止过大的滚转角对图像跟踪的效果产生负面影响。当然，限

制滚转角速度也可以达到类似的效果。同样忽略纵向运动,将纵向速度设为常值,则设定初始条件如表 5-7 所示。

表 5-7 仿真参数设置

参数	值
空速 V	32 m/s
弹药与目标初始距离 R_0	150 m
初始偏航角 φ_0	60°
目标方位角 μ_0	45°

BTT 外环仿真结果如图 5-29 所示。从仿真结果看,基于 BTT 控制理论设计的外环控制系统具有较快的响应速度和较好的稳定性,该方法在进行动目标攻击时具有类似的特点。

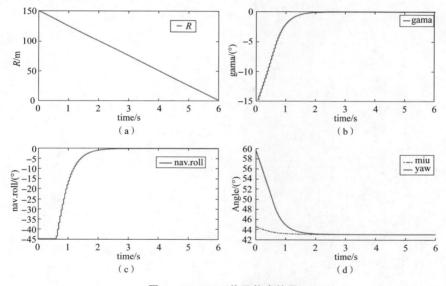

图 5-29 BTT 外环仿真结果

(a) 时间-弹目距离关系曲线;(b) 时间-视线角 γ 关系曲线;
(c) 时间-滚转角指令关系曲线;(d) 时间-偏航角 φ/目标方位角 μ 关系曲线

3) 内环姿态角控制器设计

内环姿态控制主要为滚转角及滚转舵面的控制。本节采用 PID 控制器,其仿真框图如图 5-30 所示。控制器与一般飞行器的滚转通道控制器类似,在此不再赘述。

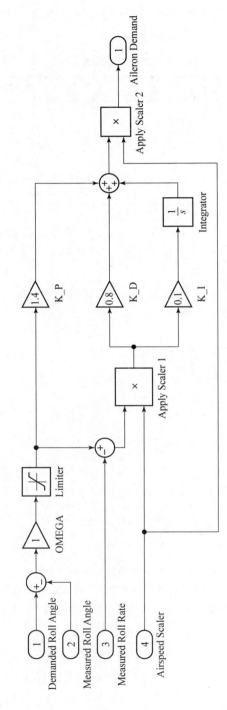

图 5-30 滚转通道 PID 控制器仿真框图

5.3.5 小结

至此,我们基于成本更低的捷联末导引头构建了完整的末制导系统。该方法在实验中被证明是有效的,对静目标的攻击精度可以达到 CEP 1.5 m,且具备一定的抗风能力。需要注意的是,本方法在不同外形的智能弹药(巡飞弹)上均得到了类似的结果。另外,本制导系统和方法在攻击动目标的过程中也取得了良好的效果:当目标运动速度小于弹药速度时,命中概率可以维持在 65%。上述事实说明本方法具有一定的适用性,同时也证明了捷联末制导在集群弹药中的可行性。

5.4 本章小结

集群弹药的制导是一个非常复杂的过程与技术,同时又是集群弹药区别于其他集群的最大特征。目前的研究尚无法给出这一技术的系统概述和行之有效的普适性方法,这意味着研究人员需要结合需求和自身的技术体系进行创造与实现,从而在结果中总结经验、吸取教训。本书希望通过简单的方法介绍和初步的试验与仿真结果向读者展示一种思考过程,从而提供相关的经验。需要再次强调,博弈提供决策,协同提供一致性,制导提供最终的打击控制,这看似严谨的逻辑尚未得到连续的试验验证,特别是决策相关的内容,还需要很大的改进才可能用于集群弹药的实现与应用。

参 考 文 献

[1] Huang H, Ding J, Zhang W, et al. A differential game approach to planning in adversarial scenarios: A case study on capture-the-flag [C] // In 2011 IEEE International Conference on Robotics and Automation, May 9-13, Shanghai, China, 2011, 1451-1456.

[2] Margellos K, Lygeros J. Hamilton-Jacobi formulation for reach-avoid differential games [J]. IEEE Transactions on Automatic Control, 2011, 56 (8): 1849-1861.

[3] Pachter M, Garcia E, Casbeer D W. Active target defense differential game

［C］// 2014 52nd Annual Allerton Conference on Communication, Control, and Computing, Allerton, 2014, 46 - 53.

［4］Chen M, Zhou Z, Tomlin C J. Multiplayer reach - avoid games via pairwise outcomes［J］. IEEE Transactions on Automatic Control, 2017, 62 (3): 1451 - 1457.

［5］Zhao D, Zhang Q, Wang D, et al. Experience replay for optimal control of nonzero - sum game systems with unknown dynamics［J］. IEEE Transactions on Cybernetics, 2015, 46 (3): 854 - 865.

［6］查文中. 单个优势逃跑者的多人定性微分对策研究［D］. 北京: 北京理工大学, 2016.

［7］Yan R, Shi Z, Zhong Y. Reach - avoid games with two defenders and one attacker: An analytical approach［J］. IEEE Transactions on Cybernetics, 2018, 49 (3): 1035 - 1046.

［8］Yan R, Shi Z, Zhong Y. Task Assignment for Multiplayer Reach - Avoid Games in Convex Domains via Analytical Barriers［J］. IEEE Transactions on Robotics, 2019.

［9］Boyell R L. Defending a moving target against missile or torpedo attack［J］. IEEE Transactions on Aerospace and Electronic Systems, 1976 (4): 522 - 526.

［10］Shima T. Optimal cooperative pursuit and evasion strategies against a homing missile［J］. Journal of Guidance, Control, and Dynamics, 2011, 34 (2): 414 - 425.

［11］Barber D B, Redding J D, Mclain T W. Vision - based target geolocation using a fixed - wing miniature air vehicle［J］. Journal of Intelligent and Robotic Systems, 2006, 47 (4): 361 - 382.

［12］Beard R W, Mclain T W, Nelson D B, et al. Decentralized cooperative aerial surveillance using fixedwing miniature UAVs［J］. Proceedings of the IEEE, 2006, 94 (7): 1306 - 1324.

［13］Beard R W, Niedfeldt P C, Ingersoll J K. Automated multiple target detection and tracking system［P］. U. S. Patent 2019, 10: 339 - 387, B2.

［14］Wang, X, Zhu H, Zhang D. Vision - based detection and tracking of a mobile ground target using a fixed - wing UAV［J］. International Journal of Advanced Robotic Systems, 2014, 11 (156): 1 - 11.

[15] Zhou Y, Tang D, Zhou H. Vision-based online localization and trajectory smoothing for fixed-wing UAV tracking a moving target [C] // In: 2019 IEEE/CVF international conference on computer vision workshop (ICCVW). Seoul, Korea: IEEE, 2019, 153-160.

[16] Bartomiej B, Dariusz N, Piotr K, et al. Fixed wing aircraft automatic landing with the use of a dedicated ground sign system [J]. Aerospace, 2021, 8: 67-187.

[17] Cesetti A, Frontoni E, Mancini A. A vision-based guidance system for UAV navigation and safe landing using natural landmarks [J]. Journal of Intelligent and Robotic Systems, 2010, 57 (1-4): 233-257.

[18] Huh S, Shim D H. A vision based automatic landing method for fixed-wing UAVs [J]. Journal of Intelligent and Robotic Systems, 2010, 57 (1-4): 217-231.

[19] Kim H J, Kim M, Lim H, et al. Fully autonomous vision based net-recovery landing system for a fixed-wing UAV [J]. IEEE/ASME Transactions on Mechatronics, 2013, 18 (4): 1320-1333.

[20] Thurrowgood S, Moore R J D, Soccol D, et al. A biologically inspired, vision-based guidance system for automatic landing of a fixed-wing aircraft [J]. Journal of Field Robotics, 2014, 31 (4): 699-727.

[21] Yang Y, Liu C, Li J. Design, implementation and verification of a low-cost terminal guidance system for small fixed-wing UAVs [J]. Journal of Field Robotics, 2021, 38 (5): 801-827.

[22] Yang Y, Liu C, Li J, et al. Research on terminal guidance of SUAV based on strapdown image module [C] // 2017 IEEE international conference on unmanned systems (ICUS), Beijing, China: IEEE, 98-103.

[23] Zhang Z, Li J, Yang Y, et al. Research on speed scheme for precise attack of miniature loitering munition [J]. Mathematical Problems in Engineering, 2020, (6): 1-19.

[24] Yang Y, Li J, Liu C, et al. Automatic terminal guidance for small fixed-wing unmanned aerial vehicles [J]. Journal of Field Robotics, 2022, 1-27.

[25] Shim D H, Huh S, Min B M. A vision-based automatic landing system for fixed-wing UAVs using an inflated airbag [C] // AIAA guidance,

navigation and control conference and exhibit. Honolulu, Hawaii.

［26］ Yoon S, Kim H J, Kim Y. Spiral landing guidance law design for unmanned aerial vehicle net – recovery ［J］. Proceedings of the Institution of Mechanical Engineers, Part G: Journal of Aerospace Engineering, 2010, 224（10）: 1081 – 1096.

［27］ Kalal Z, Mikolajczyk K, Matas J. Tracking – Learning – Detection ［J］. IEEE Trans Pattern Anal Mach Intell, 2012, 34.7: 1409 – 1422.

第 6 章

集群弹药效能评估方法

如前文所述,无论是从武器研制角度还是参数训练角度,集群弹药的效能评估都是开发/研制过程中非常重要的一个环节。不过遗憾的是,评估集群弹药和构建集群弹药一样困难,症结之处主要还是行为涌现的机理不明。另外,由于集群智能的特殊性质以及集群弹药特殊的任务使命,仅仅按照任务完成度来评价整个集群弹药似乎也不太合理,因为个体之间的协作配合对集群智能的涌现同样重要。为此,构建集群弹药评估体系,结合仿真系统进行相关研究对集群智能会有非常重要的贡献。

6.1 智能集群弹药评价体系的构建

从本质上来讲，集群弹药是由一定数量的单功能和多功能弹药共同组成的，以信息交互为基础，整体具有能力涌现、行为可测/可控以及可用特点的无人系统。集群弹药作为群体智能与无人系统相结合的产物，具有无中心、自主协同、能力涌现等特性。这些特性已大大超出传统智能能力评估及智能水平划分的范畴，必然导致其在概念界定、数值评估等方面具有特殊性。国内外对无人集群作战的研究多集中于自主协同控制算法、集群分布式交互技术以及相关演示验证等方面，而对于集群试验评估方面的研究，在世界范围内都处于起步阶段，尚未达到为集群应用提供有力支撑的标准。美军近年来支持了一系列相关领域理论方法及环境构建研究，虽然在公开层面上尚未形成可供借鉴的成熟成果，但其经验认识到具体做法均具有相当积累[1-6]。

集群弹药评价体系是促进集群技术从理论走向实践的重要桥梁。一方面，构建评价体系可以为研究指出明确的方向；另一方面，评估得到的数值结果可以为集群决策参数训练提供参考信息。为此，本节的重点是：在集群试验理论与框架指导下，依据集群弹药任务需求为集群弹药自主协同效能评估制定科学、规范、有效的评估过程和评估方法，提供具有广泛适应性和较高置信度的集群弹药自适应评估模型和等级划分标准，为该类装备的研制提供判断依据。进一步立足于作战场景设定，对作战任务完成效能、集群系统有序性、集群系统鲁棒性、复杂环境适应性、人员依赖性、系统演化学习性等进行的量化评价，合理设计试验科目，综合运用各种评估方法和优化重组评估流程，实现灵活的、标准化的、易扩展的作战效能评估，以满足多样化的评估任务需求。具体地，从评估体系构建、仿真评估系统要求及测试流程、评估方法和智能水平划分三个方面进行研究，如图6-1所示，最终形成集群弹药评估体系的构建。

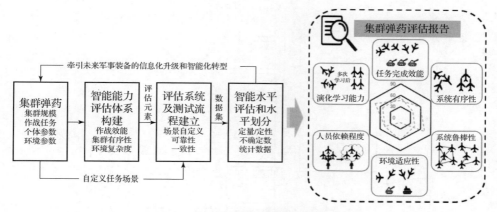

图6-1 集群弹药评价研究示意图

6.1.1 集群弹药能力评估指标体系构建

针对集群弹药的评价，由于任务、配合、个体本身的复杂性和评价目的的多样性，决定了评价指标体系的复杂性。因此，评价指标体系要根据具体情况具体分析，综合考虑评价的目的、评价的问题与对象、评价数据的来源、评价的时间窗（即指评价事件或行为所具体发生的时间窗口）等因素进行设计。其中科学性是评价指标体系设计的最重要目标，甚至可以说是唯一的目标，直接决定了综合评价结果的可信性与可靠性。为了构建一套科学的综合评价指标体系，在指标体系的设计与构建过程中应该遵循目的性、完备性、可操作性、独立性、显著性与动态性等六个原则。

集群弹药的典型特征之一是集群行为涌现的能力，即多无人平台通过科学的方法聚集，经过集群自组织机制与行为调控机制的有机耦合，产生新的能力或原有能力发生质的变化。虽然目前的研究尚不足以支撑完备的评估体系构建，我们仍可以通过知识的积累来探索并构建相关评估体系。具体来说，无人集群系统智能能力评估及智能水平评估主要包含作战任务完成效能、集群系统有序性、集群系统鲁棒性、复杂环境适应性、人员依赖程度及系统演化学习能力等六个方面，如图6-2所示。

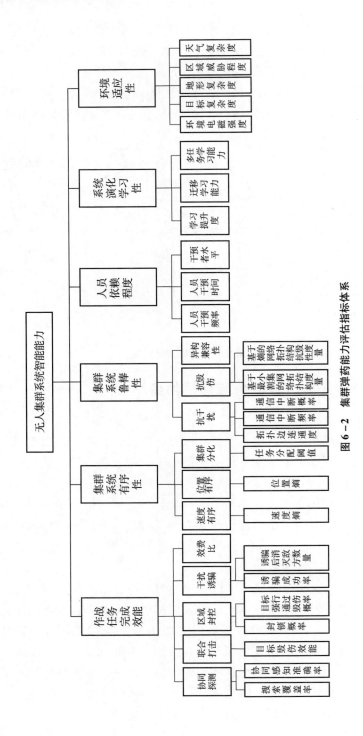

图6-2 集群弹药能力评估指标体系

1. 作战任务完成效能

常见集群弹药是由大量单功能和多功能弹药共同组成，通常依赖通信网络支撑，以群体智能涌现能力为核心，基于开放式体系架构综合集成构建，具有抗毁性强、低成本、功能分布化等优势和智能特征的作战体系。集群弹药的最终效能取决于多种任务的执行效果，如探测感知、协同打击、区域封控、诱骗干扰等。

在作战效能评估中，集群弹药的感知与探测能力是其完成任务的基础。集群弹药面临的是动态的、对抗的战场环境，任务、威胁及自身状态均处于不断变化中，任何感知偏差都可能产生灾难性后果，因此精准的态势感知与认识至关重要。在具有探测能力的基础上，针对集群弹药的各类任务，设计对应的指标进行评估，这反映了集群弹药协同任务规划与决策算法的性能。集群弹药的规划与决策能力是其作战过程的核心能力。不同的任务在作战目标、时序约束、任务要求等方面存在显著的差异性，并且任务之间可能存在约束关系，因此评价规划最优作战策略显得尤为关键。针对预知的低威胁任务，需要通过分析集群任务过程和特点，建立任务规划数学模型，生成高效合理的任务计划，以达到最佳的作战效费比。针对对抗、不确定的高威胁任务，需要实时评估战场环境和集群弹药的整体状态，及时进行任务再分配和重规划，快速响应动态的战场态势，提高完成任务的概率。在此基础上，对任务完成后的效费比进行衡量。

2. 集群系统有序性

集群弹药的有序性主要考虑了群体的速度、个体位置分布以及集群任务分配情况与集群通信网络的抗干扰、抗毁伤性。集群弹药整体的速度位置分布以及集群任务分配情况反映了集群的整体态势，是评判集群系统有序性的重要特征。集群弹药的有序性越高，应对复杂任务场景与态势时的能力越强。

3. 集群系统鲁棒性

所谓鲁棒性，是指系统在受到外界破坏的情况下，保持其功能和性能的能力。集群弹药系统的鲁棒性主要体现在通信系统的鲁棒性、集群遭受打击后的抗毁伤鲁棒性以及异构个体组成集群的鲁棒性。在对抗环境下，其通信链路会受到干扰、节点可能会损失，因此需要具备在节点和链路受损的条件下，完成其作战目标的能力。也就是说，集群弹药的鲁棒性不仅要求系统具备对于破坏的抵御能力，而且要在系统遭受破坏后，即节点或链路损失后，具备结构和功能的恢复能力。

4. 人员依赖程度

目前大部分弹药在一定程度上都离不开对人的依赖，对人员的依赖程度侧面反映了集群自身的智能程度，集群的智能程度越高，对人员的依赖就越低。

5. 系统演化学习性

集群算法的学习能力决定了集群在面对不同任务不同环境时的适应能力，良好的演化学习能力代表了集群弹药能够很快适应各类战场环境与任务。

6.1.2 集群弹药能力评估系统搭建

在明确了评估系统所包含的影响因素后，可逐步构建该系统。然而这个过程工作量巨大。其中，采用建模与仿真技术推动集群作战概念的创新和发展是一种具有探索性和前瞻性的重要科学研究方法。这主要是由于进行实物实验进行评估准备周期与花费都极其巨大，更加难以实施。因此，半实物仿真系统/硬件在环仿真系统是研究过程中的必要产物/伴生品，如图6-3所示。最理想的状态是将评估模块融入仿真系统，进而完成对集群弹药能力评估的在线评价以及高置信度评价。

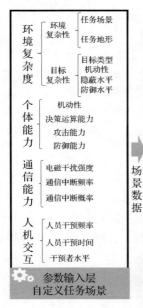
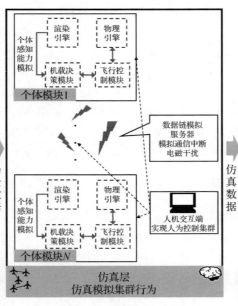
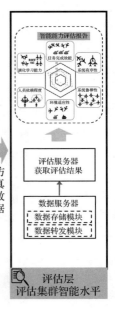

图6-3 集群弹药能力评估系统框架

硬件在回路仿真的优势在于集群中个体的所有硬件设备都将在半实物仿真中使用，能够最大程度地模拟集群实际使用场景，最大程度上还原实际场景。硬件在回路仿真系统将在下一章中给出更加详细的说明，本章以下着重介绍集群弹药评估系统所包含的参数输入层、仿真层及评估层。

1. 参数输入层

评估参数输入的定义和研究对象、作战任务等强相关，是评估体系的基础。获得这些数据的输入烦琐且重要，技术含量也非常高，因此这里仅做一个大致的分类并进行描述。在本章结束时会给出一个宽泛容易的例子进行说明，读者需要根据自己所面临的任务进行详细的构建。

1）环境复杂度

任务场景是指在一定时间、空间内，冲突双方围绕各自目标实施交战过程所处的环境。研究未来战争、评估装备体系效能以及检验战法成果等场合均需设计有针对性任务场景。而设计任务场景主要设计核心要素及其组织运用流程。其中核心要素主要有装备技术、作战装备、作战理念、制胜机理、作战战法和作战空间。结合现有仿真技术，重点需要考虑环境复杂性与目标复杂性。环境复杂性决定了集群在执行任务时所处的环境，通过在各类复杂环境中对集群智能性进行评估，如城市巷战联合打击、山林地区协同感知、区域封控等任务。目标复杂性决定了集群在执行任务时所面临威胁程度，目标类型越多，则相互协作展现出的能力就越强；目标机动性越强，则表明躲避打击的能力就越强；目标隐蔽水平越强，则越难以发现感知；目标防御水平越强，则表明抗打击能力越强。

2）个体能力

个体能力是集群的基石，个体能力较强，形成集群后的能力往往也较强，即个体能力的强弱对集群智能性的评估有重要意义。个体的机动性越强，则越难以被攻击；个体的决策运算能力越强，则越可能在较短的时间内做出较好的决策；个体攻击能力越强，则越可能完成高效毁伤；个体防御能力越强，则抗打击能力越强。

3）通信能力

随着军事信息化建设的进一步发展，越来越多的电子设备和信息武器出现在战场上，电磁辐射源高度集中将是未来战场的主要特征之一。战场通信网络是战场信息传输的核心支撑，战场通信网络的安全性、可靠性极大程度上影响了战场信息的传递，从而极大程度上影响了武器装备的作战性能。而人为电磁辐射和自然电磁辐射，敌我的对抗信号和非对抗信号将使整个战场区域电磁频段拥挤，从而形成密集、重叠和动态变化的电磁环境。期望探究通信能力对集群智能性的影响，就需要模拟通信情况，进而为集群通信发展方向与集群智能发展方向提供数据支持。

4）人弹交互

人弹交互性在集群弹药作战中泛指人员通过监控端对集群整体或集群中的部分个体进行人为控制的行为。集群弹药在执行任务时，人员的干预能够很大程度上提升集群的整体表现水平，例如指引集群飞往目标区域、引导集群进行打击等行为。然而，由于人员很难做到同时监视并控制多个弹药。因此，集群弹药中的人弹交互是衡量集群能力的重要指标。

2. 仿真层

仿真层的主要功能是模拟各类核心算法的工作过程，并获取评估所需要的数据。过于简单的模型会使得仿真可靠性大幅下降，但是过于复杂的模型则会大大增加对计算力的需求，导致仿真效率降低。如何平衡二者之间的关系将是该层的主要研究内容，第 7 章会给出一种硬件在回路的仿真系统搭建思路，这里仅仅对一些关键的模块需求进行定性的描述。读者也可根据自身的研究条件寻找合适的仿真系统。

1）弹载决策模块

弹载决策模块是仿真系统中的核心模块，负责完成集群数据转发、协同决策、图像处理等相关任务，需具有较强的运算能力与并行任务处理能力。该模块需要能够在终端应用上运行规模庞大的神经网络，执行图像处理等任务时具有较高的精度和较快的响应时间。

2）飞行控制模块

飞行控制模块，是用于在发射、巡航、降落等阶段辅助或全自主对弹药及其他元器件起到协同控制的模块。在仿真系统中，使用飞行控制模块可以进行硬件在回路仿真，能够更真实地对个体弹药进行仿真测试，确保仿真与实验的空地一致性。

3）物理引擎

物理引擎是对现实世界的模拟，所以物理引擎必须构建在现实物理世界之上。在仿真系统中，物理引擎通过为刚性物体赋予真实物理属性的方式来计算运动、旋转和碰撞反应。同时，使用对象属性（动量、扭矩或者弹性）来模拟刚体行为，从而实现比较复杂的物体碰撞、滚动、滑动或者弹跳。好的物理引擎允许有复杂的机械装置，如球形关节、轮子、气缸或者铰链；有些也支持非刚性体的物理属性，比如流体。

4) 渲染引擎

三维渲染引擎系统通过对外提供功能接口的方式为上层应用提供服务，主要负责场景管理、资源管理以及优化渲染等。针对三维场景的渲染，引擎所做的主要工作包括基本图元绘制、纹理和光照的处理以及光影特效等。位于后台的引擎直接决定着仿真系统中物体的渲染质量。

5) 人弹交互界面

人员通过人弹交互界面对集群进行引导与操控，从而实现对集群的控制。人弹交互端是人员控制集群的端口，简洁有效的界面设计可以让人员更方便地操控，也意味着操作人员可以用更多的精力思考战术。

6) 数据链模拟服务器

在集群仿真中，通过数据链模拟服务器，能够对实际作战中遭遇的电磁干扰、通信中断、间歇通信等情况做出真实的模拟，更好地反映实时战场环境。

3. 评估层

该部分是评估体系的核心部分，需要构建数学模型和详细的计算过程，需要使用数据服务器和评估服务器完成数据的收集及计算。

1) 数据服务器

数据服务器用于汇总集群系统中各弹药个体的相关信息，以及环境、目标信息，同时将各个个体的信息传递到数据链模拟服务器，由数据链模拟服务器进行数据的分发。一次仿真结束后，将相应的仿真数据传递到评估服务器，由评估服务器对结果进行评估。

2) 评估服务器

评估服务器获取到数据服务器中的数据，通过进行多次实验，汇总得到相同任务参数下的多次仿真结果，通过设计好的评估分析方法，分析多次仿真数据，最终得出相应的集群智能性评估结果报告。

6.1.3 集群弹药能力评估测试流程建立

在前述仿真评估系统框架的基础上，通过给定集群任务执行场景，对集群弹药能力进行测试，展示一个相应的仿真系统测试流程，具体如图 6 – 4 所示。

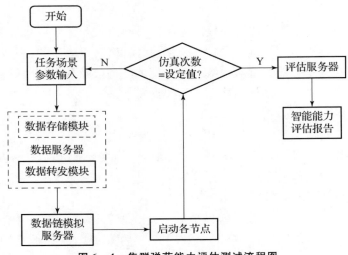

图 6-4 集群弹药能力评估测试流程图

1. 任务场景参数输入

将测试场景中的环境复杂性参数,如任务场景、任务地形等输入仿真系统;将仿真中的我方与敌方的个体能力参数输入,如机动性、决策运算能力、攻击能力、防御能力;将仿真环境中的通信参数,如电磁干扰强度、通信中断频率、通信中断概率等输入系统;将人机交互中的人员干预频率、干预时间、干预者水平输入系统。

2. 数据服务器启动

启动数据服务器,获取任务场景输入参数。

3. 数据链模拟服务器启动

启动数据链模拟服务器,获取数据服务器中的通信能力参数,以该参数模拟实际场景中的通信干扰情况。

4. 各节点启动

启动各个节点,启动各节点对应的渲染引擎、物理引擎、机载决策模块、飞行控制模块。渲染引擎与数据服务器通信,获取任务地形、目标类型、目标与个体物理外形。物理引擎获取任务场景与个体的动力学参数,实现对个体的力学仿真。机载决策模块获取通信范围内个体以及自身的信息,从而感知对周围的态势,做出相应的决策。飞行控制模块获取物理引擎传递的动力学特征,对个体的决策指令进行执行。

5. 在给定条件下进行多次仿真

以数据服务器输入参数为仿真参数,对待评价集群进行多次仿真,将仿真结果传输到评估层的评估服务器,进行评估。

6. 将多次仿真数据传递到评估服务器

评估服务器获取到的多次仿真的结果,将仿真数据通过各类数据处理方法进行处理,再对结果进行处理,最终获得集群的智能能力评估报告。通过评估报告最终指导集群作战中个体与集群技术研究方向。

通过给定测试用例,在相应的仿真平台上进行多次仿真测试,将测试结果通过设计的集群智能性评估体系进行评估,最终得到集群算法在作战任务完成效能、集群系统有序性、集群系统鲁棒性、复杂环境适应性、人员依赖程度、系统演化学习能力这六方面能力的评估,并汇总成集群智能能力评估报告,实现对智能集群技术的评估与指导。

6.1.4 常见评估方法

在前面的内容中,已经构建了一个体系、框架和流程用于对集群弹药进行评估。其重点是梳理了相关的信息传递方式和处理方式。本节将重点针对评估方法进行说明。这里的评估方法指将仿真系统得到的各类数据通过相应的数据处理评估方法,对评估体系中的各个指标量进行评估,得出相应的得分或等级,最终汇总成集群智能性评估报告,对集群弹药智能程度的发展进行辅助,如图 6-5 所示。

1. 基于粗糙集的定性数据处理方法

粗糙集理论是通过分类来识别知识库的一种数学工具,是基于上近似集、下近似集及边界作为分类测度的一种新方法。作为一种归纳学习方法,粗糙集在归类的基础上,可以给出某一类的不同决策行为。从理论上来看,定性数据的判别分析实质就是根据观测数据通过归类构造一个划分,由划分形成一个判别规则,从而对新的观测数据所属的类别做出判别。从这一角度看,粗糙集理论恰恰为集群弹药提供了一种新的判别分析方法。

2. 基于主成分与灰度关联分析法的定量数据处理方法

PCA(Principal Component Analysis),即主成分分析方法,是一种使用最广泛的数据降维算法。主成分分析能将高维空间的问题转化到低维空间去处理,

集群弹药智能组群理论与方法

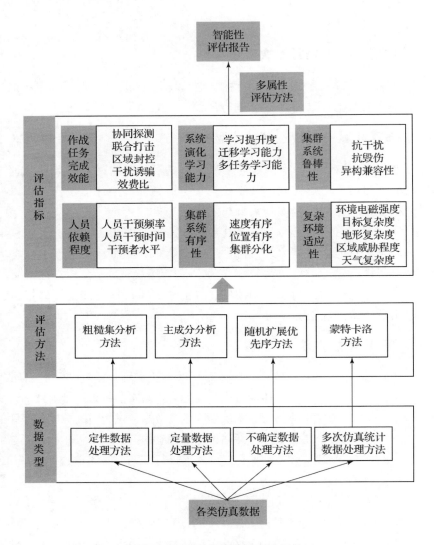

图 6–5　评估数据处理方法框架

使问题变得比较简单、直观，而且这些较少的综合指标之间互不相关，又能提供原有指标的绝大部分信息。伴随主成分分析的过程，将会自动生成各主成分的权重，这就在很大程度上抵制了在评价过程中人为因素的干扰，因此以主成分为基础的综合评价理论能够较好地保证评价结果的客观性，如实地反映实际问题。主成分综合评价提供了科学而客观的评价方法，完善了综合评价理论体系，为管理和决策提供了客观依据，能在很大程度上减少上述不良现象的产生。

PCA 的主要思想是将 n 维特征映射到 k 维上，这 k 维是全新的正交特征，也被称为主成分，是在原有 n 维特征的基础上重新构造出来的 k 维特征。PCA 的工作就是从原始的空间中顺序地找一组相互正交的坐标轴，新的坐标轴的选择与数据本身是密切相关的。其中，第一个新坐标轴选择是原始数据中方差最大的方向，第二个新坐标轴选取是与第一个坐标轴正交的平面中使得方差最大的，第三个轴是与前两个轴正交的平面中方差最大的。以此类推，可以得到 n 个这样的坐标轴。通过这种方式获得新坐标轴，而大部分方差都包含在前面 k 个坐标轴中，后面的坐标轴所含的方差几乎为 0。于是，可以忽略余下的坐标轴，只保留前面 k 个含有绝大部分方差的坐标轴。事实上，这相当于只保留包含绝大部分方差的维度特征，而忽略包含方差几乎为 0 的特征维度，实现对数据特征的降维处理。

3. 基于随机扩展优先序的不确定数据处理方法

通常，在进行综合评价时由于认知偏差、信息的不对称等方面的原因，不能拥有足够的定量或定性信息去对一个系统及其行为或特征做出完全的、确定性的描述、规定和预测。因此，人们在表达自己的偏好时，其偏好信息往往带有不确定性（如用区间数、三角模糊数、语言术语）。类似的方法将偏好信息不确定的综合评价问题统称为不确定信息下的综合评价问题，可以引入集群弹药的评估中。

不确定性包含有多种含义。在决策领域，比较规范和公认的不确定性定义来自 Zimmermann，他指出"不确定性指在一个特定的情形下，一个人没有拥有足够的定量或定性信息去对一个系统及其行为或特征给出确定性的描述、规定和预测"。在综合评价（决策分析）中，不确定性一般表现在评价者（决策者）不能准确地表达自己的偏好。在进行集群仿真评估中，由于仿真场景与算法的局限性，采集的数据往往具有一定的不确定性。例如集群中个体搭载的设备有限、算法性能有限，导致感知到的敌方位置往往不够准确。

针对决策问题中的不确定性进行分类，如 French 列举决策模型构建中 10 种以上不同的不确定性来源，这些来源分为三类，分别对应问题构建过程、偏好表达过程和结果分析过程中的不确定性。Friend 和 Levary 进一步将不确定性分为内部不确定性与外部不确定性，内部不确定性指问题构建的不确定性，外部不确定性指对决策问题的环境和结果的不确定性。

内部不确定性一般反映评价者（决策者）自身偏好信息表达的不确定性，即评价者由于认知偏差、犹豫、时间压力等，往往无法给出决策方案完全精确的评价结果，偏好信息带有模糊性（如用三角模糊数、语言术语）、不一致性（方案属性相同，评价结果不同）或不完全性（未给出所有方案的评价值）。相应的处理方法有基于模糊集的方法、粗糙集的方法和遗传算法等在内的人工智能的方法[6]。

外部不确定主要指对特定选择的后果缺乏知识，如评价者对某个方案带来的长期收益无法准确估计等。按 Friend 和 French 的观点，外部不确定性又包括对环境的不确定性和对相关决策领域的不确定性。这种不确定性表现在评价中，往往是评价方案的属性或评价者给出的偏好为随机变量，如评价者对某个投资方案进行评价时，对该项目可能的预期收益给出一个区间数（均匀分布随机变量）。处理这类不确定性偏好的方法包括效用理论、随机优势方法、概率优势方法等基于概率论的方法。

不确定的表现形式是多种多样的，如随机性、模糊性、粗糙性、模糊随机性及其他的多重不确定性。

虽然内部不确定性和外部不确定性在某些情况下可以用相同的方式处理，如进行敏感性分析时，但在多属性综合评价问题中，还是用不同的理论和方法处理内部不确定性和外部不确定性。

在处理外部不确定性方面，主要有四种方法：①基于概率模型和效用理论的方法，如 Mareshal 等提出的随机扩展优先序方法，Keeney 及 von、Winierfeldt 在经典文献提出的多属性效用理论；②成对比较的方法，即基于随机优势的方法，如 Hadar 和 Russel 最先提出了第一、第二等随机优势的方法，随后 Whitlnore 对其进行了扩展，提出第三等随机优势，并且 Baucells 将随机优势与累计前景理论结合分析多属性决策问题；③用风险测度的方法，如 Jial 在文献中将避免风险作为一个决策准则，用 Markowits 投资组合理论将一个风险性单准则决策问题用两个非随机变量即期望值和方差来表示，从而将单决策不确定性问题变为两个准则的确定性决策问题；④Heijden 等人提出的基于场景规划的方法。

4. 基于蒙特卡洛方法的统计数据处理方法

蒙特卡洛方法是一种通过生成合适的随机数及观察部分服从一些特定性质或属性的数据来解决问题的方法，通过进行多次仿真进行统计为各种各样的数学问题提供了近似解。这种方法对于一些太复杂以至很难分析求解的问题得到数字解法是非常有效的，同时适应于毫无概率性的问题和内在固有概率结构的问题。该方法成功地应用于各个领域，例如金融模型、遗传学、聚合物模拟、目标跟踪、统计图像分析和缺失数据问题等。在本书所提及的研究中，通过应用仿真系统进行大量仿真,从而实现用概率模型的取样和统计抽样的估计取代传统的分析计算。

由于在构建集群弹药评估系统时,不同的评估目标会对输入和输出产生重大影响,因此上述介绍的方法各有特点,可针对特定的目标选取特定的方法。同时一些先进的数据处理方法也可用于智能集群弹药作战效能的评估。

6.2 集群弹药应用场景探究

为了体现评估体系的作用,以美军的马赛克作战为例,进行一个举例。首先说明一下马赛克作战的理念:使用许多小而功能简单的单位构造复杂的网络,进而使得作战单元的适应性更加强大。这种战法依赖于将能力从整体平台分离到多个小型平台,能够在整个作战空间中使用各种能力的异构混合,以及能够在某个时间和地点快速组合一组所需的能力,其主要特征为任务分解、异/同构和动态重组。

参考公开报告[7-8]中研究进展情况描述的应对"马赛克作战"场景中描述的那样,当我方发现敌方时,很难通过眼下发现的敌方战斗单元来判断敌方真实的作战意图,此时集群智能弹药可以用来解决这一问题(图6-6):集群弹药可以抵近侦察某片区域,并对该区域进行一段时间的持续搜索,从而获得更加准确详细的敌方战斗单元部署和动向,进而缩短我方判断时间,有利于我方做出正确判断。同时,当发现关键目标时,也可以进行协同打击/诱骗等战术动作,并进行简单的毁伤评估,为下一步行动提供支撑。其作战示意图如图6-7所示。

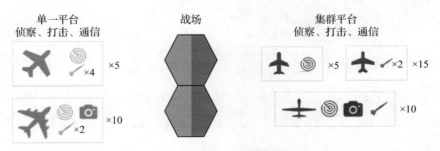

图6-6 集群弹药分解示意图

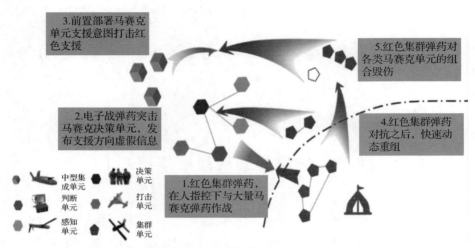

图6-7 未知区域内目标搜索与战术动作执行（附彩插）

在这一场景中，个体弹药具备察打一体能力（由于攻击的目标是行进中的非战斗状态单元，因此侦察能力优于毁伤能力）、能够低空持续飞行（突防和生存能力）、能够保持联盟通信链路（用于图像回传）、能够呼叫同伴协同执行战术动作（毁伤、编队等）。另外考虑到弹药的有效工作时间在敌方控制区域，因此很大可能面临比较恶劣的电磁环境，组网条件下的信息传递很难做到，此时卫星定位信号也可能会受到干扰。

上述复杂任务场景可分解为三个阶段（表6-1），其中每个场景对应不同的任务侧重点、评价指标及与之相匹配的弹药平台。需要注意的是，每个阶段的评价指标是多个性能指标的综合体，可根据指挥人员的偏好及意图进行设计/修改/调整，整体"马赛克作战"场景的评价指标为三阶段性能指标的综合。

表6-1 应对"马赛克作战"场景任务分解

阶段	名称	评价指标
1	抵近侦察	搜索效率、协同识别准确率、信息回传效率、通信网络抗毁性
2	时敏目标攻击	敌方意图理解准确率、协同干扰/诱骗成功率、协同跟踪成功率、毁伤效能（序贯、全向、饱和）
3	分布式目标攻击	敌方意图理解准确率、协同干扰/诱骗成功率、目标薄弱部位识别、毁伤效能（序贯、全向、饱和）

下面应用6.1节中描述的方法对上述场景下使用集群弹药的效率问题进行描述。这里需要说明的是，当集群弹药面对集群装备时，需要使用博弈的概念去理解整个过程。因此攻防的角色是相对的，在分析时需要进行一个简单的推

演,而不是简单用红蓝方去理解。

6.2.1 集群弹药协同作战有效性分析

为了对集群弹药协同作战效能的有效性进行分析,对敌我双方及作战场景进行如下抽象和定义。

集群弹药能力:1~6,单枚弹药能力越小,意味着集群程度越高;

敌方目标能力:1~6,敌方目标能力越大,意味着敌方目标越复杂;

战场数目:每一阶段所发生的冲突数目;

敌我力量比:敌我双方各类能力比值,后续实验过程中考虑两类情形,即敌我能力相当(敌我能力1∶1)和敌强我弱(敌我能力4∶1)。

为了更好地理解上述概念,请思考这样的一种场景:单一整体弹药平台可以是可回收式大型察打一体弹药,集群弹药可以是一群一次性察打一体弹药,它们二者的关键指标如下。

单一整体弹药平台:可回收式大型察打一体弹药,无人机。

机动力:飞行速度240 km/h。

信息力:侦察幅宽1 000 m,续航时间12 h。

打击力:可挂载10枚空地导弹。

成本:飞行成本0.5万元/h,空地导弹成本10万元/发,无人机500万元/架。

集群弹药能力:一次性察打一体弹药,小型巡飞弹药。

机动力:飞行速度120 km/h,续航时间1 h。

信息力:侦察幅宽300 m。

打击力:与单枚空地导弹相当。

成本:15万元/发。

以此场景为基础进行评估,进而总结相关特性,可以比较明显地看到集群弹药的一些优势。这里边总结边进行分析,分析的数据均是评估得到的一些定量的结论。

1. 敌方目标特性驱动集群弹药平台设计

考虑敌我能力相当(敌我能力1∶1)和敌强我弱(敌我能力4∶1)两种情形,计算集群弹药能力为1~6(横轴)和敌方目标所需能力为1~6(纵轴)在给定规则集下取得的性能峰值,得到如下两个表格(表6-2、表6-3)。表格中绿色、黄色、红色分别表示相比于单一整体弹药平台,集群弹药性能优于300、200和差于200的情况。

集群弹药智能组群理论与方法

表6-2 敌我能力相当（1:1）情形下在给定规则集下取得的性能峰值（附彩插）

敌方目标能力	集群弹药能力					
	1	2	3	4	5	6
1	327	255	216	186	164	153
2	280	325	193	256	129	214
3	280	105	325	166	139	254
4	177	181	254	179	143	283
5	140	269	272	209	166	308
6	263	273	280	204	192	321

表6-3 敌强我弱（4:1）情形下在给定规则集下取得的性能峰值（附彩插）

敌方目标能力	集群弹药能力					
	1	2	3	4	5	6
1	101	72	58	49	43	40
2	100	102	48	70	33	58
3	99	47	103	49	40	73
4	49	51	83	58	46	83
5	38	91	93	67	50	93
6	98	100	100	72	63	101

从表中可以看出：① 当敌我能力相当时，集群弹药性能能够达到单一整体弹药平台的2倍；② 当敌强我弱时，集群弹药性能相比于前一场景有所下降，但通过合理的集群规则可以使得集群弹药取得与单一整体弹药平台相当的性能；③ 对于两种场景，当集群弹药能力为4和5时表现均最差，这是由于敌方目标有6种能力，4和5无法形成有效的团队，会造成大量的能力冗余，因此性能降低。

进一步，针对更为复杂的敌强我弱（4:1）情形，绘制不同敌方目标所需能力随着集群弹药能力的变化曲线，如图6-8所示。从图6-8中可以看出：①针对最简单的敌方目标（红色实线），随着集群弹药的集群程度越高，性能稳步提升。这是因为每个单一整体弹药平台的6种功能中的5种基本上都被"浪费"在只需要一种功能的目标上。从单一整体弹药平台到集群弹药的增益不是6倍，而是2.5倍。这是因为整体弹药平台能够前往附近的任何目标并为其提供服务，而集群弹药平台需要移动到需要其特定能力的最近目标，而该目标可能距离更远。因此，随着时间的推移，集群弹药平台需要前往更远的距离以应用它的功能。②针对复杂目标（蓝色实线），我们看到了一条非单调曲线。整体弹药平台和集群弹药平台的性能非常相似。这是因为集群平台总是可以组成六人小组并作为一个团队一起移动，实现与整体弹药平台完全相同的方式服务目标。当平台具有 2 个或 3 个功能时，我们会看到类似的性能，因为它们可以类似地分别组成 3 个和 2 个平台的团队，以涵盖所有复杂目标所需的功能。然而，具有 4 个和 5 个功能的平台效率较低，它们仍然需要两个人的团队来提供所有六项能力，但有些能力将是多余的，因此会被浪费掉，这导致平台能力为 4 和 5 处的显著性能下降，而 5 处的下降更明显。③中等复杂度其他目标（各类虚线），其中蓝色虚线代表需要 5 种能力的目标下不同级别平台的性能。所获得的性能与完全复杂的目标（蓝色实线）非常相似，尽管略低一些，但完全集群弹药平台（最右边平台能力为 1）除外，其表现非常差。灰色虚线（目标所需能力为 4）和蓝色虚线（目标所需能力为 5）一样，都在集群弹药时有性能下降。

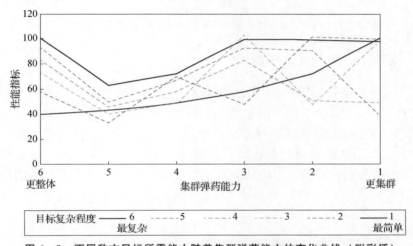

图 6-8　不同敌方目标所需能力随着集群弹药能力的变化曲线（附彩插）

综上，我们可以得出以下结论：①当敌我能力相当时，集群弹药性能优于单一整体弹药平台性能；②当敌强我弱时，通过设计合理的集群规则可以使集群弹药取得与单一整体弹药平台相当的性能，且集群弹药系统鲁棒性和环境适应性优于整体弹药平台；③当集群弹药能力和敌方目标能力相匹配时，集群弹药能发挥最佳性能，因此可根据不同类型作战场景，选取/设计合适的集群弹药，以期在复杂环境下最大化作战效能。

2. 集群弹药更适合战场数目较多和资源有限的场景

假设集群弹药能力为 1（即集群程度最高）时，探究不同战场数目情形下，集群弹药相对于整体弹药的优势随资源总量的变化趋势，如图 6-9 所示，从图中可以看出：①随着资源总量的增多，集群弹药相对于整体弹药的优势逐渐降低;②随着战场数目的增多,集群弹药优势增大。

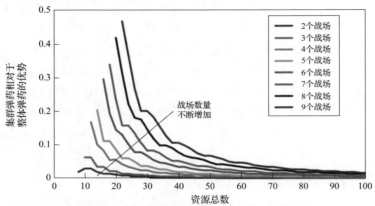

图6-9 不同战场数目情形下,集群弹药相对于整体弹药的优势随资源总量的变化趋势(附彩插)

3. 集群弹药适合复杂环境作战

未来战场环境将越发复杂,因此考虑个体故障对集群弹药性能的影响,如图6-10所示。从图6-10中可以看出:①给定个体故障率的前提下,集群弹药性能相对于整体弹药的优势随总资源数的增多而降低;②随着个体故障率的增大,集群弹药性能相对于整体弹药的优势逐渐增加;③当故障率大于等于0.2左右时,集群弹药相对于整体弹药的优势永远保持,即所有曲线趋势均在虚线以上。综上可知,集群弹药对系统容错率较高,更适合复杂环境作战。

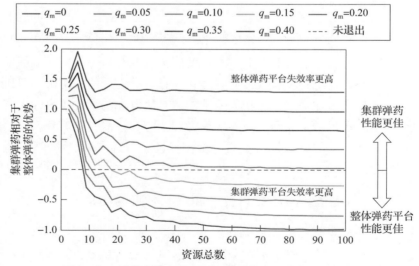

图6-10 弹药个体失效率对集群弹药性能影响(附彩插)

6.2.2 影响集群弹药协同作战能力的核心要素探究

在集群弹药分布式架构中,单枚弹药遵循的行为规则至关重要。此处依然考虑敌我能力相当(敌我能力1:1)和敌强我弱(敌我能力4:1)两种情形下基本规则(列队、聚集和分散,记为 BR)、递归规则(记为 RT)和检查需求规则(CN)对集群行为的影响。计算集群弹药能力为 1~6(横轴)和敌方目标所需能力为 1~6(纵轴)时取得性能峰值时所使用的规则集,得到如下两个表格(表 6-4、表 6-5)。表格中红色、蓝色和紫色分别表示基本规则+递归规则(BR + RT)、基本规则+检查需求规则(BR + CN)、基本规则+两个规则(BR + Both)的情况。

表 6-4 敌我能力相当(1:1)情形下取得性能峰值时所使用的规则集情况(附彩插)

敌方目标能力	集群弹药能力					
	1	2	3	4	5	6
1	BR + RT	BR + RT	BR + RT	BR + RT	BR + RT	BR + RT
2	BR	BR + RT	BR + RT	BR + RT	BR + RT	BR + RT
3	BR	BR	BR + RT	BR	BR	BR + RT
4	BR	BR	BR	BR	BR + RT	BR + RT
5	BR + RT	BR	BR	BR + CN	BR + CN	BR + RT
6	BR	BR	BR	BR + Both	BR + CN	BR + CN

表 6-5 敌强我弱(4:1)情形下取得性能峰值时所使用的规则集情(附彩插)

敌方目标能力	集群弹药能力					
	1	2	3	4	5	6
1	BR + RT	BR + RT	BR + RT	BR + CN	BR + Both	BR + CN
2	BR + RT	BR + RT	BR + RT	BR + RT	BR + RT	BR + RT
3	BR + Both	BR + RT	BR + RT	BR	BR + RT	BR + Both
4	BR + RT	BR + RT	BR + RT	BR + RT	BR + RT	BR + CN
5	BR + RT	BR + CN	BR + CN	BR + Both	BR + CN	BR + RT
6	BR + Both	BR + Both	BR + Both	BR + CN	BR + Both	BR + RT

从表中可以看出，针对敌我能力相当（1∶1）情形：①集群弹药针对更复杂的目标时，基本规则（黄色）最有效，而添加递归目标规则（红色）可以提高更整体平台针对更简单的目标性能；②当中等单一平台（每个平台有 4 或 5 种功能）针对中等复杂的目标（每个目标需要 4 或 5 种功能）时，BR 和 RT 都不能很好执行，将 RT 替换为 CN 或同时使用这两个额外的规则，会带来很大的好处；③集群弹药只需要 2 种规则集，整体弹药平台需要 4 种，表明集群弹药的架构可能对编排规则质量更加鲁棒。

针对敌强我弱（4∶1）情形：①基本规则集（黄色）仅在平台功能为 4 和目标所需功能为 3 的混合情况下提供最佳性能；②叠加递归目标规则集（红色）占据了大部分空间，检查需求规则（蓝色和紫色）对于更复杂的目标变得重要；③虽然所有规则的组合集仅在少数情况下提供略微优越的性能，但其性能在所有情况下都接近于最优的性能。

上述表格并未挖掘每种情况下最佳和最差规则集之间的差异。所以接下来对每种情况下最佳和最差规则集之间的差异进行可视化。图 6-11 所示为敌我能力相当（1∶1）和敌强我弱两情形下最佳最差规则集差异，从图中可以看出：①敌我能力相当情形下规则集之间表现出更大的变化，其中大部分变化发生在使用集群弹药或目标非常复杂时［图 6-11（a）左下方］；②敌我能力相当和敌强我弱两种情形下，在一部分情况下，规则集的选择似乎影响很小（归一化变化小于 5%），而在其他情况下则具有显著影响（归一化变化大于 50%）。

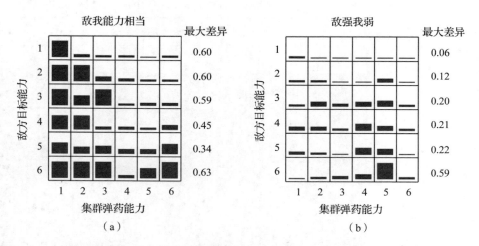

图 6-11　敌我能力相当（1∶1）和敌强我弱（4∶1）两情形下最佳最差规则集差异（附彩插）
　　（a）敌我能力相当（1∶1）；（b）敌强我弱（4∶1）

基于上述仿真对比分析以及对集群弹药关键设计技术的分析,在前面所述场景中,比较适合的集群弹药应具备以下能力:

1. 平台能力

具备班组携带、直接发射、动态组网/组群能力→使用场景;

单枚弹药带载能力不超过 8 kg→考虑到飞行时间、有效载荷、战斗部载荷与便携性等;

飞行时间 45 min→持续侦察能力;

携带战斗部质量不少于 1.5 kg→摧毁弱防护目标;

组群规模不少于 12 枚→快速对目标区域进行搜索;

打击动目标命中概率不低于 70%→打击移动的指挥车辆;

具备视频回传与控制攻击功能→侦察与攻击决策。

2. 协同能力

组网与组群结合→兼顾两类算法的优势;

分布式自组网距离不低于 1 km→尽可能降低数据链要求;

视觉识别距离不大于 1 km→保证基于视觉的组群条件;

紫外光、静电探测等新型信息获取手段可以提高集群弹药在复杂环境的适应性;

过毁伤概率不大于 50%→保证有效毁伤期望目标;

指挥与控制方式为指令与集群控制结合→命令理解和分解。

6.2.3 小结

至此,集群弹药的评估系统从构建到基本应用都已经完成,并通过"马赛克作战"概念进行了初步尝试,得到的结果和理论层面认知还是比较接近的,不过缺乏实际数据的支撑会使得对集群弹药的优势场景描述失去精准性。而且在整个分析过程中不难发现,很多场景以及对照组实验的设置还是按照研究人员的经验来设置,这就导致所关注的技战术指标和真实的战场环境需要的指标可能会有比较大的差距。不过,上述评估体系已经给出了基本的评价方法,并建立起了沟通弹药效能和仿真参数之间的联系,读者可以根据自己遇到的问题按照本书介绍的评估系统进行仔细分析。

参 考 文 献

[1] 柏鹏,梁晓龙,王鹏,等. 新型航空集群空中作战体系研究[J]. 空军工程大学学报(军事科学版),2016,16(2):1-4.

[2] 周宇,杨俊岭. 美军无人自主系统试验鉴定挑战、做法及启示[EB/OL]. (2017-04-08)[2020-01-08]. https://mp.weixin.qq.com/s/Lb7KlaiuHQdFgMSI-JEfjew.

[3] Prasanna M, Herbert D. Ad Hoe Study on Human Robot Interface Issues[R]. Army Science Board-2002 Ad Hoc Study,2002:15-16.

[4] Hung H M. Autonomy Levels for Unmanned Systems(ALFUS)Framework Volume I:Terminology Version 1.1[R]. NIST Special Publication 1 011. National Institute of Standards and Technology,Gaithersburg,MD,2004.

[5] Office of the Secretary of Defense. Unmanned aircraft system roadmap 2005-2030[R]. Washington DC:Office of the Secretary of Defense,2005.

[6] 朱本仁. 蒙特卡罗方法引论[M]. 济南:山东大学出版社,1987.

[7] Dori Walker. Findings on Mosaic Warfare from a Colonel Blotto Game[M]. RAND Corporation,2021.

[8] Rick Penn-Kraus. Modeling Rapidly Composable,Heterogeneous,and Fractionated Forces[M]. RAND Corporation,2021.

第 7 章

集群弹药验证手段

当构建了分布式决策框架，并建立了评估流程与方法后，其实就具备了构建研制集群弹药决策方法的基本手段。不过，这些方法仅仅能在设计好的、确定的数值/硬件在回路仿真环境下实施。然而在实际应用中，集群弹药面临的是一个动态、充满了不确定性的环境。本章则为了将这些决策方法进行实施开展了更加深入的研究，侧重点是在嵌入式系统下实现之前介绍的内容。

需要说明的是，本章内容的基础是作者课题组在科研过程中遇到的问题和解决问题的思路，其中有些内容可能没有经过严谨的推导，甚至仅仅是工作过程中的一些灵感，因此需要读者仔细辨别。不过，正如本书开始时所说，集群智能/集群智能弹药本就是处在研究初期，这些内容的价值应该是引起更加广泛的思考并给出某些层面的借鉴。

7.1　硬件在回路仿真系统

在第 6 章中已经说明了构建硬件在回路仿真系统对于集群弹药研究的必要性，包括框架的探索、算法验证、评估方法推演、降低科研成本等。因此开展集群弹药的研究，第一步就是构建符合要求的仿真系统。仿真系统最大优势是能够得到弹载核心模块需要的大量数据，进而考核其在各种环境下的表现。在研究过程中，我们常常面对繁多的因素且无法确定它们之间的联系，更无法确定这些元素对作战效能的影响。在这类情形下，必须通过反复调整多个参数来进行调试。这就对仿真系统的可编辑能力提出了迫切的要求，而这部分的工作在初期看来和研究集群算法、决策、控制等关键技术都不相关。本书恰恰希望读者能清醒地认识到，这类基础准备工作是必不可少的，不仅是需要构建数据，更重要的是对环境认知与建模的过程对构建集群弹药的决策算法和计算流程是非常有帮助的。

目前集群仿真系统主要以数值推演仿真为主。这类仿真系统的特点是简化集群中个体的物理与运动模型，用简单的走格子、加速度控制等方式进行控制，其关注点是环境/对手的变化对集群算法的影响，以及个体行为对其他个体的影响。不过在装备研究的过程中，这种方法显然无法满足装备个体自身控制规律、技术指标要求等研究需求。这种矛盾其实也是科学研究和装备研究之间长期存在的一种矛盾。而在集群弹药的研究中，这种矛盾被放大了：①需要考虑的控制任务更加受到个体模型的约束，弹药的飞行速度、机动能力将大大影响避障、避碰、追击等任务的决策；②复杂多变的环境让决策算法的验证越发困难，很难找到某一个场景、一组参数来进行测试与训练。因此如何提高仿真系统的空地一致性，或者说是仿真可信性是集群弹药仿真系统的一个重要方面。

这样就不难理解，场景编辑自由度高、系统仿真结果的空地一致性是构建硬件在回路仿真系统的另外两条重要指标，也是和一般推演仿真系统的最大区别。为了达到这样的要求，理想的仿真系统应具备：①一个相对开放的仿真框架，具备分布式、低数据延迟、协议可编辑；②弹载核心硬件接入功能，包括决策模块、控制模块、图像处理模块、通信模块等；③运动模型与渲染功能分离，环境中的运动物体基本上可以分为研究目标和其他，研究目标也就是集群弹药中的个体，需要非常精确的运动模型，而其他物体则只需要符合一般物理规律即可；④可编辑的对抗 AI 模型，用于提供更加符合实际的对抗数据。同样，利用学习网络不断提升 AI 智能，会对集群的构建提供极大的帮助。

针对上述需求，结合作者在构建仿真系统方面的经验，简述仿真系统设计的要点。

7.1.1 仿真系统设计要点

1. 系统框架设计

系统框架对于任何软件来说都是十分重要的，尤其对于分布式仿真系统来说，需要实现协调计算资源、网络带宽资源、状态转发、系统对时等功能。对于集群弹药而言，弹药控制、集群对抗、人机交互、核心模块接入都是基本的应用，因此考虑这些模块在仿真系统中的权限和数据交互情况也是框架的一大功能。图 7-1 所示为作者所在团队构建的一类具备上述功能的软件框架，考虑到语言执行效率，采用 C++ 及其相关库函数进行构建。

对于读者来说，该部分内容展示了用一种已经被证明的可行方式去构建分布式集群弹药硬件在回路仿真系统；而另一方面，目前工作的结果并不能保证其是最优的。

如图 7-1 所示，根据仿真系统的功能需求，系统的框架设计首先考虑功能的分类与划分：按照集群仿真的对抗性要求，结合系统功能将仿真系统分为仿真综合控制系统、数据分发系统、飞行仿真与环境仿真系统三部分。仿真综合控制系统主要负责仿真参数配置与仿真过程控制，主要包括裁判控制子系统与对抗方控制子系统。对抗方控制子系统中可以根据任务要求，设定一个或多个对抗方。数据分发系统是仿真系统的核心，负责转发三维场景渲染数据，模拟集群对抗中的数据通信过程，并为其他硬件设备提供时间基准。飞行仿真子系统包括自驾仪、集群控制模块以及高性能仿真计算机中的动力学仿真模块，其中的自驾仪与集群控制模块均为试验用机载电气设备。飞行仿真子系统主要负责飞行器动力学仿真与集群控制算法仿真。系统根据飞行器的气动参数与飞行环境以及集群决策的控制指令，模拟真实的集群飞行状态。环境仿真子系统主要负责三维场景仿真、目标仿真，根据对抗中的模型碰撞检测结果给出毁伤效能并展示毁伤效果，模拟真实战场中的对抗环境与对抗过程。

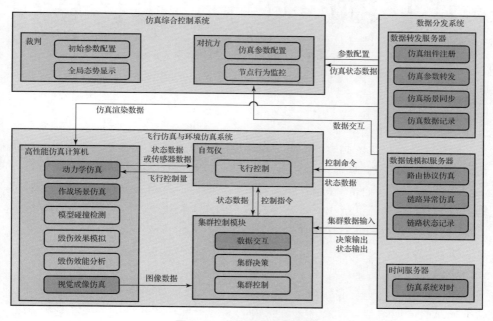

图 7-1　仿真系统总体架构

2. 硬件框架设计

软件框架的依托是硬件环境，因此在明确了系统框图之后，需要明确硬件连接关系，设计仿真系统的硬件框架，如图 7-2 所示。

系统中的硬件主要由裁判控制端、对抗方控制端、服务器以及仿真节点组成。所有组件通过有线连接的方式接入同一局域网，局域网可以通过有线和无线的方式组成，甚至可以利用现有的 Internet 网络实现异地仿真。服务器作为仿真系统的核心节点，负责转发仿真过程中的所有数据。仿真节点数量与对抗方数量均可根据仿真需求自定义扩展。针对大规模的集群仿真场景，考虑到硬

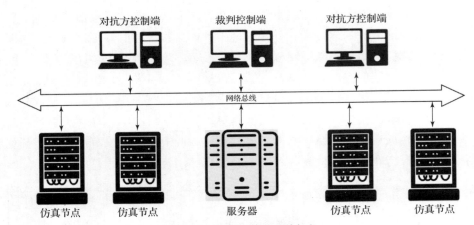

图 7-2 仿真系统的硬件框架

件成本以及空间占用，可在系统中加入纯数字的仿真节点。下面进一步详述各子系统的功能。

1) 仿真综合控制系统

该系统主要用于控制所有仿真节点的启动与停止、设置仿真参数等，主要涉及三类软件。裁判控制端为战场态势显示终端，通过数据转发服务器发送仿真开始、结束、重启、暂停等指令，简化仿真系统的操作步骤，可有效提高集群对抗的仿真效率。而仿真系统中对抗方控制端主要用于转发、存储飞行控制指令数据以及各仿真节点中的飞行状态数据和图像数据。同时，操作人员的任务指令均通过对抗方控制端服务器发送至己方仿真节点中的集群数据处理模块中。

2) 数据分发系统

数据服务器结构组成如图 7-3 所示，包含数据转发服务器、数据链模拟服务器与时间服务器三部分。数据转发服务器主要用于转发、存储仿真控制指令数据、所有仿真节点的原始飞行数据以及图像数据。原始飞行数据包括各仿真节点的位姿数据、任务状态、决策结果、指令参数等。数据转发服务器将所有仿真节点的数据发送至战场态势显示终端裁判控制端。由该裁判控制端战场态势显示终端实时渲染战场态势，对全局仿真过程可视化。

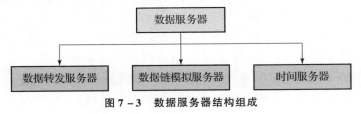

图 7-3 数据服务器结构组成

数据链模拟服务器主要用于转发各仿真节点的飞行状态、控制指令等数据。该服务器根据特定的作战场景，引入数据链路通信的数学模型，通过各仿真节点飞行状态以及毁伤状态自主调整集群各仿真节点与己方控制监控端的通信质量。此服务器可以真实地模拟特定战场环境下集群对抗的网络通信功能，提高仿真置信度。

时间服务器主要负责仿真系统中各硬件时间对齐。仿真系统中各组件的时间一致性是影响集群仿真效果的重要因素。本系统中各组件处于同一局域网络，且存在不连接外部网络的条件下进行仿真的可能性。因此，需要构建一个时间服务器为每个组件对时。该部分的技术难度来自需要仿真的等级，如果希望进行传感器级别的仿真，那么数据的传输将非常严格，目前 5 ms 左右的延迟可以应对一般的传感器数据传输频率，但是在技术上实现起来将比较困难。

3）飞行仿真与环境仿真系统

仿真系统中节点与控制端间的数据交互均通过数据转发服务器和数据链模拟服务器完成。每个仿真节点（含硬件）的作用是现实物理域中一个弹药的数字孪生体，因此仿真节点由机载核心电气设备构成，配合高精度的动力学仿真引擎，模拟弹药的真实飞行状态。仿真节点硬件组成及数据交互内容如图 7-4 所示，包括一台高性能计算机、一台自驾仪和一个集群智能控制模块。

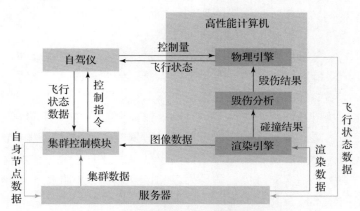

图 7-4 仿真节点硬件组成及数据交互内容

节点中的高性能计算机主要负责弹药飞行仿真（物理引擎）、作战场景仿真（渲染引擎）以及毁伤分析。物理引擎支持状态仿真与传感器仿真两种模式。物理引擎首先加载被控弹药的气动参数，根据该参数进行动力学仿真。被控对象的气动参数可根据飞行器模型进行自定义修改。在状态仿真模式下物理引擎直接输出弹药的状态数据。控制器根据当前时刻的期望值与状态数据计算控制量，反馈给物理引擎，物理引擎根据控制量计算飞行器状态。循环迭代上述过程，可以完成飞行器的状态级动力学仿真。

不过状态仿真只能验证飞行控制算法有效性，无法模拟真实飞行状态下融合传感器数据并计算状态数据的过程。物理引擎的传感器仿真模式则可以模拟生成弹药的传感器数据，包括 GPS、IMU、地磁。控制器获取传感器数据后，融合估计出当前飞机的状态，结合当前时刻的期望值，向物理引擎输出控制量。

渲染引擎根据物理引擎以及数据服务器提供的数据，渲染自身仿真节点图像。每个仿真节点的渲染引擎提供第一视角的可见光图像、红外图像、深度图像以及自由视角的可见光图像，也可提供多体制复合的第一视角图像。所有图像均可通过网络发送至自身仿真节点的集群数据处理模块，感知战场态势。渲染引擎中还提供碰撞检测、毁伤效果展示等基础功能。毁伤分析模块接收碰撞检测结果，通过查询碰撞双方的装备数据库、易损性数据库等综合给出双方的毁伤程度。

飞行控制模块主要搭载单体的飞行控制算法，通过接收物理引擎输入的飞行状态数据或模拟的传感器数据，融合计算出控制量并反馈给物理引擎。同时，该模块将飞行状态数据实时发送给集群数据处理模块，并接收该集群数据处理模块的控制指令，执行相应的任务。这部分是保证仿真结果空地一致性的核心部分，且涉及选用飞行模块的数据传输接口和协议。因此在构建过程中需要消耗大量的精力，需要广大读者特别注意。

集群决策模块是个体弹药的大脑，也是仿真系统的主要考核对象。该模块的主要功能是集群对抗过程中的态势感知、自主决策、协同打击等。集群模块接收己方控制端的任务指令，设置自身仿真节点任务功能，仿真过程中实时反馈给己方控制端自身仿真节点的节点状态。该模块接收渲染引擎发送的图像数据，感知战场态势；接收控制器的运行状态数据以及己方其他仿真节点的运行状态数据，融合输出决策结果，控制弹药模型完成自身任务。该集群控制模块通过判断渲染引擎发送的碰撞检测结果以及自身毁伤状态数据，实时调整弹药模型的飞行控制策略以及各节点间的通信状态，模拟真实战场环境中的集群作战状态。当仿真系统中加入数字仿真节点时，在仿真计算机中通过设置硬间资源占用参数，模拟智能控制算法在硬件模块中的运行状态。

3. 软件架构设计

下一步就是构建软件架构，按照一般的软件设计思路，先对软件进行分层设计。

如图 7-5 所示，仿真系统的总体软件架构共分为四层，分别为表现层、接口层、服务层以及数据层。表现层,即客户端层,指在仿真过程中操作人员直接接触的页面,提供一种交互工具。本层中包括之前提到的裁判控制端、对抗方控制端、节点渲染端与动力学仿真终端。接口层利用预设 API 实现表现层与服务层间的数据互通。服务层是仿真系统软件架构中的核心,仿真中提供的所有功能均在本层实现。数据层用于存储仿真数据,便于后续的数据分析与回放。

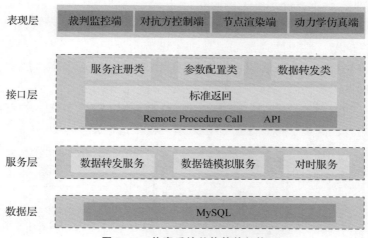

图 7 – 5　仿真系统总体软件架构

表现层中的裁判控制端用于配置仿真初始参数,控制仿真流程,显示集群对抗的战场态势。数据回放与分析也是集群仿真系统的重要功能之一,此功能内嵌在裁判控制端中。数据回放可支持当前仿真数据回放,也可支持试验数据回放,并进行对比分析。为还原真实作战条件下的对抗操作过程,对抗方控制端设计了一套简单高效的集群对抗人机交互界面。在对抗方控制端中,操作人员可配置从属节点的初始参数,可在仿真过程中查看己方节点状态,并根据收集的战场态势信息发布集群控制指令,正向干预集群行为。对抗方控制端的数据量可根据仿真需要自定义扩展,不限定对抗方数量。

接口层的主要功能是向外部应用(或界面层)提供应用程序接口(Application Programming Interface,API)。接口层作为表现层和服务层之间的桥梁,接收用户请求后调用服务层对应的功能函数完成具体的数据处理任务。接口层主要提供三类 API,包括服务注册类、参数配置类、数据转发类。服务注册类接口层主要与数据转发服务器的各服务功能产生关联。对抗方控制端在开始仿真后直接与数据链模拟服务器进行数据交互,依靠 UDP 的 Socket 功能进行通信,跨越了接口层。

数据层主要负责高效安全的数据存储与访问,依赖数据库实现该功能。数据库基于 MySQL 框架实现,提供基础的数据存储服务与高级分析服务,不需要复杂、耗时、成本高昂的数据移动过程。数据存储采用分布式的冗余存储模式,将数据存储在仿真节点与各服务器中。仿真过程中的图像数据存储在每个仿真节点中,为减少网络带宽占用与存储空间开销,不在服务器和控制端中存储。

MySQL 数据库存储与查询数据的流程采用"请求－响应"的模式,如图 7-6 所示。数据存储与查询的应用作为客户端向服务端发送请求。数据库在开启缓存时首先查询自己的缓存,然后进行语法解析,校验输出的 SQL 语句是否存在问题。在语法通过后,数据库进行预处理,校验表名与字段名称,对该查询语句进行优化。数据库在查询优化器完成之后,会在生成的多个执行计划中自动选出最合适的执行计划。进入执行引擎后,数据库可以在存储引擎中获取或存储对应的数据,并将结果返回给客户端。这在分布式仿真系统中是非常必要的特性,能够保证带宽都在处理更重要的数据交互。

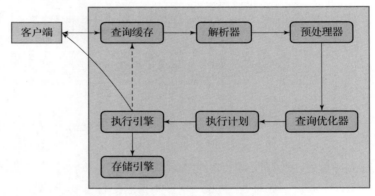

图 7-6　MySQL 数据库的存储与查询数据流程

这样,有关分布式仿真系统数据层面的架构已经完成。后续的内容将更加具体地指向仿真系统构建的细节工作。

7.1.2　基于数字孪生技术的集群建模

虽然集群弹药的研究重点是集群智能的展现,但其基础则是个体弹药控制模型以及基于战场环境的信息获取。因此,单体运动特征相关的模拟是本节设计的目标,下面对这些内容进行详细说明。

1. 弹药建模

当个体弹药作为集群中的被控对象,其控制能力是影响集群任务执行结果以及集群稳定性的重要因素。弹药的控制能力主要受制于自身的气动特性、飞行环境以及控制算法。在现有仿真环境中,控制算法可以保持高度一致,但飞行环境以及自身的气动特性存在较大差异。本节将针对仿真系统中空气动力学模型精度较低的问题,利用数字孪生技术构建高精度的弹药动力学模型。单体弹药孪生流程如图7-7所示,首先根据需求设计弹药的三维建模,并通过气动仿真对模型进行优化整改。其次,根据三维模型生产原理样机并进行飞行试验,验证弹药结构的可靠性与参数的合理性。然后,设计飞行试验收集飞行试验数据,并针对关键气动参数进行详细辨识。最后,利用辨识的气动参数构建仿真系统中的动力学模型,通过仿真与试验的迭代来优化模型,提高动力学模型的仿真精度。需要指出的是,弹药和无人机的界限已经越来越模糊了,巡飞弹一类的新型智能弹药在使用过程中其飞行能力和无人机已经非常类似,另一类旋翼弹药则更加类似无人车的控制特点,这一点在构建模型过程中还要考虑区分。

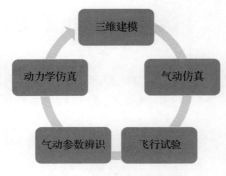

图7-7 单体弹药孪生流程

本节将以巡飞弹为例进行动力学建模,为了保持完整性,这里会进行简单的介绍,更加详细和专业的内容可以参考相关的书籍[1]。通常弹药在实际飞行中是一个非常复杂的非线性动力系统:在飞行过程中,机翼结构会发生弹性变形;由于地球自转的影响,弹药会伴随着离心加速度和哥氏加速度;当飞行高度变化时,重力加速度也会发生变化;此外,作用于弹药外部的空气动力与其外形、飞行速度、气动角以及大气温度等诸多因素构成了更为复杂的非线性关系。在建立弹药的运动方程时,若考虑上述因素的影响,模型会变得非常复杂,难以求解。因此,在仿真中常做如下假设:

(1) 将弹药视为刚体,不考虑飞行过程中结构发生的弹性变形;
(2) 研究电动力巡飞弹药时,可以假设弹药质量为常数;
(3) 假设集群弹药都是战术级装备,因此使用范围不大,可以忽略地球

曲率,并假设执行区域为平面;

(4) 由于弹药飞行高度有限,假设重力加速度不随飞行高度变化;

(5) 所讨论的弹药几何外形对称,内部质量面对称分布;

(6) 设定飞行空域为标准大气环境,由于飞行时间短,所以设定飞行时的空气密度、温度等参数不随时间改变。

在建立弹药数学模型时,为使运动方程表达简单,往往采用不同的坐标系写出,如图 7-8 所示,而这一过程需要在仿真系统中一一建立。

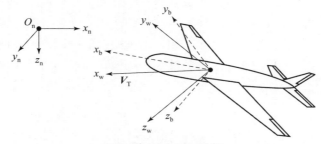

图 7-8 坐标系示意图

1) 导航坐标系

导航坐标系通常使用当地水平坐标系。该坐标系 (x_n, y_n, z_n) 的方向设定为北、东、地。弹药导航坐标系的原点 O_n 初始化为弹药的质心所在位置。

2) 弹体坐标系

在弹体坐标系 (x_b, y_b, z_b) 中,x_b 轴正方向沿弹药机体轴线向前,y_b 轴正方向指向弹体右侧,z_b 轴正方向垂直于 x_b 轴和 y_b 轴,方向向下。坐标原点 O_b 位于弹体质心,弹体坐标系符合右手定则,与机体固联。

3) 气流坐标系

气流坐标系 (x_w, y_w, z_w) 的坐标原点 O_w 位于弹体质心,x_w 轴指向空速矢量 V_T 的方向;z_w 轴在弹体对称面内与 x_w 轴垂直并指向机身下方;y_w 轴垂直于 $O_w x_w z_w$ 平面并指向弹体右方。

在飞行过程中,弹药主要受到重力、螺旋桨推力、空气动力及力矩的作用。重力 G 属于惯性向量,它的方向指向地心,其在惯性坐标系下表示如下:

$$\begin{bmatrix} G_{xg} \\ G_{yg} \\ G_{zg} \end{bmatrix} = \begin{bmatrix} 0 \\ 0 \\ m_a g \end{bmatrix}^n \qquad (7-1)$$

式中,m_a 为弹药的质量;g 是重力加速度。

重力在弹体坐标系下的表达式由坐标系转换关系可得

$$\begin{bmatrix} G_x \\ G_y \\ G_z \end{bmatrix} = \begin{bmatrix} -m_a g\sin\theta \\ m_a g\cos\theta\sin\phi \\ m_a g\cos\theta\cos\phi \end{bmatrix}^b \quad (7-2)$$

由于弹体重力 G 总是通过重心，所以重力不会对弹体产生额外的力矩。

小型电动力弹药的推力 T 是由螺旋桨旋转产生的。假设电动机的偏置角 $\alpha_T = \beta_T = 0°$，则螺旋桨推力 T 在机体坐标轴中的表达式为

$$T = \begin{bmatrix} T_x \\ T_y \\ T_z \end{bmatrix} = \begin{bmatrix} F_T \\ 0 \\ 0 \end{bmatrix}^b \quad (7-3)$$

假设螺旋桨推力通过机体质心，则螺旋桨推力不对弹药产生力矩作用。

螺旋桨的推力计算公式为

$$F_T = \rho n_p^2 D_p^4 C_{F_T} \quad (7-4)$$

式中，螺旋桨推力系数 C_{F_T} 可以表示为

$$C_{F_T} = C_{F_{T1}} + C_{F_{T2}} \frac{V_T}{D_p \pi n_p} + C_{F_{T3}} \left(\frac{V_T}{D_p \pi n_p} \right)^2 \quad (7-5)$$

式中，D_p 为螺旋桨直径；n_p 为螺旋桨转速。

升力由弹体和弹翼等各个部分产生的，其表达式为

$$Z^w = \frac{1}{2} \rho V_T^2 S C_Z \quad (7-6)$$

升力系数 C_Z 可以表示为

$$C_Z = C_{Z1} + C_{Z\alpha} \alpha \quad (7-7)$$

阻力 X^w 方向与弹体的空速方向相反，起阻碍其运动的作用。阻力的表达式为

$$X^w = \frac{1}{2} \rho V_T^2 S C_X \quad (7-8)$$

由于弹体的对称性，当侧滑角 β 为 $0°$ 时，弹体阻力最小。此时弹翼具有不对称性，阻力最小时，攻角不为零。阻力系数可以近似表示为关于 α 和 β 的二次方程式：

$$C_X(\alpha, \beta) = C_{X1} + C_{X\alpha} \alpha + C_{X\alpha^2} \alpha^2 + C_{X\beta^2} \beta^2 \quad (7-9)$$

侧向力 Y^w 是由于气流不对称流过弹药纵向对称面的两侧引起的，主要由机身和垂直尾翼产生，侧向力的表达式为

$$Y^w = \frac{1}{2} \rho V_T^2 S C_Y \quad (7-10)$$

侧向力系数 C_Y 表达式为

$$C_Y = C_{Y1} \beta \quad (7-11)$$

集群弹药智能组群理论与方法

弹药在飞行过程中为了改变飞行姿态,需要对机体施加力矩,力矩由控制舵面产生,包括副翼、升降舵和方向舵。施加在机体的气动总力矩 M 只与空气动力作用效果有关,在机体坐标系下可以表示为

$$M^b = \begin{bmatrix} M_x^b \\ M_y^b \\ M_z^b \end{bmatrix} = \begin{bmatrix} L^b \\ M^b \\ N^b \end{bmatrix} \quad (7-12)$$

式中,滚转力矩 L^b、俯仰力矩 M^b、偏航力矩 N^b 的表达式分别为

$$L^b = \frac{1}{2}\rho V_T^2 S b C_L \quad (7-13)$$

$$M^b = \frac{1}{2}\rho V_T^2 S \bar{c} C_M \quad (7-14)$$

$$N^b = \frac{1}{2}\rho V_T^2 S b C_N \quad (7-15)$$

弹药的滚转力矩主要由副翼的偏转量 δ_a、侧滑角 β、无量纲的滚转角速率 $\tilde{p}$、偏航角速率 $\tilde{r}$ 产生,所以滚转力矩系数可以表达为

$$C_L(\delta_a, \beta, \tilde{p}, \tilde{r}) = C_{L_a}\delta_a + C_{L_\beta}\beta + C_{L_{\tilde{p}}}\tilde{p} + C_{L_{\tilde{r}}}\tilde{r} \quad (7-16)$$

俯仰力矩系数可以由升降舵偏转角 δ_e、攻角 α、无量纲的俯仰角速率 $\tilde{q}$ 表示:

$$C_M = C_{M_1} + C_{M_e}\delta_e + C_{M_\alpha}\alpha + C_{M_{\tilde{q}}}\tilde{q} \quad (7-17)$$

$$C_M(\delta, \alpha, \tilde{q}) = C_{M_1} + C_{M\delta_e}\delta_e + C_{M\alpha}\alpha + C_{M\tilde{q}}\tilde{q} \quad (7-18)$$

偏航力矩主要与方向舵的偏转、侧滑角、偏航角速率有关,所以偏航力矩系数表达式为

$$C_N(\delta_r, \tilde{r}, \beta) = C_{N\delta_r}\delta_r + C_{N\tilde{r}}\tilde{r} + C_{N\beta}\beta \quad (7-19)$$

综上所述,弹药的六自由度运动方程组可以表示为

$$\begin{bmatrix} \dot{u} \\ \dot{v} \\ \dot{w} \end{bmatrix} = \begin{bmatrix} -g\sin\theta \\ g\sin\phi\cos\theta \\ g\cos\phi\cos\theta \end{bmatrix} + \frac{1}{m_a}\begin{pmatrix} F_T \\ 0 \\ 0 \end{pmatrix} + C_w^b \begin{pmatrix} \frac{\rho V_T^2 S}{2}C_X \\ \frac{\rho V_T^2 S}{2}C_Y \\ \frac{\rho V_T^2 S}{2}C_Z \end{pmatrix} - \begin{bmatrix} qw - rv \\ ru - pw \\ pv - qu \end{bmatrix} \quad (7-20)$$

$$\begin{bmatrix} \dot{q}_0 \\ \dot{q}_1 \\ \dot{q}_2 \\ \dot{q}_3 \end{bmatrix} = \frac{1}{2}\begin{bmatrix} -q_1 & -q_2 & -q_3 \\ q_0 & -q_3 & q_2 \\ q_3 & q_0 & -q_1 \\ -q_2 & q_1 & q_0 \end{bmatrix}\begin{bmatrix} p \\ q \\ r \end{bmatrix} \quad (7-21)$$

$$\begin{bmatrix} \dot{p} \\ \dot{q} \\ \dot{r} \end{bmatrix} = (\boldsymbol{I}^b)^{-1} \left(\begin{bmatrix} \dfrac{\rho V_T^2 Sb}{2} C_L \\ \dfrac{\rho V_T^2 S\bar{c}}{2} C_M \\ \dfrac{\rho V_T^2 Sb}{2} C_N \end{bmatrix}^b - \begin{bmatrix} p \\ q \\ r \end{bmatrix} \times \boldsymbol{I}^b \begin{bmatrix} p \\ q \\ r \end{bmatrix} \right) \qquad (7-22)$$

式中，u、v、w 为弹体轴速度分量；p、q、r 为弹体轴的角速率分量，q_0、q_1、q_2、q_3 为四元数；ϕ、θ 分别为弹体的滚转角和俯仰角；I 为机体的惯性矩阵，且 $\boldsymbol{I} = \begin{bmatrix} I_{xx} & 0 & I_{xz} \\ 0 & I_{yy} & 0 \\ I_{zx} & 0 & I_{zz} \end{bmatrix}$；空速 $V_T = \sqrt{u_T^2 + v_T^2 + w_T^2}$，如果忽略风的影响，则 $u_T = u$，$v_T = v$，$w_T = w$。到此为止，弹药的动力学模型已经构建完毕，从本质上讲和一般飞行器没有什么大的区别，而进一步加入控制量的动力学模型就会体现出研究目标的特性，有关这部分的内容需要和研究目标建立联系，过程和构建制导律设计类似，这里不再细说。

目前，多元微分方程组主要依靠求解器完成，是相对成熟的技术。然而一般飞行器的动力学模型及其包含的参数非常复杂，因此上述化简和对应过程是构建仿真对象模型的关键步骤。

2. 集群对抗环境建模

和对象建模的难点不太一样，环境建模关注的是和作战过程有关的各类因素施加方法以及其变化的合理性。

针对集群对抗仿真系统提出的要求，需要给环境构建完备、成熟的数据孪生体。而数字孪生体成熟的特征与标志如下：

（1）战场环境建立了准确的三维模型，与实际作战环境相同；
（2）作战装备具有作战能力评估、抗毁伤能力等方面的数学模型；
（3）正确反映人员与作战装备间的协作状态；
（4）根据上一时刻的行动正确推演下一时刻作战装备与人员的状态。

根据数字孪生体的特征，结合集群弹药对抗仿真的功能需求，建立了集群对抗的环境模型，其组成结构如图 7-9 所示。环境模型中主要包括作战场景模型、集群对抗数据交互模型、对抗毁伤模型。作战场景模型侧重于地理环境、气象环境以及对抗过程中毁伤效果展示。集群对抗数据交互模型包括集群内部节点的数据交互模型与人机交互模型。对抗毁伤模型用于评估对抗过程中节点损毁状态对自身飞行特性与功能特性的影响。

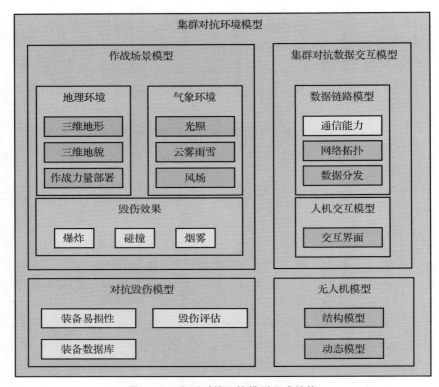

图 7-9 集群对抗环境模型组成结构

战场环境是一切作战行动的空间基础,不仅是研究目标,还包含了作战目标以及作战环境。战争具有很强的实践性特点,作战人员与装备的作战能力,都需要在一定的战争环境中锻炼和提高,才能够实现作战效能的最大化[2-4]。战场环境是敌对双方作战活动的空间,在现代作战模拟中,要营造一个贴近实际的作战场景,首先要根据战场环境的特点建立一个符合特定作战科目的数字化作战场景[5]。结合集群对抗的作战特点,虚拟场景应采用多人共享模式实现。

数字化作战场景包含大量元素,其主要组成如图 7-10 所示,不仅包括静态的三维地形信息、地貌信息与道路信息等,还包括动态变化的气象条件、地面作战力量配置以及对抗过程中的爆炸毁伤等[6]。因此,构建作战场景的数字孪生体需要结合集群典型作战场景,从地理环境、气象环境与爆炸毁伤效果三方面开展研究。

1) 地理环境

地理环境中包含了静态的三维地形、地貌信息以及地面作战力量配置信

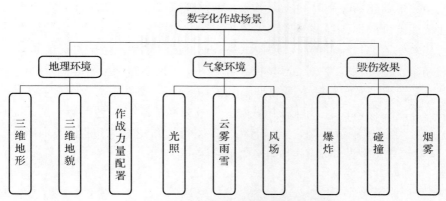

图 7-10 数字化的作战场景的主要组成

息。在构建虚拟的地理环境时,首先需要准确的三维地形,地形需要与现实世界中对应 GPS 位置的地形相同。其次,地貌信息与地面作战力量配置是影响协同搜索与态势感知结果的重要因素。在构建地理环境时,常用的环境贴图方法效果较差,需要构建地表的三维模型,还原对应区域的地貌特征。

2)气象环境

现有集群智能算法中的环境感知方法多采用基于机器学习的方法。此类方法不适用于复杂多变的作战环境,需要在特定环境中使用。气象环境中的光照、云雾雨雪等天气都会影响作战场景中不同目标的成像特点,从而影响环境感知结果。环境中的风场对集群控制效果有较强影响,尤其是编队飞行环节。因此,气象仿真环境的真实性是影响仿真系统可靠性的重要因素。在仿真系统中,光照、风场以及其他天气条件需要结合实际作战场景中的典型气象环境,模拟其随时间变化的过程。

3)毁伤效果

集群对抗仿真系统中不仅要展示出作战场景、目标运动状态,也要对作战过程中的碰撞、爆炸、烟雾等特殊效果进行渲染。在对抗过程中,模型的碰撞与爆炸能够直接展示集群作战效果。同时,模型的碰撞也会影响集群中每个节点的飞行状态,从而提升硬件集群的稳定性与作战能力。因此,在作战场景中需要添加模型的碰撞检测,结合模型的毁伤与抗毁伤能力,调整集群中节点的飞行状态。在发生碰撞时,根据碰撞部位与模型中使用的战斗部威力,对爆炸与烟雾进行渲染。

4)光学效果

常用可见光相机参数包括硬件的物理特性参数与软件控制的成像参数。硬件的物理特性参数主要包括分辨率、焦距、视场角、相机内参数等。软件控制成像参数主要包括曝光时间、白平衡、增益等可调参数。本书作者针对相机的物理特性进行模拟，不调节软件成像参数。光学探测器已经成为大部分智能弹药的基本配置，且随着图像处理技术的飞速发展，利用图像能进行的智能操作越来越多、越来越容易，因此本书着重介绍一下光学的相关内容。

可见光相机成像的基本原理是小孔成像，小孔成像模型如图7-11所示。三维世界中的物体映射到图像中涉及多个坐标系的变换，包括世界坐标系、相机坐标系、图像坐标系与像素坐标[9]。本节不再详细描述成像过程以及坐标变换过程，直接给出由世界坐标系转换至像素坐标系的结果，如式（7-23）所示：

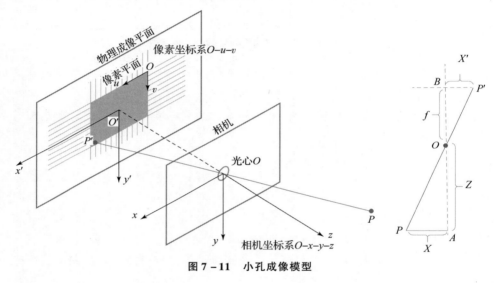

图7-11 小孔成像模型

$$Z_c \begin{bmatrix} u \\ v \\ 1 \end{bmatrix} = \begin{bmatrix} f/d_x & 0 & c_x & 0 \\ 0 & f/d_y & c_y & 0 \\ 0 & 0 & 1 & 0 \end{bmatrix} \begin{bmatrix} R & t \\ 0 & 1 \end{bmatrix} \begin{bmatrix} X_w \\ Y_w \\ Z_w \\ 1 \end{bmatrix} \quad (7-23)$$

式中，u, v 为像素坐标，像素平面左上角点为原点；内参矩阵中包括相机 x 方向焦距 f/d_x，y 方向焦距 f/d_y，光心在 x 轴方向的偏移量 c_x，在 y 轴的偏移量 c_y；$\begin{bmatrix} R & t \\ 0 & 1 \end{bmatrix}$ 为外参矩阵包括旋转与平移量；$\begin{bmatrix} X_w \\ Y_w \\ Z_w \end{bmatrix}$ 为世界坐标系下与相机的三轴距离。

相机的焦距、分辨率、视场角的关系为

$$V_{\text{angle}} = \arctan\left(\frac{H_{\text{img}}}{2f_y}\right) \quad (7-24)$$

$$H_{\text{angle}} = \arctan\left(\frac{W_{\text{img}}}{2f_x}\right) \quad (7-25)$$

式中，V_{angle} 为垂直方向视线角；H_{angle} 为水平方向视线角；H_{img} 为图像高度；W_{img} 为图像宽度；f_x 与 f_y 为相机的两个焦距。

在具备了映射关系后，就可以对模拟出的场景进行采样，并模拟真实镜头所成数据的格式发送到图像处理单元中，从而完成图像相光模拟。由于三维建模和图像模拟技术的发展，采用此技术进行成像、制导、跟踪等过程模拟，可信度非常高。

3. 数据链模拟

集群对抗数据交互仿真包含数据链路仿真与人机交互仿真，其本质是模拟在集群对抗中集群内部数据交互以及空地数据交互的过程。而数据链技术是一种采用无线网络通信和应用协议实现平台间数据交换的网络系统技术。数据链可以搭载在不同平台，实现多平台数据系统间的数据传输。根据应用场景与使用需求的不同，数据链可构成点对点、一点对多点和自组网数据链路。下面简述数据链技术在集群弹药下的特点，为数字模拟做准备。

从作战角度讲，集群弹药是一种融合了指挥、控制、通信、侦察、打击等多种功能于一体的智能集群系统。集群的指挥控制功能以及在复杂战场环境中集群内部的数据交互功能受限于集群中使用的数据链的性能。传统无线网络通信采用一点对多点的传输方式，如图 7-12 所示，各节点间的数据交互依赖于中心节点。某一节点与中心节点断开连接时，无法与网络内的其余节点进行数据交互。针对智能集群的使用场景，一点对多点的方式会破坏集群的自主性。因此，智能集群一般选用支持 Mesh 自组网技术的数据链，保证集群内部节点的数据传输功能，从而保证集群的自主性。

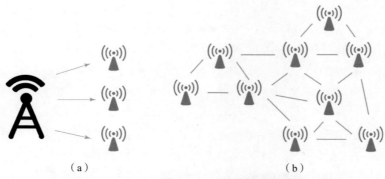

图 7-12　传统无线网络拓扑图与 Mesh 自组网网络拓扑图
（a）传统无线网络拓扑；（b）Mesh 自组网拓扑

集群弹药智能组群理论与方法

在集群对抗中,数据交互的主要目标是实现人与无人装备的协同作战,是小规模作战人员指挥大规模无人集群装备进行作战。在人和装备交互过程中需要实时监视己方节点状态,观察各节点间的通信连接是否正常。同时,作战人员需要根据集群的作战状态以及作战场景中的集群通信状态,发送简洁、高效的集群作战控制指令。针对智能集群弹药,高效的"人-弹"交互措施是提高集群作战效能的有效方法之一,而影响这一过程的主要因素之一就是数据通信质量。

根据节点路由表中存储的通信质量判断数据交互所需要系数或链接状态,最终确定所有节点的通信质量。这就导致节点的通信质量受多种因素的影响,如数据链端机的发射功率、天线的增益、节点间的距离以及节点的飞行姿态等。其中数据链的天线分为两种:全向天线与定向天线。如图7-13所示,不同种类的天线对空间不同方向具有不同的辐射或接收能力[7]。全向天线在水平方向表现为360°均匀辐射,而在垂直方向上具有一定宽度的波束。定向天线在水平方向图中呈现一定角度范围的辐射[7]。根据使用天线种类的不同,不同的安装方式与飞行姿态均会影响数据的传输。也就是说,在仿真系统中构建集群数据的交互模型时需要考虑以上因素的影响。

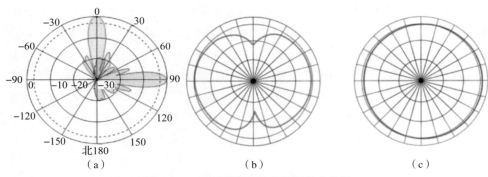

图 7-13 不同种类天线信号辐射方向图

(a) 定向天线方向图;(b) 全向天线水平方向信号图;(c) 全向天线垂直方向信号图

综合考虑影响集群数据交互能力的因素,构建节点内部数据交互的抽象模型如下式所示:

$$Q = \{R, A, L, P_t, P_r, G_t, G_r, f\} \quad (7-26)$$

式中,Q 为通信质量,包含网络延迟、带宽和抖动;R 为旋转矩阵,代表数据链天线与机体间的安装关系;A 为机体的姿态,包括俯仰角、滚转角以及航向角;L 为飞行器所在位置,包括经度、纬度以及海拔高度;P_t 为数据链发射机的功率;P_r 为数据链接收机的功率;G_t 为发射机天线增益;G_r 为接收机天线增益;f 为数据链频率。当数据链硬件设备选定后,式中的 R、P_t、P_r、G_t、G_r、f 均为常量。

模型中以数据链设备的最大通信距离以及数据传输的损耗为基础,结合集群中各节点的位置、姿态实时调整通信质量。数据链设备的最大通信距离可由下式得到:

$$P_r = 10 \times \log\left[P_t \times G_t \times G_r \times \left(\frac{\lambda}{4\pi D}\right)^2\right] \quad (7-27)$$

$$\lambda = \frac{v}{f} \quad (7-28)$$

式中,D 为设备的最大通信距离;λ 为波长;v 为波速;数据链传输数据依靠射频通信,其波速等于电磁波的传播速度,即 3×10^8 m/s。

7.1.3 系统功能设计与实现

除去建模的工作外,仿真系统还需要对流程进行控制并以此为目标设计代码。

1. 参数设置及初始化

在仿真系统中,初始的仿真条件需要由裁判设定,需要设定多种仿真参数。仿真过程中,集群仅需要操作人员进行必要的、正向的人为干预。在仿真过程中人机交互流程要简单、高效,可以快速辅助集群进行自主对抗。可参考常见的对抗类游戏,设计一套高效、简洁的人机交互仿真方法。

1)参数设置

在裁判端首先需要设置仿真场景,不同的仿真场景适用于不同的作战任务,在选择场景时会给出场景任务介绍,并展示场景的缩略图。其次,需要为所有对抗方分配仿真节点,并根据每个对抗方的需求分配出生点。每个场景中会有固定的多个出生点可供选择。然后,根据每个对抗方的需要,为其分配飞行器模型。

对抗方控制端主要用于设置自定义的参数。首先对抗方进入控制端界面后,选择自己所属的阵营。然后,向服务器请求裁判分配给自己的初始参数,检查参数是否与自己的需求一致。参数检查完成后,设置己方节点的状态参数、控制参数与其他的功能参数。同时,调整己方的阵营部署,为从属的每个节点分配初始位置。

2)状态显示

在仿真系统启动后,裁判端需要列出仿真节点的连接状态。在仿真过程中,裁判端实时展示对抗过程的二维战场态势图与三维全景图像,并给出所有对抗方完成场景任务或对抗获胜的概率曲线图。裁判端可以监控每个仿真节点的作战状态,按需给出节点的机载图像。每个对抗方操作集群进行对抗的过程也会显示在控制端的画面中。对抗方控制端在仿真过程中可以查看每个可连接节点的作战状态与机载图像,也可以在显示的地图中查看己方节点的分布以及感知的敌方作战力量部署。

3）指挥控制

在对抗过程中,对抗方会对己方节点发布控制指令,为简化发布作战命令的过程,对抗方控制端界面应支持在地图中抽选任意个已连接的节点组成作战小队。对抗方通过向作战小队发送指令控制己方集群作战。

4）毁伤与碰撞检测

毁伤评估组件根据查询组件的反馈结果分析双方损伤程度。该组件首先查询双方弹药或战斗部的威力,然后结合双方的易损性模型分析本次攻击对双方的损伤程度。分析损伤程度时会调用有限元分析软件进行仿真分析,最后给出综合的毁伤评估结果。

该模块的具体工作流程如图 7-14 所示。

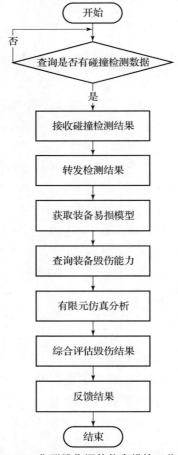

图 7-14 集群毁伤评估仿真模块工作流程

该模块在仿真开始后周期性检测是否有碰撞检测结果。当查询到仿真中发生碰撞时，模块接收系统发送碰撞检测结果。检测结果中包含双方相对速度关系、相对位置、相对姿态、碰撞点以及双方的装备代号。数据转发组件将碰撞检测结果发送至数据查询组件，该组件首先获取碰撞双方装备基本数据。同时，获取双方的易损模型，匹配碰撞位置的易损特性。然后，通过查询双方弹药或战斗部作战威力，结合易损特性给出初步毁伤结果。此时该模块根据碰撞点以及初步毁伤结果，调用有限元仿真分析模块，构建毁伤后的目标有限元模型，进一步评估损伤对双方作战能力的影响，给出综合分析评估结果。数据转发组件得到评估结果后向仿真系统反馈。

弹药集群对抗的最终目标是打击敌方作战力量，但在对抗过程中己方节点会受到不同程度的损伤，从而影响集群整体的作战能力。现有针对智能集群的仿真系统对作战过程中目标毁伤的仿真成熟度较低。为保证仿真系统置信度，可以在系统中设计一个对抗毁伤的仿真模块。该模块结构组成如图 7-15 所示。

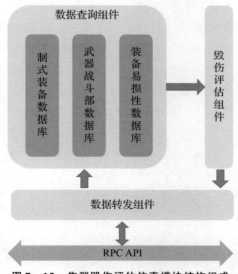

图 7-15　集群毁伤评估仿真模块结构组成

该模块主要由三部分组成：数据转发组件、数据查询组件与毁伤评估组件。数据转发组件主要提供数据的输入与输出功能，将该模块与仿真系统相连。数据查询组件主要用于查询攻击与被攻击双方的作战属性数据，包括毁伤能力、抗毁伤能力等。毁伤评估组件根据查询结果按照攻守双方的毁伤规则，给出评估结果，并通过数据接口反馈给仿真系统。

数据转发组件负责接收碰撞检测数据，并向仿真系统返回毁伤评估的结果。碰撞检测数据中包含攻守双方装备代号、碰撞点、碰撞时双方的姿态以及碰撞时两者的速度矢量。毁伤评估的结果为双方的损伤程度，给出是否可以继续作战的判断。若可以继续作战，则给出损伤后的作战属性。作战属性中包括节点的机动能力、功能完整性与毁伤能力等。

数据查询组件存储大量常用装备的作战能力数据库，主要包含常见制式装备数据库、武器战斗部数据库、装备易损性模型库等。数据库中的基础数据可通过多种开源渠道获取，如简氏防务周刊、兰德报告、海军分析网、美国战略和预算评估中心（CSBA）、国际冲突军备研究机构（SIPRI）、军事观察镜网站等。

2. 基于 RPC 的微服务软件架构设计与实现

如果集群弹药仿真系统存在节点数量的限制，将无法模拟真实条件下的集群对抗过程。因此，针对大规模集群仿真问题，作者所在团队设计了一套基于"请求－响应"模式的微服务仿真软件架构。该架构便于加入自定义硬件节点以及数字节点，且具有良好的扩展性。

微服务仿真架构基本框架可如图 7 – 16 所示，以提供数据服务为核心，结构中的其他组件均为"客户端"。裁判控制端与对抗方控制端为仿真的控制系统，需要在开始仿真前向服务器请求上传仿真参数。系统中仿真数据的初始来源为动力学仿真模块，在开始仿真后该模块需要向服务器请求上传弹药状态的仿真数据。在仿真开始后，控制端、仿真节点中的三维场景渲染模块与数据存储模块需要向服务器请求所需的仿真数据，从而实现各自的功能。

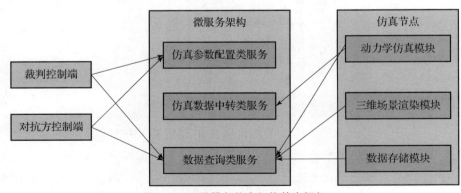

图 7 – 16　微服务仿真架构基本框架

现有的微服务架构种类繁多，需要根据仿真系统的功能需求选择合适的架构。其中包含的通信协议规范主要有 REST（Representational State Transfer）和 RPC（Remote Procedure Call）两种。REST 定义了一组体系架构原则，用于设计以系统资源为中心的 Web 服务，兼容不同的编程语言。REST 不会创造新的技术、组件或服务,仅使用广域网中现有的特征和能力,可以完全使用 HTTP 协议实现数据通信的功能。REST 架构对资源的操作可以兼容 HTTP 协议提供的 GET、POST、PUT 和 DELETE 方法。但是,REST 与 HTTP 协议具有较强的关联性,很难应用在其他传输协议中,且在执行复杂查询动作时存在缺陷。

RPC 通俗地讲就是提供一种像调用本地方法一样调用远程方法的框架,基本框架如图 7-17 所示。RPC 是一种通过网络从远程计算机程序上请求服务,不需要关心底层网络协议[8]。对于集群弹药的仿真而言,数据延迟与传输效率是关键。因此,RPC 相比于 REST 更适合作为集群对抗仿真系统的微服务规范。常用的 RPC 框架信息如表 7-1 所示。

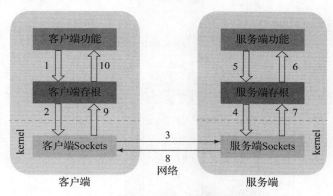

图 7-17 RPC 请求/响应数据传输流程

表 7-1 常用的 RPC 框架信息

RPC 框架	开发公司	支持语言	通信协议	序列化协议
Dubbo[10]	阿里巴巴	Java	HTTP、TCP	Hession、Json、SOAP 文本序列化等
Motan[11]	微博	Java	TCP	Hession、Json
Tars[12][15]	腾讯	C++	TCP、UDP	Tars 协议
Spring Cloud[13]	Pivotal	Java	HTTP	Json
gRPC[14]	Google	跨语言	HTTP/2	ProtoBuf
Thrift[16]	Facebook	跨语言	HTTP	Thrift 协议
Rpclib	—	C++	UDP	MessagePack

所述仿真系统需要一种轻量化的 RPC 框架,快速构建仿真系统的通信架

构，同时便于后期的系统维护与功能扩展。因此，核心数据转发服务器推荐选用与 Airsim 相同的 RPC 框架。该框架使用 C++ 语言，可以支持几乎所有操作系统，拥有良好的跨平台性能，代码运行高效安全，有较强的可读性。

这里提供一种仿真系统中实际使用的 RPC 微服务软件架构，如图 7-18 所示，架构中以数据转发服务请求为核心。数据转发服务器中主要提供三种类型服务：系统注册、参数配置与仿真数据传输，目的是在进行大规模集群仿真时，保证高效的数据传输。当仿真节点数量增加时，无法确定数据的来源与去向，就需要在仿真时通过注册为每个硬件分配身份。

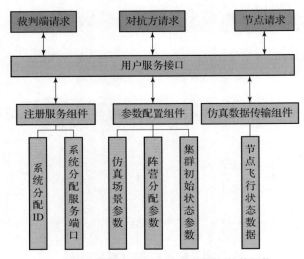

图 7-18 仿真系统中的 RPC 微服务软件架构

3. 基于动力学仿真模块设计与实现

对于仿真系统而言，前节给出的弹药公式和空气动力学求解是两个过程。前文已经说过，在明确了弹药模型和关键参数后，通过设计飞行试验，采集试验数据可以进行气动参数辨识和更新，使得模型更加准确。而在仿真过程中，需要将复杂的六自由度公式进行快速精准的解算，这就是动力学模块要处理的问题。

常用的空气动力学模型库包括 JSBSim[18] 和 YASim[19] 两种，这里为了不产生软件概念上的混淆，使用飞行器代替弹药。YASim 使用差分近似微分的方式快速求解空气动力学方程。在使用 YASim 的过程中，需要输入飞行器的物理特性以及飞行特性。物理特性包括飞行器的机翼、机身、发动机等，飞行特性包括巡航速度和高度以及着陆时的迎角等。当给定一组飞行的配置时，YASim

可能提供多种可能的空气动力学解决方案。因此，YASim 构建的模型通常不太准确，需要反复微调以匹配实际飞行器的性能。

JSBSim 使用数据驱动的方法来构建飞行器的空气动力学模型。在没有任何风洞数据或飞行试验数据的条件下，创建 JSBSim 空气动力学模型非常困难。JSBSim 没有机翼或机身的概念。相反，在 JSBSim 中，阻力、升力和其他力被计算为 α（俯仰）、β（偏航）、控制偏转、襟翼偏转等的函数。因此，JSBSim 需要准确的数据来产生精确的飞行模型。

从本质上讲，两类模型库都可以完成仿真过程，需要注意的就是数据的格式以及传输频率。基于此，动力仿真模块中的仿真流程如图 7-19 所示。该模块通过加载模型文件，生成仿真用的动力学模型。通过读取初始状态的配置文件，包括位置、姿态等参数，进行仿真初始化。当仿真开始后，飞行控制模块根据预定任务向该模块输出控制量。该模块根据收到的控制量解算飞行器下一时刻的状态，并输出给飞行控制模块。通过循环执行上述过程，即可完成飞行器动力学仿真。

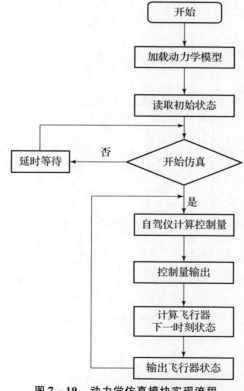

图 7-19　动力学仿真模块实现流程

以 JSBSim 的气动模型为例，在该文件中填入气动参数辨识的结果即可生成相应的动力学模型。JSBSim 中将气动参数按照刚体的六自由度运动模型进行划分。JSBSim 中使用了大量的数据表格，调用气动参数时需要进行查表并进行线性插值。添加气动参数文件后，调用 JSBSim 中的动力学仿真库函数并输入飞行器的控制量，该模块会向飞行控制模块输出飞行状态或者传感器数据。

4. 基于 UE4 的三维场景渲染模块设计与实现

如前文所述，三维作战场景是集群弹药仿真的环境基础，也是环境感知与态势融合的算法输入。仿真环境中场景的真实度是影响仿真可靠性的重要因素。针对仿真场景真实度低的问题，可以考虑基于商用物理引擎来构建，例如 UE4，其与仿真系统的框架组成及数据的输入/输出如图 7 - 20 所示。选择 UE4 作为渲染引擎的原因为：①三维渲染和图像输出能力较强，可以模拟弹载图像传感器输出；②物理模型逼真，可以对各类目标、地形、环境进行细致建模；③对外接口丰富，可以外接各类物理引擎和数据；④方便实现分布式渲染，有利于节点扩展；⑤人机交互接口简单，方便开发。当然，有类似功能的渲染引擎都可以使用，这也是构建仿真系统框架的好处之一。

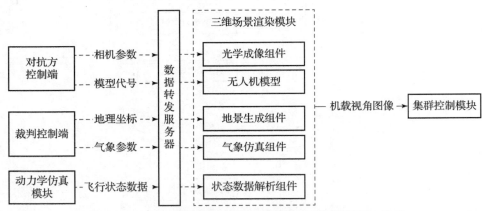

图 7 - 20　UE4 三维场景渲染模块框架组成及数据的输入/输出

1) 视觉成像模拟

三维场景渲染模块通过数据转发服务器接收仿真场景初始参数，结合动力学仿真模块数据的飞行状态数据，向集群控制模块输出弹药的机载视角图像。视觉图像仿真依赖于游戏渲染引擎，使用 UE4 作为渲染引擎[20]，模拟弹上视觉传感器生成的图像，模拟生成的图像包括可见光、红外线、深度图像等。

UE4 中提供了多种可自定义参数的相机，包括普通相机、电影相机、摇臂相机与滑轨相机，参数设置选项如图 7 - 21 所示。在仿真系统中仅使用普通相机和电影相机两种。当对成像拟真度要求较低时，可使用普通相机。该相机仅支持设置视场角。此时，获取的图像为渲染的整幅图像，因此相机的分辨率可通过渲染分辨率设置。当对成像拟真度要求较高时，可使用电影相机。该相机支持设置焦距、光圈、视场角。这和上一节中的成像原理是相对应的，可以进行无缝实现。

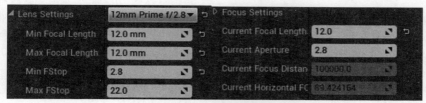

图 7-21　UE4 相机参数设置选项

进一步，相机在使用过程中，由于制作工艺与安装精度的问题，采集的图像会存在畸变，包括径向畸变与切向畸变。径向畸变是由于光线经过透镜的不同部分时，弯曲程度不一样。切向畸变是由于成像平面与透镜不平行。当试验用相机未进行标定时，采集的图像与模拟生成的图像有一定差别。因此，想要模拟未标定的相机，需要使用相机的畸变参数与内参还原图像，流程如图 7-22 所示。

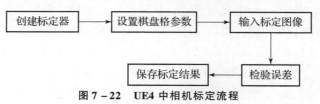

图 7-22　UE4 中相机标定流程

可以利用 UE4 生成图像时采用灰度值映射的方法进行红外线成像模拟，将可见光相机采集图像的像素值映射到 [0~255] 中。另外，采用添加噪声的方式，可以获得更加逼真的效果，模拟成像效果如图 7-23 所示。

图 7-23　UE4 模拟红外线成像效果

2）三维地形构建

同样，UE4 有比较强大的地形构造能力，根据地形数据构建三维地形有多种方法，可使用 UE4 地形工具或 3Dmax 制作地形，其方法如图 7-24 所示。

其中，Blender GIS 插件支持多种数据导入形式，包括文件导入、网络数据导入等。文件导入支持的数据格式包括形状矢量文件、栅格图像、GeoTiff 格式的 DEM 数据包、开放式街景地图的 xml 数据包等。

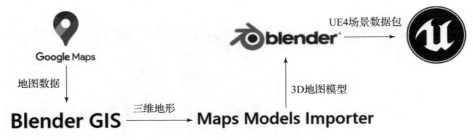

图 7-24　三维地图模型构建流程

采用网络地图数据构建三维地形的方法可以快速准确地还原地形、地貌以及三维建筑。在 Blender 软件的 3D 视图内显示动态 Web 地图，通过 Blender GIS 插件拉取开放的街景地图数据或卫星数据。

在 Blender 软件的 GIS 插件中首先选择基础地图为谷歌卫星地图，进入地图界面后选择需要构建三维模型的位置，并设置地图的缩放级别。其次，调用 GIS 插件获取高程数据的功能，即可构建粗略的三维地图模型，如图 7-25 所示。粗略地图模型中不包含该区域的所有 3D 模型。然后，在 Maps Models Importer 插件中获取对应地图区域的三维模型，按比例尺将其放置在地形的对应区域。最后，需要对地图模型进行微调，调整网格切割次数以及采样插值等参数，提高地图模型的拟真度。构建完成的地图模型导出为 fdx 格式文件，此格式文件可直接导入 UE4。

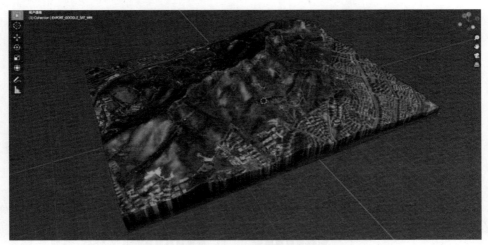

图 7-25　Blender GIS 构建的三维地形

3) 对抗 AI 模拟

场景模型中除三维地图外,可根据仿真需要布置敌对作战力量,包含装甲车辆、飞机、人员等。UE4 支持导入 Maya、3ds Max、ZBrush 等多种三维模型设计软件输出的模型,且常见的装备模型可在官方的虚幻商城或其他资源网站中下载。另外,符合 UE4 格式要求的模型均可直接导入场景地图中,可以自定义其部署位置,可设置静态与动态两种模式,场景渲染效果如图 7 – 26 所示。

图 7 – 26　自定义部署场景渲染效果

4) 天气的模拟

仿真场景中的气象环境可使用 UE4 中的 Infinity Weather 插件实现。Infinity Weather 是一个功能强大且简洁的插件模块,旨在于虚幻引擎中的天气控制。该软件包由 7 个独立的系统组合而成,包括风、景观、降水、雾气、脚步、位移、后期处理,可在 UE4 中合并使用,其渲染效果如图 7 – 27 所示。另外,由于 UE4 的接口非常开放,因此将环境影响因素(风、雨)通过参数传递给空气动力学模拟模块,还可以得到阵风等因素对弹药飞行状态影响的逼真模拟。

至此,用于集群弹药硬件在回路的整体框架介绍完毕。如本节开始所述,仿真系统并不涉及集群算法设计本身,但是提供了集群算法所需要的一切数据,并在最大程度上保证了仿真结果的空地一致性。再次强调,上述过程仅仅

图 7-27 UE4 天气渲染效果
(a) 夜晚；(b) 下雪

是作者所在团队的一种尝试，不一定是最好的方法，不过在多个项目上验证了该思路是可行的，可以为现阶段集群弹药的研究提供有力的支撑。

7.2 弹载决策与控制软件的设计

现阶段，实现集群弹药的主要难点集中在决策这一环节上。相较于此，弹药发射与控制、目标信息感知与跟踪、导航与制导等技术相对成熟，可借鉴技术也多。因此，在解决了仿真系统的搭建后，本书将通过决策与控制模块的设计来展示这一部分的工作内容和技术难点，为便于理解，本书以同构集群弹药为例。

7.2.1 分布式决策框架的构建

首先假设在同构集群弹药决策系统中，每个弹药搭载相同的硬件模块，包括自组网数传、可见光成像模块、集群控制模块、飞行控制模块等。弹药个体通过自组网数传和可见光成像模块，获取如当前任务、目标位置、相邻弹药位置等信息。这些信息直接交由集群决策模块，作为决策算法的一部分输入。不难发现，这些假设是第 2 章和第 3 章提出的模型的特例。

对于由 N 个弹药组成的集群弹药，其系统架构如图 7-28 所示。为提高系统的扩展性和通用性，集群决策系统采用模块化和分层设计，分为地面监控层、信息传输层、集群控制层、飞行控制层，这里层的概念只是为了方便描述，实际过程中并不会详细划分，这也是分布式结构的一个特点。

(1) 地面监控层通过自组网数据链，与各个弹药实现数据交互，一方面实时监控所有弹药的飞行状态，另一方面给集群弹药发送开始集群任务、结束集群任务的指令。

第 7 章　集群弹药验证手段

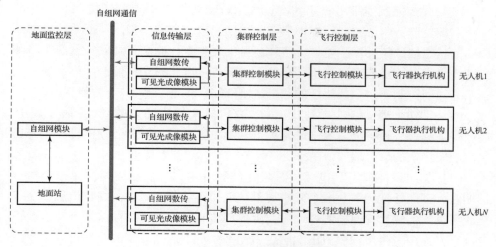

图 7-28　集群弹药典型分布式系统架构

（2）信息传输层包括了弹药上的自组网数传、可见光成像模块，负责为弹药获取集群信息，简单处理后传输至集群控制模块，作为协同算法的输入信息。

（3）集群控制层搭载集群协同算法。从信息传输层获取集群信息及任务信息后，通过运行搭载的协同算法，计算出控制量，作为本层的输出。除此之外，由于组网数传模块只与集群控制模块直连，因此集群控制模块还需要承担数据转发/分发的功能。

（4）飞行控制层按照集群控制层的控制指令，控制弹药稳定飞行。

单节点弹药主要包括自组织决策回路、飞行控制回路、图像处理回路、地面站监控回路 4 个部分，其关系图如图 7-29 所示。

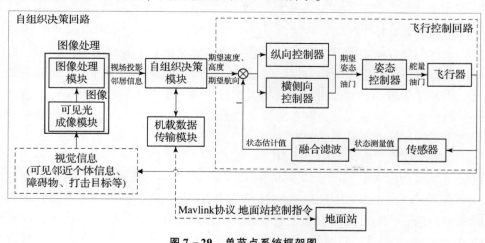

图 7-29　单节点系统框架图

（1）弹药控制回路可以参考固定翼飞行器的控制解耦为横侧向和纵向两个方向的控制，两个方向输出期望姿态和油门量，姿态控制器根据期望姿态及弹药的状态估计值计算出舵量，使弹药做出姿态变化响应。弹载传感器实时测量飞行状态，测量值经过卡尔曼滤波后，获得飞行状态估计值，作为反馈输入三个通道的控制器。形成闭合的飞行控制回路，保证弹药稳定飞行。

（2）图像处理回路从弹载成像模块获取其对周围环境的观测图像，经过图像处理模块，获得个体的视场投影信息及可见邻居的部分运动信息，作为自组织决策模块的信息输入。

（3）自组织决策回路包含了图像处理回路和飞行控制回路。在一个执行周期内，图像处理回路获取个体对周围环境和可见邻居个体的视觉信息，决策模块根据其信息计算出控制量之后，由弹药控制回路执行该控制指令并实现稳定飞行。弹药对决策指令做出响应之后，个体对于周围环境的感知信息也将发生改变，图像处理回路随即获得新的信息，自组织决策回路开始新的执行周期。

（4）个体通过机载数据传输模块与地面站双向通信，一方面地面站获取个体飞行状态，将其解包可视化提供实时的飞行监测；另一方面，地面站可以给个体直接发送切换模式指令、解锁指令等。

为了便于管理，不同模块（如图像处理模块、自组织决策模块、弹载数据传输模块、飞行控制回路）之间，可以使用一套协议通信，之前提到的 MAVLink 协议被证明可以保证模块间通信的低延迟、低丢包率。当然也可以采用其他通信协议来完成。

7.2.2 信息交互方法

下面构建集群弹药之间的信息交互方法。假设所构建的集群弹药中个体获取信息有两个来源：①视觉信息，通过对弹载成像镜头图像数据进行处理，提取出视场内个体的视场投影信息，通过目标识别和关键点识别等技术提取出邻近个体的位姿信息、地面目标在视场内的视线角；②个体通过数据链与其通信范围的个体实现数据交互，在带宽的允许下获取必要信息。上述两类信息包含了个体的感知模型和群内信息交互模型，方便扩展。

弹药间数据的传输应保证实时、高效性。应用层的微型飞行器链路通信协议（之前提到的 MAVLink 就是典型协议），可以实现个体之间、个体内部的信息交互。可以通过为每个独立模块设置系统 ID 号，进而定义每包消息的起始标志位、包长、消息编号、有效载荷等信息，并定义包含消息来源和去向的模块 ID 号。简单起见，后面的内容按照 MAVLink 协议进行基本操作，一些底层的内容可参看相关说明（https://mavlink.io/en/）。

1. 个体之间的信息交互

为保证系统整体架构能够支持多种集群控制算法的运行和试验验证，可将弹间通信数据包内容设计得尽量丰富，包含个体位姿信息的同时也要包含个体的速度信息、时间戳信息等。

实际中，个体弹药之间的交互数据会经过弹上多个设备模块，因此从一个个体产生数据到另一个个体接收到该数据并解包后，会因为通信质量降低，造成延迟增加到几百毫秒，甚至断链。因此个体间的交互数据包中，应当包含能表征该数据产生时刻的时间戳信息，同时需要有统一的时间基准。可以考虑所有个体弹药在上电后统一与卫星定位系统的 UTC 时间进行对时，以保证个体间交互信息的可追溯性。

2. 个体内部的信息交互

个体弹药内部的通信根据通信层级可以分为两类：模块之间的数据传输，如集群控制模块到飞行控制模块的信息交互；模块内部的数据交互，如飞行控制模块内部及集群决策模块之间的数据交互。

实际应用中，个体弹药主要的硬件包括数据链、集群决策模块、飞行控制模块。如图 7-30 所示，数据链与集群决策模块间通过网线连接，传输层可以使用 UDP 协议。集群决策模块与飞行控制模块通过串口线连接，使用 UART 协议，为了满足两个模块间的数据交互需求，将波特率设置为 460 800，提供较大的传输带宽。飞行控制模块计算出的舵机控制量及油门量，以 PWM 信号的形式发送给飞行器执行机构。其中数据链、集群决策模块、飞行控制模块三个模块间在应用层都使用 MAVLink 协议，以保证高质量的模块间实时通信。这部分的内容已经在常用的飞行控制模块中得到了验证，能够满足一般的决策需求。

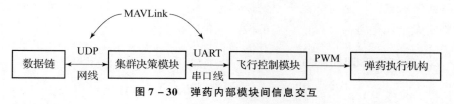

图 7-30 弹药内部模块间信息交互

这里讨论的模块内部的信息交互，主要是针对飞行控制模块和集群决策模块的。这两个模块由于承担了较多的决策和控制功能，因此在开发过程中将内部各个功能进一步独立开来，采用多线程的设计。这里提供一种设计方法，其中飞行控制模块使用 Nuttx 进行进程管理,各个进程之间通过异步消息传递协议 uORB 实现进程间的实时信息交互。集群控制模块基于 ROS 框架设计了多节点结构,节点间使用基于 Topic 的通信。飞行控制模块与集群决策模块内部通信的相同之处在于,都是使用一种发布/订阅的机制,实现不同进程之间的数据交互。这样做的好处是两个部分的代码可以独立开发,仅通过消息的订阅就可以做到两个模块/线程的交互。所述的 μORB 和 ROS 框架的特点和相关资料可查阅官方资料。

7.2.3 集群信息的获取

本书将以弹载图像处理模块对集群弹药信息进行采集为例,来构建视觉信息采集过程。

1. 视场投影信息

以鸟类的集群为例,鸟类视野内的其他个体运动速度快、视野内个体多变,因此个体难以对远处同类进行辨别或信息提取,只能得到某方位存在同类的粗略信息。受此启发,在提取个体弹药视场投影时,并不对图像进行目标识别等复杂处理,只需要判别出明显非同类个体的干扰物体或是地面影响。将弹药获取的图像转化为 8 位的灰度图,此时将所有像素点的灰度值表示为 $g_i, i \in [1, n]$,所有处于集群轮廓之内的像素点即被认为是集群内部的像素点。为分析图像的灰度分布,定义集群的平均灰度为 $\bar{g} = \frac{1}{n}\sum_{i=1}^{n} g_i$、最大灰度值 g_{max} 和最小灰度值 g_{min},最小值为黑色。

此时可以将不透明度由下式给出:

$$\Theta' = \frac{g_{max} - \bar{g}}{g_{max} - g_{min}} = 1 - \frac{\bar{g} - g_{min}}{g_{max} - g_{min}} \qquad (7-29)$$

为进一步形成投影模型,得到投影规则的输出,将灰度值最大或最小的 $\epsilon = 5\%$ 像素点认为是目标或天空的投影,并定义 $g_+ = 1 - \epsilon/2$、$g_- = \epsilon/2$ 分别表示判断像素点是否为目标或天空的像素阈值,以替代 g_{max}、g_{min}。

2. 邻近个体弹药的信息

对于距离足够近的目标,可以使用改进的 yolov4 算法进行目标识别,并获取同类个体弹药和地面目标相对于本机的位置。对于集群中的可见邻居个体弹药,除了通过视场角关系估算其与本机的相对位置关系外,可以使用关键点检测方法,获得邻居个体与本机的相对姿态关系,并估计其运动趋势。

3. 风场信息

本书设计的集群控制系统中，弹药可通过空速计进行抗风设计，风速的解算可以使得决策更加准确。飞行控制模块可以直接获取 IMU、GPS、空速计的测量数据，并通过内部的 EKF2 融合滤波模块解算出包括弹药位置、姿态、速度、角速度等飞行状态估计值，并估计出弹药所在环境的风速和风向。进一步将风场估计信息按 MAVLink 协议打包，通过串口线使用 UART 协议直接传输给集群决策模块，作为协同决策的信息输入。

至此，信息的获取与基本传递构建完毕。读者可以参考这一过程并结合自身的需求和目标进行详细设计。

7.3 基于视场投影模型的仿生集群

在第 4 章中介绍过，视觉组群的信息输入要依靠视觉传感器，这是视觉组群的基础。为此，如何实现这种信息的处理将为构建反应式集群弹药提供非常重要的技术支撑。随着视觉探测在弹药中的重要性越来越高，本书将详细介绍视觉传感器的处理方法和实现流程。

7.3.1 视场投影模型

区别于信息采集，本节将从原理和处理方法层面叙述视觉信息特点。动物的集群常见于鸟群、鱼群、昆虫群和哺乳动物群中，这些集群行为可以为个体提供保护，避免捕食者的侵害，从而提高个体生存率。目前有许多研究者为了理清动物集群背后的形成、保持机理，对动物的集群行为进行了分析和建模，提出了如 Boids、Vicsek 等模型，此类模型可在数值仿真中模拟出自然界中的集群行为，并被广泛应用于电影、游戏制作等领域。目前大部分的集群行为都假设集群中个体只与邻居个体存在信息交互，仅通过局部的简单规则涌现出复杂的群体智能。但是仅靠相邻个体之间的相互作用，还是难以解释大规模集群中表现出来的复杂行为。

以鸟群为例，鸟群以视觉为主要的感官信息来源，但是在集群飞行中，鸟类仅能观察到相邻几个个体的位置、方向等飞行状态，并对其做出反应。在这样的局部信息作用下，鸟类的集群可以通过简单规则形成群体的有序行为，但无法解释鸟群如何在集群飞行中保持其集群的尺度和密度。为此，Daniel J、

G、Pearcea 团队[21-22]通过理论与实验分析指出，对于鸟群、鱼群、哺乳动物等生物集群中，当其自组织形成群体并达到最大密度时，集群内部的个体仍可以在许多方向上观察到群体外部，集群外部的观察者也能通过集群观察到一部分背景。定义 Θ' 为外部视角下集群的不透明度，Θ 为集群内部个体视野中的集群不透明度。不透明性和密度是完全不同的量：包含大量个体的鸟群，即使是很小的密度，也可能是近乎不透明的（$\Theta \sim 1$）。在椋鸟的集群行为中，其外部不透明度 Θ' 在 [0.25, 0.6]。

为此作者所在团队提出了一种提供全局互动的视场投影模型，在这样的模型下，弹药个体可以通过对其观察到的集群在其视场内的投影，获取到其视野范围内的群体信息。因此对比传统的局部规则模型（Boids、Vicsek），视场投影模型优化了每个个体可获得的信息，个体有着更快的信息传递机制，能够从视觉快速获取到群体信息的动态变化情况。

以二维平面为例，个体 i 通过视场投影模型获取的集群信息如图 7-31 所示。每一个黑色圆代表一个个体，中心处圆为弹药 i，其他黑色圆为个体 i 通过视觉观测到的个体。其他个体在个体 i 视野中遮挡的部分在图中表示为四段加粗圆弧，$\theta_{i,n}$ 为弹药 i 视野中各段投影的边界，即为个体 i 通过视觉获得的视场投影信息。基于此，可以为弹药群设计一种以视场投影信息 $\theta_{i,n}$ 作为输入的行为规则，驱使个体弹药向视场投影中明暗变化多的方向 δ_i^p 运动，从而涌现出类似于鸟类成群飞行的行为。

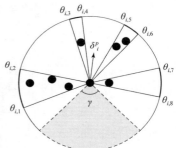

图 7-31 视场投影模型获取的集群信息

7.3.2 基于行为规则的集群控制方法

为了配合视觉信息的使用方式，个体弹药根据其所能获取的信息，遵循一定的规则运动是集群弹药基本行为范式。在这样的假设下，Reynolds 等提出了著名的 Boid 模型，模型主要包括了聚集、分散、对齐三个规则。聚集规则使得集群保持聚集，不发生分离，每个个体都趋向与邻近个体靠近，当具有多个邻近个体时，则趋向于靠近邻近个体的平均位置。分离规则避免集群中的个体发生碰撞，使得集群个体在聚集的同时避免过于接近而发生不必要的碰撞。对齐规则使得集群保持一致的速度前进，从实现的角度来看，具体方法是将个体速度矢量与邻近个体速度矢量的平均保持一致。

Boid 模型以非常简洁的形式，仅用三条规则就模拟出了生物集群的复杂行为,揭示了生物集群的部分机理。但另一方面,模型过于简单,每个个体的信息交互范围很有限,只受最邻近个体的影响,且模型缺乏目标或任务的牵引,集群的聚集情况依赖于初始位置分布,具有很大的随机性。如前文所述,在这样的集群模型下,弹药个体所能利用的集群信息过少,个体无法获取足够信息,模型无法解释生物集群的一些整体特征如何形成,如群体的不透明度、密度等。

上述经典模型是必须要参考的,进而增加视场投影模型,丰富集群个体简单信息交互内容,并以简单行为规则的形式为基础构建新的自组织集群弹药数学模型。弹药 i 的状态信息表示如下:

$$r_i = \begin{pmatrix} r_{xi} \\ r_{yi} \end{pmatrix}, v_i = \begin{pmatrix} v_{xi} \\ v_{yi} \end{pmatrix} \quad (7-30)$$

为简化问题描述,将离散时间下集群内单体弹药运动方程表示如下:

$$r_i^{t+1} = r_i^t + v_0 v_i^t \quad (7-31)$$

即假设速度大小为恒定值 v_0,基于投影模型的自组织方法将计算每一时刻的速度方向 v_i^t,t 时刻弹药观察到四周的飞行器投影,将影响到 $t+1$ 时刻的速度方向,速度计算模型如下:

$$v_i^{t+1} = \phi_i^p \delta_i^t + \phi_a \langle \widehat{v_k^t} \rangle_{n.n.} + \phi_d v_i^d + \phi_c v_i^c + \phi_m v_i^m \quad (7-32)$$

即下一时刻的速度方向取决于上一时刻五项规则的加权影响,分别对应投影、队列、分散、避障、任务五个规则,对应的权重分别为 ϕ_p、ϕ_a、ϕ_d、ϕ_c、ϕ_m。每一项的分量都经过归一化处理,且权重满足以下关系:

$$\phi_p + \phi_a + \phi_d + \phi_c + \phi_m = 1 \quad (7-33)$$

式中,各项规则简单描述如下。

(1)投影:个体弹药趋向于朝其视场投影中明暗变化大的方向运动,以保持集群聚集。

$$\delta_i^p = \frac{1}{N_i} \sum_{j=1}^{N_i} \begin{pmatrix} \cos\theta_{ij} \\ \sin\theta_{ij} \end{pmatrix} \quad (7-34)$$

(2)队列:个体弹药根据邻近个体弹药的速度方向,判断本个体弹药在下一时刻的速度方向。

$$\langle v_k^t \rangle_{n.n.} = \frac{1}{N_{i_{neibor}}} \sum_{j=1}^{N_{i_{neibor}}} \begin{pmatrix} v_{xj} \\ v_{yj} \end{pmatrix} \quad (7-35)$$

(3)分散:保持邻近个体弹药之间的相对距离 R 大于安全距离 d,$d<R$,即安全距离小于弹药感知范围,以保证个体与邻近个体弹药能在保持安全距离的同时进行稳定有效的信息交互。因此分散规则可表示为

$$\|r_{ij}\| > d, j \in N_i \quad (7-36)$$

为实现此规则,本书设计如下:

$$v_i^d = \frac{1}{N_{i_{safe}}} \sum_{i \in N_{i_{safe}}} (1 - \|r_{ij}\|_2)^2, i \neq j \quad (7-37)$$

式中,$N_{i_{safe}}$为个体弹药i安全距离内存在的其他个体弹药集合。

(4)任务:当个体弹药获取航点或打击目标位置时,个体弹药朝目标方向飞行,其规则描述如下:

$$v_i^m = [\cos\psi_{target} \quad \sin\psi_{target}] \quad (7-38)$$

式中,ψ_{target}为航点或目标相对于个体i的方位角。

(5)避障:为了避免个体弹药与场景中的障碍发生碰撞,当个体弹药感知到其处于障碍的危险范围内时,本规则计算出一个垂直于个体与障碍连线的控制量,驱使个体朝无障碍物的方向飞行。

如图 7-32 所示,弹药i位置为P_i,速度为v_i,与弹药i的x轴朝向相同。此时区域内存在半径为R的圆形障碍物,障碍物位置为$P_{obstacle}$。假设个体具备对一定区域内障碍物的感知能力,感知半径为R_{sense}。为了飞行安全起见,设置障碍物安全半径R_{safe},安全半径小于个体弹药的感知半径,即$R_{safe} < R_{sense}$。当个体弹药处于安全半径以外时,避障规则对个体飞行不会产生影响;当个体进入安全半径,则认为个体接下来的运动可能会引发碰撞,需要考虑避障问题。

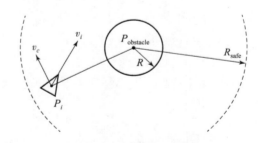

图 7-32 避碰规则示意图

7.3.3 行为规则权重与集群弹药任务的映射关系

除了感知模型外,集群弹药中个体弹药的行为也需要和视觉信息相对应。个体弹药具备稳定飞行能力及一定的信息感知能力,其搭载的仿生组群算法通过不同局部规则的融合,涌现出集群智能行为。针对涌现出的集群行为难以对应到具体任务的问题,建立规则"行为"任务的关系。首先针对军事需求,为集群弹药设计任务集。其次根据任务需求,设计个体弹药的行为集,确定任务与行为的关系。最后再将集群行为通过规则与自组织方法进行筛选确定,实现将集群行为涌现与个体行为规则对应起来。

1. 集群弹药任务分析

集群弹药可以凭借其数量优势、个体小型化、廉价等优势，以饱和攻击的方式渗透敌方防空网。在包括监视和侦察（Intelligence, Surveillance, and Reconnaissance, ISR）、战场搜索和救援（Combat Search and Rescue, CSAR）、生化辐射探测（Chemical, Biological, Radiological and Nuclear, CBRN）等任务下，集群弹药的执行效率都要优于单个弹药。

借鉴 Shaw 等人[23]对自然界生物集群研究的基础上，可以按弹药基本战场需求总结出适用于弹药集群的可用任务集。基于 Feddema 等人[24]对于弹药集群的任务集的分析，本书将集群任务集概括为目标监视和侦察、导航与测绘、集群攻击、区域防御、欺骗行为（佯攻、佯动）、协同态势感知。

2. 个体弹药行为集设计

将个体弹药的行为集设计为 $Action_i = \{A_1, A_2, \cdots\}$，其中各项行为具体内容如下：

A_1——协同飞行，即多个个体保持较小的间距以特定队形或仅仅是聚集的形式飞行。在这样的行为下，可以为集群提供更好的态势感知能力，在避免弹间碰撞的同时为协同执行任务提供基础。

A_2——汇合，在空间中分散的个体收敛到一个集群的过程。

A_3——搜索，即集群在一定的区域内，收集区域中散落的信息。搜索行为需要个体在有限的感知能力下，通过个体间配合与协调，实现集群的高效搜索。

A_4——覆盖，即集群中个体弹药的飞行路径对特定区域的覆盖，此行为通常与搜索共同执行。

A_5——跟踪，个体弹药通过其有限的感知能力探测到区域内存在目标后，跟踪行为使个体在飞行过程中保持对目标的覆盖，并通知通信范围内的个体，协同跟踪目标。

A_6——攻击，集群中单个或多个个体弹药向目标发起攻击。

A_7——躲避，个体躲避敌方攻击，如其他弹药或来自地面的小型武器、地空导弹等。

各项任务与弹药行为的对应关系如表 7-2 所示，执行其中的任何一项任务，都需要一系列的行为来完成其目标。这些任务中都包含着用于不同任务的相同行为。

表 7-2　各项任务与弹药行为的对应关系

任务	协同飞行	汇合	搜索	覆盖	跟踪	攻击	躲避
目标监视和侦察	√	√	√	√	√		
协同攻击	√	√	√		√	√	
区域防御	√	√		√	√	√	√
欺骗行为	√	√	√		√		√
协同态势感知	√	√	√	√			

下面举例说明如何针对一个作战任务设计弹药个体行为。图 7-33 所示为集群弹药完成目标监视侦察任务的流程，个体弹药需要在集群任务阶段分别执行聚集、盘旋等待、分散、搜索、聚集到目标上空、返航等行为。当集群弹药起飞后，需要一个时间点来启动任务，任务开始后个体弹药分散执行搜索任务，一旦某个弹药在飞行过程中探测到目标，则会通过其有限的通信能力通知其通信范围内的其他个体弹药，并开始在目标上空盘旋并跟踪目标。是否执行攻击行为可以由地面操作人员决定，也可以设定阈值来自动完成。当任务结束或弹药续航能力不足时，弹药将执行自毁、任意攻击发现的目标。这里需要注意，一般来说弹药不执行返回或回收操作。

结合表 7-2 就可以进行个体行为对应，从而利用决策方法进行个体控制，实现群体行为的涌现。

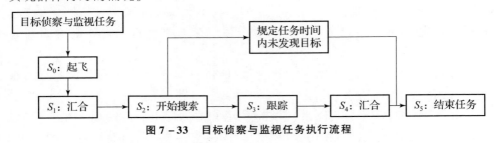

图 7-33　目标侦察与监视任务执行流程

3. 创建基于规则的行为

实际使用中，如果只是简单地把以上所有规则的输出加权求和，则容易产生不理想的集群行为，导致集群无法聚集或发生机间碰撞等。因此需要明确各个规则的意义和各项权重参数的配置方法。直观来说，投影规则与聚集规则一样，其设置的权重越大，集群的聚集效果越明显，队列规则将使集群个体弹药的运动呈现一致性，分散规则避免机间发生碰撞，任务规则则引导集群整体飞往任务航点完成特定任务,避障规则可以避免个体弹药与环境中的障碍物发生碰撞。对于个体弹药来说,当没有任务、感知范围内无障碍物时,任务项和避障项的输出将为 0,两个规则将不再产生影响。

容易理解当作战任务不同时,弹药所需要的规则也不相同。同样以目标监视侦察任务为例,需要的行为和规则及对应关系如图 7-34 所示。首先可以将目标监视侦察任务分为 5 个阶段,也就是图 7-33 中的 $S_0 \sim S_4$。当集群弹药起飞后,立即从阶段 0 切换到阶段 1,弹药汇聚到起飞点附近,集群涌现出汇合行为,可以使用投影规则来实现这一行为。弹药汇合完成后,进入阶段 2 盘旋等待,此时使用投影、队列、分散规则,使集群涌现出盘旋的协同飞行行为。当所有个体都汇聚后,集群任务切换到阶段 3,开始搜索目标,此时分散规则起主导作用,以引导集群尽可能大地覆盖搜索区域,实现协同区域搜索。当集群中有个体弹药探测到目标,该个体就会过渡到阶段 4,锁定目标并跟踪目标,同时会通过弹间通信通知其通信范围内的其他个体,从而开始对目标的协同跟踪。在这个阶段中,任务规则将起主要作用。

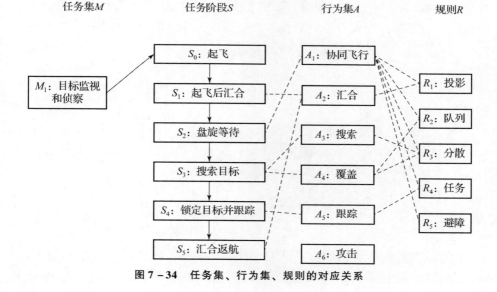

图 7-34　任务集、行为集、规则的对应关系

7.4　风场扰动环境下的编队保持技术

基于视觉组群的决策研究还处在起步阶段,虽然这项技术对于集群弹药的

适应性提高有巨大的作用,但其实现难度也异常巨大。本小节是第 4 章理论部分的进一步应用,仅仅在最简单的任务场景下进行了尝试。本节也希望通过这部分的叙述给读者提供一种思路,从而引起更广泛的思考。

本节以实际应用为前提,针对集群弹药的编队飞行问题,加入微小型弹药容易受风场扰动影响的考虑,设计了风场扰动下的编队保持方法。该算法以分布式的方式运行于每个弹药个体中,通过机载通信设备,获取相邻个体信息。在考虑风速的影响下规划出协同编队的参考航线,参考航线具有时间约束信息,以弹药满足该时间约束的前提下,完成各自的编队参考航线。其中,构造虚拟点,设计以虚拟点速度作为前馈、带风速补偿的 PD 速度控制器,从而实现虚拟点跟踪,最后实现风场扰动下的协同编队保持。

7.4.1 风场扰动环境下的协同控制问题建模

为简化问题,假设编队由 N 个弹药组成,弹药仅在平面上运动。为保持一致性,这里仅列出有关的坐标系定义,将弹药 i 表示为 $U_i, i = 1, 2, \cdots, N, \{X, Y\}$ 为惯性系,$\{x_i, y_i\} \in \mathbb{R}^2$ 为弹药 i 的惯性系下坐标。以弹药质心为原点,X_{bi} 与弹体纵轴固联,Y_{bi} 垂直于 X_{bi} 轴指向右舷组成弹体坐标系,如图 7-35 所示。

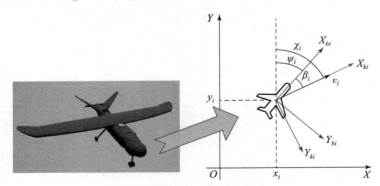

图 7-35 弹药的二维运动模型

同样以弹药的质心为原点,以速度 v_i 方向为 x_{ki} 轴,垂直 x_{ki} 指向机体右侧为 y_{ki} 轴,建立航迹坐标系。x_{ki} 与 Y 轴夹角为航向角 χ_i,X_{bi} 与 Y 轴的夹角为弹药偏航角 $\psi_i \in [-\pi, \pi)$。稳态飞行时,侧滑角 β 的期望值为零,弹药的速度 v_i 即指向 X_{bi} 轴,此时有 $\chi_i = \psi_i$。然而在现实环境中,弹药受到风场扰动时 $\beta \neq 0$,此时有 $\chi_i = \psi_i + \beta_i$。

1. 简化的二维运动模型

同样使用飞行控制模块对弹药进行姿态、飞行速度控制,由于是二维运动,因此模型仅需要偏航角 ψ 用于飞行控制模块的闭环控制器输入。飞行控模块可以将弹药控制在定高飞行，因此这种考虑在实际中是可能的。假设两个控制通道在飞行控制模块的控制下为稳定系统，且可以很好地将系统状态跟踪到输入量（ψ_{ci}，v_{ci}），将其表示为两个一阶系统如下：

$$\dot{\psi}_i = \frac{1}{\tau_\psi}(\psi_{ci} - \psi_i) \tag{7-39}$$

$$\dot{V}_i = \frac{1}{\tau_v}(V_{ci} - V_i) \tag{7-40}$$

式中，ψ_c、V_c 分别为航向和速度的指令值。因此所设计的编队控制器将处于以上闭环系统的外环，并实时计算出对内环的控制量（ψ_c、V_c）。

2. 虚拟点跟踪模型

集群弹药编队控制问题可转换为如图 7-36 所示的虚拟点跟踪问题。由于集群弹药中的个体之间距离较近，可以假设各弹药所受风场扰动相似，因此本节假设弹药处于匀强风场中，将风速分解为航迹坐标系下的（d_{x_k}, d_{y_k}）。弹药相对于虚拟点的位置误差用航迹坐标系下的（x_b, y_b）表示，个体弹药与其虚拟点的相对运动可用式（7-41）、式（7-42）描述。

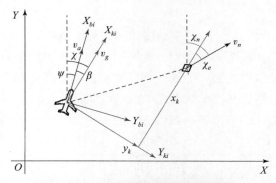

图 7-36 集群弹药虚拟点追踪示意图

$$\frac{\mathrm{d}x_b}{\mathrm{d}t} = \dot{\chi}y_b - v_a + V_n\cos\chi_e - d_{x_b} \tag{7-41}$$

$$\frac{\mathrm{d}y_b}{\mathrm{d}t} = -\dot{\psi}x_b + V_n\sin\chi_e - d_{y_b} \tag{7-42}$$

式中，$\chi_e \equiv \chi_n - \chi$ 为航向角误差；v_g 为弹药的地速。为方便模型简化，假设 x_b、y_b、χ 为小扰动量，即 $x_b \to x_r$，$y_b \to y_r$，$\chi \to \chi_n$，则有 $\cos\chi_e \to 1$，$\sin\chi_e \to \chi_e$，$\chi \to \psi$。

将式（7-41）、式（7-42）代入，使 $[x, v_a, y, \psi]^T$ 为系统状态矢量，则弹药跟随虚拟点的系统可以描述为

$$\begin{bmatrix} \dot{x} \\ \dot{v}_a \\ \dot{y} \\ \dot{\psi} \end{bmatrix} = \begin{bmatrix} 0 & -1 & 0 & -\dfrac{y_r}{\tau_\psi} \\ 0 & -\dfrac{1}{\tau_V} & 0 & 0 \\ 0 & 0 & 0 & \dfrac{x_r}{\tau_\psi} - V_n \\ 0 & 0 & 0 & -\dfrac{1}{\tau_\psi} \end{bmatrix} \begin{bmatrix} x \\ v_a \\ y \\ \psi \end{bmatrix} + \begin{bmatrix} 0 & \dfrac{y_r}{\tau_\psi} \\ \dfrac{1}{\tau_V} & 0 \\ 0 & -\dfrac{x_r}{\tau_\psi} \\ 0 & \dfrac{1}{\tau_\psi} \end{bmatrix} \begin{bmatrix} V_c \\ \psi_c \end{bmatrix} + \begin{bmatrix} V_n + d_{x_b} \\ 0 \\ V_n \psi_n + d_{y_b} \\ 0 \end{bmatrix}$$

(7-43)

在以上定义的基础上，抗风编队控制问题可以总结如下：给定编队形心的参考航线 r_{ref}、N 个弹药的期望队形 F，其中航线由航点 $w = [w_1, w_2, \cdots, w_m]$ 及直线组成，期望队形 F 包括每个弹药的位置偏移量 (p_i, q_i)，$i = 1, 2, \cdots, N$。此时需要将 N 个弹药稳定控制在自己的编队航线上，并使所有弹药同步执行其编队航线。

7.4.2　编队保持控制方法

进一步，考虑如何对上述过程通过代码实现决策与控制过程。首先分布式编队控制软件结构如图 7-37 所示，主要包括同步轨迹跟踪生成器和轨迹跟踪控制器两部分。编队中的每一个弹药都搭载相同的编队控制器，在每一个控制周期内，轨迹生成器会基于编队参考航线和编队队形配置生成编队航线，并去除风速带来的影响，估算出弹药到达下一航点的时间，同时通过与其他弹药的通信，协商获得同步到达下一航点的时间，由此获得带时间约束的编队航线。

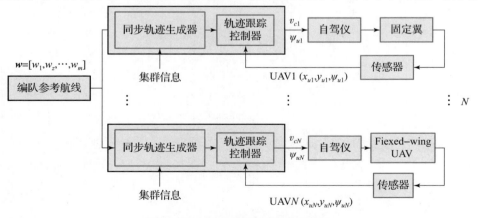

图 7-37　分布式编队控制软件结构

生成的带时间约束的编队航线将由跟踪控制器执行,同时抵抗风速带来的影响。假设弹药在使用飞行控制模块的基础上具有很好的稳定性,并可以快速响应编队控制器的速度与航向指令。当每个弹药都执行其本地的带时间约束的航线时,整体的编队队形得以实现。

值得一提的是,本方法在具有一定抗风能力的同时,最大限度地降低了弹间的通信。只在以下两种情况需要弹间通信:①当地面站改变编队航线时,地面站会通过无线通信将编队航线发送给所有的弹药;②切换航点后进行弹间交互,目的是与其他弹药协商获得同步到达下一航点的时间。

1. 同步轨迹生成器

获得全局的编队参考航线 $w = [w_1, w_2, \cdots, w_m]$ 后,根据预设的编队队形配置 $\zeta = [\zeta_1, \cdots, \zeta_n]$,其中 $\zeta_i = (p_i, q_i)$ 为弹药 i 的航线相对于编队参考航线的偏移量,由此可以计算出弹药 i 的参考航线 $w^i = w + \zeta_i$。

每次切换航点,即飞往新的航点时,同步轨迹生成器将会估算出弹药在巡航空速下到达下一航点的时间。需要注意的是,由于固定翼的飞行特性,弹药所搭载的飞行控制模块需要的输入量是空速期望值,即以将弹药的实时空速控制到期望空速为目标,而不是直接控制地速。另外,当编队决策模块不对弹药输出指令,弹药在飞行控制模块的控制下稳定飞行时,将以尽量节省电量的方式控制弹药飞行,此时存在一个配平空速,其标量为 v_{airTrim}。本方法中,需要估算出弹药以配平空速飞行时到达下一航点的时间,由此可以保证在后续的计算中,虚拟点的速度将在配平速度的上下浮动,从而获得更合理的速度期望值。

弹药搭载空速计以测量空速,使用卫星定位获得地速,根据空速与地速值,估算出风速矢量 v_{wind},此时有 $v_{\text{ground}} = v_a + v_{\text{wind}}$。假设此时处于第 k 个航点,与当前航线段方向重合的单位矢量为 e_{T},则估计到达 $k+1$ 航点的时间为

$$\hat{t}_{k+1}^i = \frac{\| \boldsymbol{P}_{\text{curr}}^i - \boldsymbol{w}_{k+1}^i \|_2}{(v_{\text{airTrim}} + v_{\text{wind}}) \boldsymbol{e}_{\text{T}}} \quad (7-44)$$

每个弹药都将自身到达下一航点的预计时间发送出去,并接收其他弹药的预计时间。对于弹药 i,根据有效的 l 个邻居的预计时间,计算出到达下一航点的期望时间:

$$t_{\text{desired}}^{k+1} = \frac{1}{l} \sum_{j=1}^{n} \hat{t}_{k+1}^i \quad (7-45)$$

弹药 i 获得 t_{desired}^{k+1} 后,按照飞行器当前与航点的距离,构造出匀速飞行的参考点 $\boldsymbol{P}_{\text{ref}}^i$,其地速为

$$v_{\text{ref}} = \frac{\|\boldsymbol{P}^i_{\text{curr}} - \boldsymbol{w}^i_{k+1}\|_2}{t^{k+1}_{\text{desired}}} \tag{7-46}$$

地速方向与当前航线方向相同,指向航点w^i_{k+1}。

2. 虚拟点跟踪控制

当每个弹药的同步轨迹生成器生成虚拟参考点时,会同时生成目标航点,当虚拟点同时到达目标航点后,即保证之后航线上的虚拟点也能保持预设的队形。设计虚拟参考点跟踪控制器,横侧向上,将航点信息输入飞行控制模块,并基于 L1 制导律(一种常用的横侧向控制方法)进行控制;在纵向上,引入风速d_k抵抗风场扰动对弹药的影响,设计 PD 控制器如下:

$$V_c = v_{\text{ref}} + d_k + x_{\text{err}} \cdot K_p \cdot K^2_{\text{scaling}} + v_{\text{err}} \cdot K_d \tag{7-47}$$

V_c将作为飞行控制模块的控制输入,实现弹药的速度控制,继而实现对虚拟点的跟踪。其中,v_{ref}为虚拟点速度;d_k为环境扰动;x_{err}、v_{err}分别为位置和速度跟踪误差;K_p、K_d、K_{scaling}分别为比例、微分、速度补偿系数。虚拟点跟踪控制框图如图 7-38 所示。

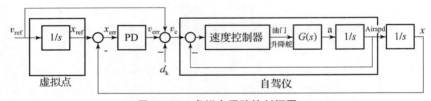

图 7-38 虚拟点跟踪控制框图

至此,已经完成了在有风条件下的决策和控制方法构建。在实际测试过程中,本算法可以起到很好的作用,在四级风速的情况下仍能较好地完成队形的保持。

7.5 控制—人机交互系统的设计

上述关键技术主要围绕着智能个体开展,然而想要实现智能集群行为,无论是实验还是实际使用,都还需要加入人弹交互的部分。目前,人弹交互部分遇到的最大阻碍是如何确定交互的方式。传统的弹药和操作员的交互方式肯定无法满足大规模集群的需要,集群弹药需要的是建立一种尽量少的操作和集群个体操作的方式。就好比编程一样,需要通过高级语言建立程序员、计算机和程序之间的交流桥梁一样。

针对成百上千规模的智能集群,考虑采用即时战略游戏中玩家对大规模单位控制的概念进行人机交互方式的设计。与之不同的是,在指令传达方面需要通过个体的决策器来完成。基本的架构如图 7-39 所示。

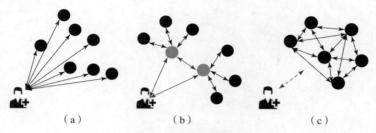

图 7-39 基本的架构
(a) 集中控制;(b) 关键节点控制;(c) 高层级控制

操作手通过简单的框选、集群任务选择、任务区域划分来完成对集群的操作,进而这一指令通过数据链路发送到个体携带的决策器上,个体通过获得集群指令并进行训练库匹配,从而结合个体所处环境、其他行为规则(例如避碰、绕开威胁区域等)以及任务来完成自身的决策。

集群弹药的控制方式一直是该领域的研究重点。难点主要是如何对规模庞大的个体进行控制,作者所在团队的经验是只有将集群和个体的控制相互配合,才能使集群实用化。操作指令的拆解与任务自动分配是其中的关键。图 7-40 和图 7-41 是实现的一种方式,重点在于简化界面和集群信息的表达。

图 7-40 集群控制 UI 的初步设想

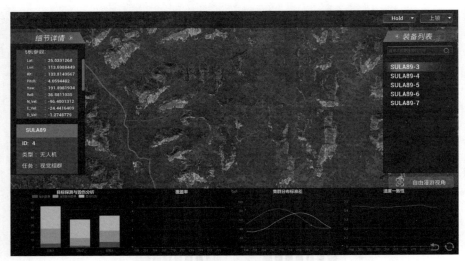

图 7-41 集群控制状态监控状态

对于交互界面,目前可查到的成果大多数和即时战略游戏类似,操作人员只需要进行简单的选取、集群指令的下发就可以了,大部分工作都是后台进行处理。同样,一些新的技术,诸如眼动技术、脑机结合技术等都基于此有了新的应用方向。交互界面的目的是实现 1 控 N,尽量让操作人员能够降低操作的烦琐程度,从而将注意力放在作战相关的思考上来。

而在执行层面则主要依靠后端的任务分配、决策等算法进行指令的拆解。该部分内容目前尚未有成熟的方案,研究更是寥寥无几。这里仅给出一些初步的想法进行分享。

首先集群的控制和状态监测需要突出重点,面面俱到会导致操作界面非常复杂,不利于操作人员进行操作。同时操作既可以满足对单个弹药进行指令下达,也可以对集群弹药进行指令下达,指令可以按照下拉菜单进行区分。集群指标的展示可以考虑扩展显示,在一般情况下进行隐藏,当操作人员需要更加详细的信息时可以考虑呼叫展示。

7.6 本章小结

作为本书的结尾,本章的目的是为读者展示集群弹药在实现过程中所面临的实际问题。而其中所使用的方法均有局限性,并不能保证是最优的,但却通过了细粒度仿真和飞行试验验证。因此，虽然所述框架和方法看似非常基础，却在可靠性和可实现性上做了大量工作。经验表明，现有技术状态和阶段尚无法有效支撑集群弹药的研制与开发，还需要广大科研工作者在涌现机理、嵌入式框架、分布式决策算法、协同控制与制导、博弈、硬件在环仿真等多方面努力。另外，鉴于本书的主题，与毁伤以及传统通信组网相关的内容和方法本书也没有涉及。总之，本书希望通过相对系统和理论的介绍，结合实际工作，对集群弹药的研究进行初步探索，为科研人员提供新的思路和实现过程中的经验教训，为早日实现智能集群弹药、提升我国新质战斗力贡献一份力量。

参 考 文 献

[1] 李新国，万群. 有翼导弹飞行动力学［M］. 西安：西北工业大学出版社，2005.

[2] Siegfried R，Laux A，Rother M，et al. Scenarios in military（distributed）simulation environments［C］. Spring Simulation Interoperability Workshop（S－SIW），2012.

[3] Khan N A，Brohi S N，Jhanjhi N Z. UAV's applications，architecture，security issues and attack scenarios：a survey［M］. Intelligent Computing and Innovation on Data Science. Springer，Singapore，2020：753－760.

[4] Ahir K，Govani K，Gajera R，et al. Application on virtual reality for enhanced education learning，military training and sports［J］. Augmented Human Research，2020，5（1）：1－9.

[5] 游雄. 基于虚拟现实技术的战场环境仿真［J］. 测绘学报，2002，31（001）：7－11.

[6] 饶伟. 面向作战想定与多任务规划的全球三维场景平台构建［D］. 武汉：华中科技大学.

[7] 张衡，陈东义，刘冰，等. 无线传感器网络天线的应用选择研究［J］. 电子科技大学学报，2010（S1）：85－88.

[8] Arfat Y，Usman S，Mehmood R，et al. Big data tools，technologies，and applications：A survey［M］. Smart Infrastructure and Applications. Springer，Cham，2020：453－490.

[9] 徐兴贵. 近地面扩展目标远距成像识别关键技术研究［D］. 成都：电子科技大学，2020.

[10] Ni Y，Xie N，Huang Y，et al. Development of Distributed E－commerce

System Based on Dubbo [C] //Journal of Physics: Conference Series. IOP Publishing, 2021, 1881 (3): 032066.

[11] 冯志勇, 徐砚伟, 薛霄, 等. 微服务技术发展的现状与展望 [J]. 计算机研究与发展, 2020, 57 (5): 1103.

[12] Zhiyong F, Yanwei X, Xiao X, et al. Review on the Development of Microservice Architecture [J]. Journal of Computer Research and Development, 2020, 57 (5): 1103.

[13] Tork M, Maudlej L, Silberstein M. Lynx: A SmartNIC – driven accelerator – centric architecture for network servers [C] //Proceedings of the Twenty – Fifth International Conference on Architectural Support for Programming Languages and Operating Systems. 2020: 117 – 131.

[14] Huang L, Zhuang W, Sun M, et al. Research and Application of Microservice in Power Grid Dispatching Control System [C] //2020 IEEE 4th Information Technology, Networking, Electronic and Automation Control Conference (ITNEC). IEEE, 2020, 1: 1895 – 1899.

[15] Pourhabibi A, Gupta S, Kassir H, et al. Optimus prime: Accelerating data transformation in servers [C] //Proceedings of the Twenty – Fifth International Conference on Architectural Support for Programming Languages and Operating Systems, 2020: 1203 – 1216.

[16] Piñeiro C, Martínez – Castaño R, Pichel J C. Ignis: An efficient and scalable multi – language Big Data framework [J]. Future Generation Computer Systems, 2020, 105: 705 – 716.

[17] Soumagne J, Carns P, Ross R B. Advancing RPC for Data Services at Exascale [J]. Data Engineering, 2020: 23.

[18] Wood A, Sydney A, Chin P, et al. GymFG: A Framework with a Gym Interface for FlightGear [J]. arXiv preprint arXiv: 2004.12481, 2020.

[19] Tyan M, Kim M, Pham V, et al. Development of advanced aerodynamic data fusion techniques for flight simulation database construction [C] //2018 Modeling and Simulation Technologies Conference, 2018: 3581.

[20] Sherif W. Learning C ++ by creating Games with UE4 [M]. Packt Publishing Ltd, 2015.

[21] Pearce D J G, Miller A M, Rowlands G, et al. Role of projection in the control of bird flocks [J]. Proceedings of the National Academy of Sciences, 2014, 111 (29): 10422 – 6.

[22] Charlesworth H J, Turner M S. Intrinsically motivated collective motion [J]. Proceedings of the National Academy of Sciences, 2019, 116 (31): 15362-7.

[23] SHAW E. Schooling in fishes: critique and review [J]. Aronson L R, et al (Eds), Development and Evolution of Behavior Essays in memory of TC Schneirla, San Francisco (WH Freeman and Company) 1970, 452-480.

[24] Feddema J T, Byrne R H, Robinett Ⅲ R D. Military airborne and maritime application for cooperative behaviors [R]. Sandia National Laboratories (SNL), Albuquerque, NM, and Livermore, CA, 2004.

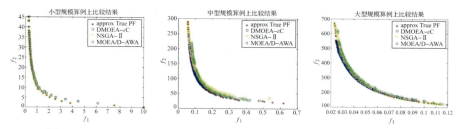

图 3-8 DMOEA-εC、NSGA-Ⅱ 和 MOEA/D-AWA 在 3 种不同规模算例下得到的 Pareto 前沿

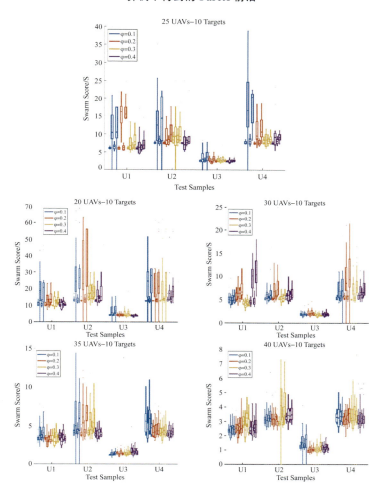

图 3-10 CBAA、PTMA-I、CBAA-CC 和 PTMA 在 5 种集群规模、4 种分类不确定性水平和 4 个测试样本上的性能比较结果。在每份同色结果中，CBAA、PTMA-I、CBAA-CC 和 PTMA 依次从左到右排列

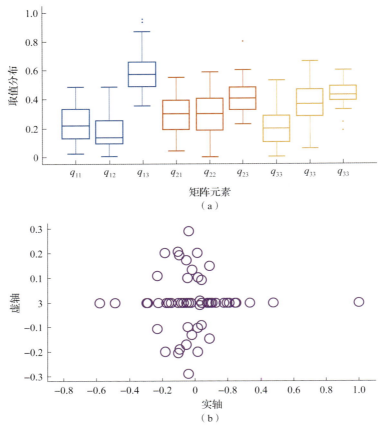

图 3-11 单个测试实例生成的 30 个 Q 矩阵的分布情况

(a) 矩阵元素的箱形图;(b) 矩阵复特征值的散点图

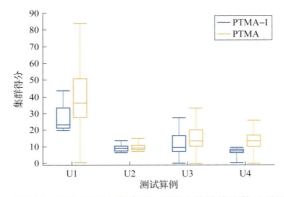

图 3-12 PTMA-I 和 PTMA 在高 N_R 问题上的性能比较(扩展性测试)

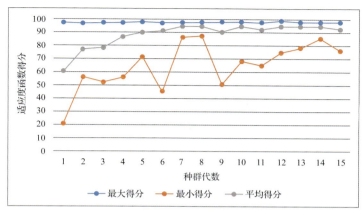

图3-18 经过进化得出的感知矩阵权重得分

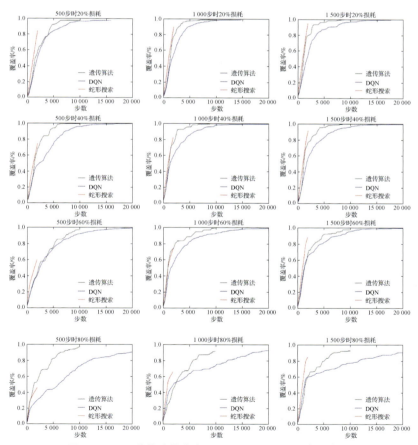

图3-19 三种算法仿真在500、1 000、1 500步时发生
20%、40%、60%、80%损耗时的覆盖率对比

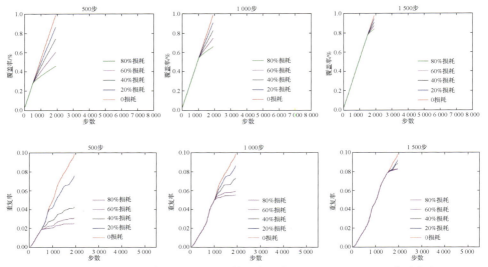

图 3-20 以蛇形搜索为例的集中式算法在仿真 500、1 000、1 500 步时发生 0、20%、40%、60%、80% 损耗时的覆盖率和重复率对比

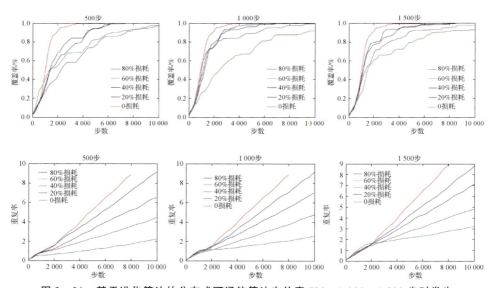

图 3-21 基于进化算法的分布式可通信算法在仿真 500、1 000、1 500 步时发生 0、20%、40%、60%、80% 损耗时的覆盖率和重复率对比

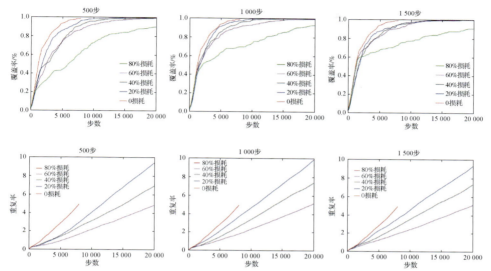

图 3-22 基于 DQN 的分布式不可通信算法在仿真 500、1 000、1 500 步时发生 0、20%、40%、60%、80%损耗时的覆盖率和重复率对比

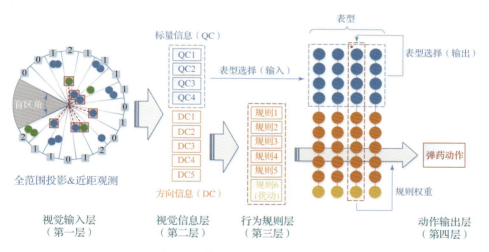

图 4-1 基于视觉信息的组群模型

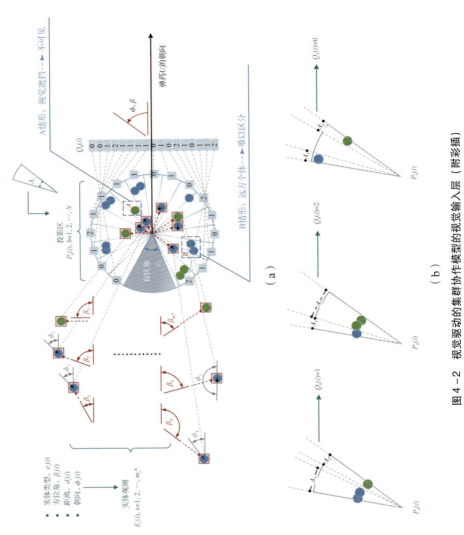

图 4-2 视觉驱动的集群协作模型的视觉输入层（附彩插）

(a) 全范围投影和近距离观测图示；(b) 投影哑形区域主要特征提取方法示意

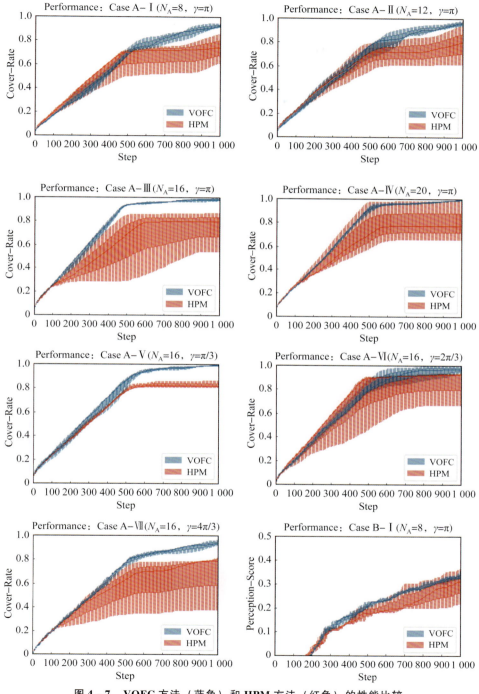

图 4-7 VOFC 方法（蓝色）和 HPM 方法（红色）的性能比较

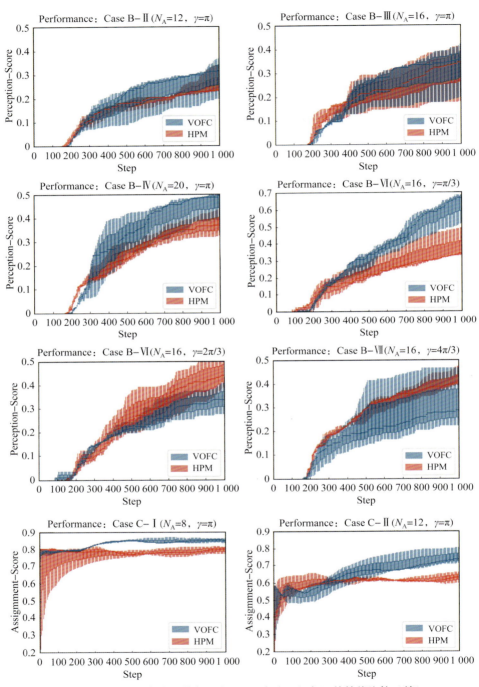

图 4-7 VOFC 方法（蓝色）和 HPM 方法（红色）的性能比较（续）

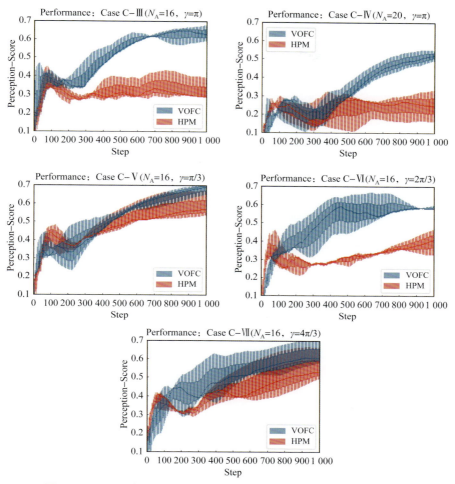

图4-7 VOFC方法（蓝色）和HPM方法（红色）的性能比较（续）

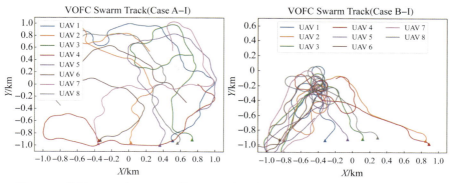

图4-8 算例A-Ⅰ和B-Ⅱ下的VOFC方法的集群飞行轨迹（三角为飞行起点）

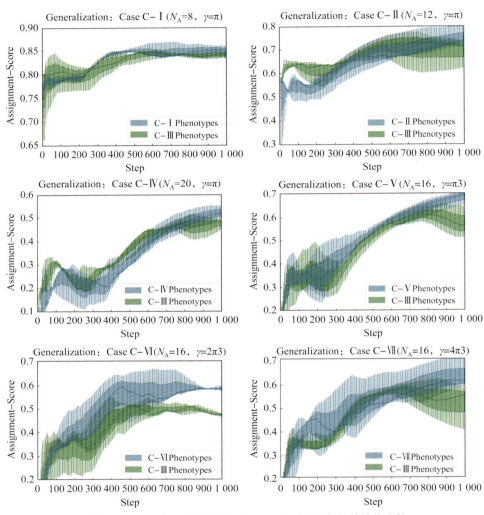

图 4-10 专有表型（蓝色）和 C-Ⅲ 表型（绿色）的性能比较

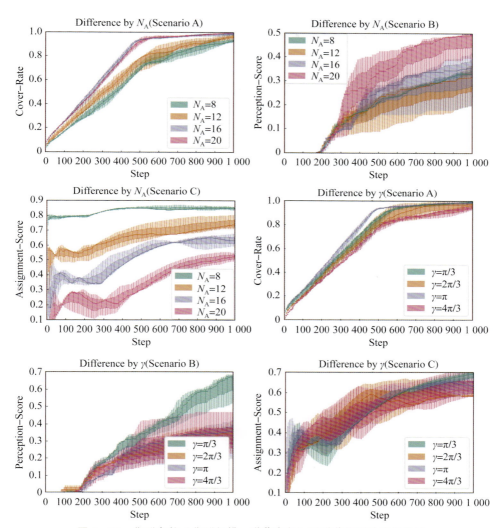

图 4-11 集群参数（集群规模、弹药盲角）对弹药集群性能的差异

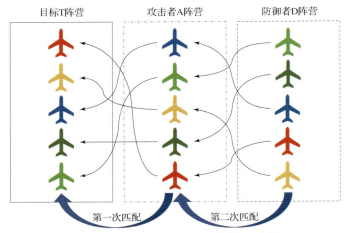

图 5-3　$N=5$ 时，TAD 配对过程示意图

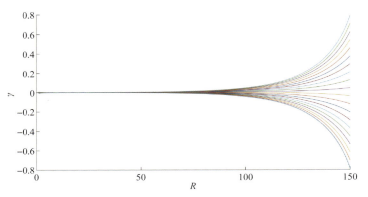

图 5-27　相平面系统根轨迹

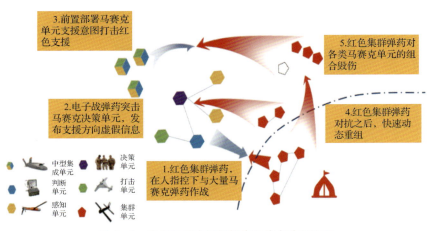

图 6-7　未知区域内目标搜索与战术动作执行

表 6-2 敌我能力相当（1∶1）情形下在给定规则集下取得的性能峰值

敌方目标能力	集群弹药能力					
	1	2	3	4	5	6
1	327	255	216	186	164	153
2	280	325	193	256	129	214
3	280	105	325	166	139	254
4	177	181	254	179	143	283
5	140	269	272	209	166	308
6	263	273	280	204	192	321

表 6-3 敌强我弱（4∶1）情形下在给定规则集下取得的性能峰值

敌方目标能力	集群弹药能力					
	1	2	3	4	5	6
1	101	72	58	49	43	40
2	100	102	48	70	33	58
3	99	47	103	49	40	73
4	49	51	83	58	46	83
5	38	91	93	67	50	93
6	98	100	100	72	63	101

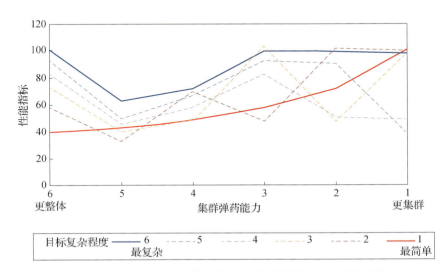

图 6-8 不同敌方目标所需能力随着集群弹药能力的变化曲线

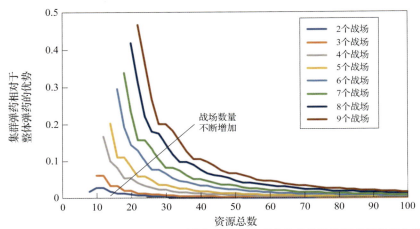

图 6-9 不同战场数目情形下,集群弹药相对于整体弹药的优势随资源总量的变化趋势

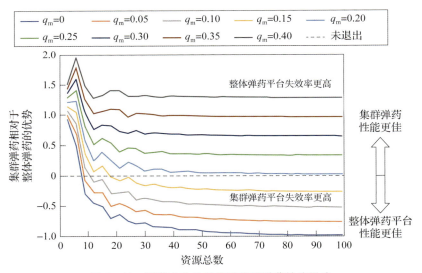

图 6-10 弹药个体失效率对集群弹药性能影响

表 6-4 敌我能力相当（1:1）情形下取得性能峰值时所使用的规则集情况

敌方目标能力	集群弹药能力					
	1	2	3	4	5	6
1	BR + RT	BR + RT	BR + RT	BR + RT	BR + RT	BR + RT
2	BR	BR + RT	BR + RT	BR + RT	BR + RT	BR + RT
3	BR	BR	BR + RT	BR	BR	BR + RT
4	BR	BR	BR	BR	BR + RT	BR + RT
5	BR + RT	BR	BR	BR + CN	BR + CN	BR + RT
6	BR	BR	BR	BR + Both	BR + CN	BR + RT

表 6-5 敌强我弱（4:1）情形下取得性能峰值时所使用的规则集情

敌方目标能力	集群弹药能力					
	1	2	3	4	5	6
1	BR + RT	BR + RT	BR + RT	BR + CN	BR + Both	BR + CN
2	BR + RT	BR + RT	BR + RT	BR + RT	BR + RT	BR + RT
3	BR + Both	BR + RT	BR + RT	BR	BR + RT	BR + Both
4	BR + RT	BR + RT	BR + RT	BR + RT	BR + RT	BR + CN
5	BR + RT	BR + CN	BR + CN	BR + Both	BR + CN	BR + RT
6	BR + Both	BR + Both	BR + Both	BR + CN	BR + Both	BR + RT

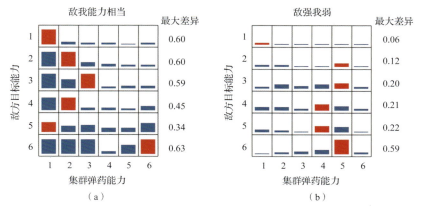

图 6-11 敌我能力相当（1:1）和敌强我弱（4:1）两情形下最佳最差规则集差异
(a) 敌我能力相当（1:1）；(b) 敌强我弱（4:1）